新视野电子电气科技丛书

TECHNOLOGY OF
SWITCHING POWER SUPPLY

开关电源技术

阚加荣 叶远茂 吴冬春 编著

清华大学出版社
北京

内 容 简 介

本书主要介绍直流开关电源的基本概念、工作原理、元件及控制器设计方法,最后通过综合的应用实例将书中内容串联起来。内容包括开关电源定义、范畴、发展历程及发展趋势,开关电源常用的器件,开关电源的基本变换器,三电平变换器,软开关电路,开关电源的控制方式、开关电源中磁性元件的设计、开关电源的闭环稳定与校正、典型的开关电源应用实例。

本书可作为高等学校电气信息类、自动化专业本科生的教学用书,也可以作为工程技术人员的技术参考书。

图书在版编目(CIP)数据

开关电源技术/阚加荣,叶远茂,吴冬春编著.—北京:清华大学出版社,2020.1(2025.2重印)
(新视野电子电气科技丛书)
ISBN 978-7-302-54235-3

Ⅰ.①开…　Ⅱ.①阚…②叶…③吴…　Ⅲ.①开关电源—设计　Ⅳ.①TN86

中国版本图书馆 CIP 数据核字(2019)第 258117 号

责任编辑:文　怡
封面设计:王昭红
责任校对:梁　毅
责任印制:宋　林

出版发行:清华大学出版社
　　　　　网　　　址:https://www.tup.com.cn, https://www.wqxuetang.com
　　　　　地　　　址:北京清华大学学研大厦 A 座　　　　　邮　　编:100084
　　　　　社 总 机:010-83470000　　　　　　　　　　　　邮　　购:010-62786544
　　　　　投稿与读者服务:010-62776969,c-service@tup.tsinghua.edu.cn
　　　　　质量反馈:010-62772015,zhiliang@tup.tsinghua.edu.cn
　　　　　课件下载:https://www.tup.com.cn,010-83470236
印 装 者:三河市君旺印务有限公司
经　　销:全国新华书店
开　　本:185mm×260mm　　印　张:15.75　　　　　字　　数:382 千字
版　　次:2020 年 1 月第 1 版　　　　　　　　　　　印　　次:2025 年 2 月第 7 次印刷
定　　价:59.00 元

产品编号:079374-01

开关电源在各行各业都得到了广泛的应用,如发展迅猛的新能源发电、航空航天、工业生产、民用家电行业等领域。近年来,碳化硅、氮化镓等新型器件在开关电源中的应用进一步提升了开关电源的性能,其应用范围得到了进一步的拓展。

开关电源技术是电力电子技术的一个组成部分。电气信息类、自动化类专业均会开设"电力电子技术"课程,在"电力电子技术"课程的学习过程中,学生已经掌握了开关电源的初步知识,但目前"电力电子技术"课程侧重于概念和原理的介绍,缺乏对开关电源分析设计流程的具体指导与实践。近年来,教育部重点支持应用型本科高校的发展,其中一项重要任务就是培养本科生的动手能力。独立设计开关电源,需要系统掌握开关电源的工作原理、功率器件选择、磁性元件设计、控制电路设计等知识。已有的开关电源技术的书籍绝大部分面向工程技术人员编写,需要相当的工程技术实践经验,这些书籍对本科生而言有相当难度。作者编著本书就是面向电气信息类、自动化类专业本科生学习开关电源的需求,通过本书的学习,本科生能够掌握开关电源设计的基本理论,设计出满足相关技术指标的开关电源。

本书力图采用清晰简洁的语言介绍开关电源的基本原理,采用 MATLAB/Simulink 或 Saber 软件进行开关电源建模,通过仿真帮助学生深入理解开关电源的工作原理,最后通过案例设计进一步深化对开关电源各环节的理解,使之成为一个整体系统。

本书共分 9 章,第 1 章介绍开关电源的基本概念、范畴以及发展趋势;第 2 章介绍开关电源中常用器件;第 3 章介绍开关电源中的基本变换器电路,并采用仿真结果辅助理解变换器的工作原理;第 4 章介绍三电平变换器;第 5 章介绍常用的软开关技术;第 6 章介绍开关电源常见的控制方法;第 7 章介绍开关电源中的磁性元件的设计;第 8 章介绍开关电源的闭环与稳定性校正;第 9 章通过大功率电池充电器的设计来完整理解前述各章节,使各知识点得到进一步深入的理解。

本书第 2 章、第 5 章由叶远茂教授编写,第 4 章由吴冬春副教授编写,其余各章节由阚加荣编写。在编写过程中,感谢广东技术师范大学张先勇老师提供的相关资料。

南京航空航天大学谢少军教授在百忙之中仔细审阅了全部书稿,对本书质量的提高提出了许多有益的建议,在此表示衷心的感谢。

本书的出版得到盐城工学院和清华大学出版社的大力支持,南京农业大学的研究生朱伟同学为本书的插图花费了大量精力,清华大学出版社的文怡老师为本书的出版做了大量工作,在此一并致谢。

由于作者水平有限,书中难免存在不足与错误之处,敬请广大读者批评指正,在此表示衷心感谢!

作 者

2019 年 12 月

配套资源下载

目 录

第1章

开关电源技术概述

在信息时代,各行各业在迅猛地发展的同时对电源变换技术提出了更多更高的要求,如节约能源、提高效率、减小体积、减轻重量、防止污染、改善环境、运行可靠、使用安全等。在电源变换技术领域,当前占主导地位的有各种线性稳压电源、整流电源、直/直变换电源、交流变频调速电源、电解电镀电源、高频逆变式整流焊接电源、中高频感应加热电源、电力操作电源、正弦波逆变电源、大功率高频高压直流稳压电源、绿色照明电源、化学电源、UPS 不间断电源、高效可靠低污染的光伏逆变电源、风光互补型电源、燃料电池电源、风力发电电源等。那么这些电源与开关电源的关系如何?哪些属于开关电源的范畴?开关电源有什么特征?其发展历史与发展趋势如何?这些将是本章要解决的问题。

1.1 开关电源范畴

开关电源(Switching Mode Power Supply,SMPS)广泛应用于航空航天、舰船、汽车、新能源发电控制、家用电器的电子、电气设备中。日常生活中常见的各类充电器、笔记本适配器就属于开关电源,在了解开关电源是怎样定义,又是如何进行划分之前,有必要先理解"开关"一词。

1.1.1 "开关"的含义

常见的开关为机械开关,如墙壁上控制电灯通断的开关,电气符号如图 1.1 所示。"开"是指开关 1、2 两个端点处于连接状态,即开通,如图 1.1(a)所示,此时开关两端电压为零,流过开关的电流由外电源与负载确定;"关"是指开关 1、2 两个端点处于不连接状态,即关断,如图 1.1(b)所示,此时流过开关的电流为零,开关两端电压由外部电源确定。

1———2   1—— 2

(a) 开关处于"开"状态   (b) 开关处于"关"状态

图 1.1 开关状态图

开关电源中的开关特指电子开关。以功率三极管(Giant Transistor,GTR)为例来说明电子开关。图 1.2 为三极管的电气符号以及它的输出特性曲线,整个坐标区域可以分为饱和区、截止区与线性放大区。其中饱和区有如下特征：不管集电极电流 I_c 多大，集射电压 U_{ce} 始终很小，相对于外部电源而言可近似为零，这与图 1.1(a)中开关处于"开"状态对应。截止区有如下特征：不管集射电压 U_{ce} 多大，集电极电流 I_c 始终维持在很低的水平，可以近似为零，这与图 1.1(b)中开关处于"关"状态对应。如果控制三极管在工作过程中仅工作于饱和区与截止区，或者其他电力电子器件，如电力场效应晶体管（Mental Oxide Semiconductor Field Effect Transistor，MOSFET）、绝缘栅双极性晶体管（Insulatad Gate Bipolar Transistor，IGBT）、二极管（diode）等工作在对应的区域，那么这些电力电子器件就类似于一个机械开关处于开通与关断状态。因此，开关电源中的"开关"一词指的是开关电源中的电力电子器件工作于开通或关断状态。

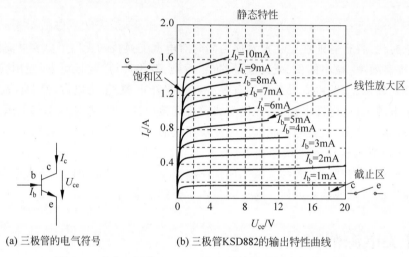

(a) 三极管的电气符号　　　　(b) 三极管KSD882的输出特性曲线

图 1.2　功率三极管 KSD882 的电气符号及其输出特性曲线

1.1.2　开关电源的定义

广义来讲，凡是利用电力电子器件作为开关管，通过对开关管的高频开通与关断控制，将一种形式的电源转变成另一种形式的电源都称为开关变换器。以开关变换器为主要组成部分，利用高频脉冲宽度调制（Pulse Width，Modulation，PWM）技术或高频脉冲频率调制（Pulse Frequency Modulation，PFM）技术，在转换时通过对开关变换器的闭环控制来稳定输出电压或输出电流，并具有保护与显示环节的电源，称为开关电源。

自然界中，存在两种电力形态，即交流电（Alternating Current power，AC）和直流电（Direct Current power，DC），因此电能变换的电力电子电路可以分为 4 类，分别是直直变换器（DC/DC）、逆变器（DC/AC）、交交变换器（AC/AC）和整流器（AC/DC）。一般来讲，日常所讲的开关电源是指直流开关电源，在上述 4 类变换器输出电源中，满足以下条件者可称为直流开关电源。

1. 电源变换器的输出为直流电

直流开关电源中的"直流"是指开关电源的输出为直流电压或直流电流。

2. 电源变换器中的电力电子器件处于"开通"或者"关断"状态

常用于直流开关电源中的电力电子器件,如 GTR、MOSFET、IGBT、二极管等均工作于"开"或"关"状态。以 GTR 为例,即工作于饱和区与截止区,但是在"开通"过程与"关断"过程中,会出现较大电压与较大电流交叠的现象,并造成一定的开关损耗,但是电压、电流交叠时间相对于一个开关周期来说很短,因此可以认为电力电子器件处于非"开"即"关"的状态。

3. 电源变换器中的器件高频工作

直流开关电源的一个显著特点就是体积小、重量轻,这完全得益于电源变换器中的电力电子器件工作于高频工作状态。在直流开关电源中,滤波电感和变压器的体积和重量占电源体积和重量的一大部分,根据电感与变压器的设计规则,电感和变压器的铁心选取以及导线选取与其工作频率直接相关,工作频率越高,所需铁心越小,所需导线的匝数也就越小,这直接导致电感和变压器的体积和重量大大降低。20 世纪 60 年代末,开关电源的工作频率终于突破了人耳听觉极限的 20kHz,这一变化甚至被称为"20kHz 革命"。因此,器件的工作频率一般高于 20kHz。近年来,开关频率更是达到了 MHz 级。

4. 电源变换器必须能够处理一定的功率

在某些信息电子电路中,某些器件也工作于开关、高频状态,但是它仅仅传递的是一个信号。直流开关电源是电力电子技术的一部分,而电力电子技术区别于信息电子技术的一个特征就是电力电子电路必须能够处理一定的功率。

后文所述开关电源一律指直流开关电源。根据以上 4 个条件,首先可以将逆变器和交交变换器排除出直流开关电源的范畴。常见整流电路可以分为不可控整流电路、相控整流电路和 PWM 整流电路,由于不可控整流电路、相控整流电路中的二极管和晶闸管的工作频率都为工频,不满足上述第 3 个条件,因此这两种电路不属于直流开关电源;PWM 整流电路中全控型器件工作于高频工作状态,且输出电压为直流,因此可以将 PWM 整流电路看作直流开关电源。基本的直直变换器有单级式(如降压型变换器)与两级式(如全桥型变换器)之分,毫无疑问,单级式变换器属于直流开关电源的范畴,而两级式变换器是 DC/AC＋AC/DC 的结构,由于两级电路中均为高频开关,未出现工频交流,因此两级式直直变换器也属于直流开关电源的范畴。直流开关电源与电力电子变换器的关系如图 1.3 所示。

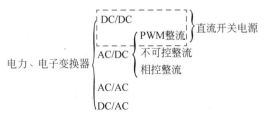

图 1.3　直流开关电源与电力电子变换器的关系

值得注意的是,离线式开关电源(Off-line Switching Power Supply,OSPS)是一种常见电源,也常称开关整流器,其输入是交流电,输出为直流电。它一般不单指整流的意义,而是一种不可控整流+高频变压器隔离的 DC/DC 变换器,所谓离线并不是电源与市电线路不连接的意思,只是变换器中有高频变压器隔离,使输出的直流离(开了市)线的缘故,所以称为离线式开关电源。

1.2 开关电源的发展历程

1. 高频化与 PWM 技术

在 20 世纪 60 年代以前,线性稳压电源被广泛使用,由于自身缺点,该电源难以应用于较大电流的场合,自 20 世纪 60 年代中后期逐渐被开关调节式稳压电源取代。1964 年,日本 *NEC* 杂志发表了两篇具有里程碑意义的文章,分别是《采用高频技术小型化 AC/DC 电源》以及《脉冲调制用于电源的小型化》,这两篇文章指出了未来一段时间内开关调节式稳压电源的两个发展方向,即高频化与脉宽调制技术。1973 年,美国摩托罗拉公司发表了一篇名为《触发起 20kHz 的革命》的文章,从此在世界范围内掀起了高频开关电源的开发热潮,并将 DC/DC 变换器作为开关调节器用于开关电源,使电源的功率密度由 $1\sim4\mathrm{W/in^3}$ 增加到 $40\sim50\mathrm{W/in^3}$。

2. 电流控制技术

20 世纪 70 年代后期开始出现了电流控制方式,其基本思想是在输出电压闭环控制系统中引入了直接或间接的电流反馈控制。电流闭环控制的引入给开关电源的控制性能带来了一次革命性的飞跃,使开关电源输出的动态特性得到极大提升。电流控制方式主要有峰值电流控制方式、平均值电流控制方式、滞环电流控制方式以及电荷控制方式。

3. 拓扑的发展

开关电源主电路拓扑最先被采用的是降压型(Buck)变换器,随后升压型(Boost)变换器和升降压型(Buck/Boost)变换器也应用到开关电源中。20 世纪 70 年代中期,美国加州理工大学研制出一种新型开关变换器,称为丘克(Cuk)变换器(以发明人 Slobodan Cuk 的姓来命名),20 世纪 80 年代中期以后逐渐被应用到开关电源中。1976 年,美国研究人员研制出一种有变压器的"原边电感式变换器"(Primary Inductance Converter,PIC),获得专利并应用到开关电源中。1977 年,Bell 实验室在 PIC 的基础上,研制出有变压器的"单端原边电感式变换器"(Single-Ended Primary Inductance Converter),简称(有变压器的)Sepic 电路,这是一种新的 DC/DC 单端 PWM 开关变换器,其对偶电路称为 Dual Sepic,或 Zeta 变换器。到 1989 年,人们将 Sepic 和 Zeta 也应用到了开关电源中,使开关电源所采用的 DC/DC 变换器,增加到 6 种。到目前为止,通过 DC/DC 变换器的演化与级联,开关电源所采用的 DC/DC 变换器已经增加到了 14 种。用这 14 种 DC/DC 变换器作为开关电源的主要组成部分,就可以设计出适用不同场所、满足不同性能要求和用途的高性能、高功率密度的各种功率开关电源。

4. 开关器件的发展

1958 年,世界上第一个晶闸管(Thyristor)的问世开辟了电力电子技术的新时代,但其半控特性与较低的工作频率特性限制了其在开关电源中的应用。20 世纪六七十年代最常采用 GTR 作为开关器件,但由于其自身工作频率的问题,开关电源的体积与重量相对较大。20 世纪 70 年代中后期,高速开关器件,如 MOSFET、IGBT 等被广泛用作开关器件,使得开关电源的工作频率达到几百 kHz,大大降低了开关电源的体积和重量。近年来,以宽禁带材料,如碳化硅(SiC)、氮化镓(GaN)为基础的开关器件得到了快速发展,这些开关器件不仅耐压程度更高、导通阻抗更小,而且所制作的二极管反向恢复时间几乎为零,采用宽禁带材料开关器件的开关电源具有更小的功率损耗,功率密度也更高。

1.3　线性稳压电源与开关电源

本节主要介绍线性稳压电源与开关电源的基本工作原理,比较两种电源各自的优点和缺点,通过对两种电源的综合介绍,说明开关电源在绝大部分场合取代线性稳压电源是必然趋势。

1.3.1　线性稳压电源

欲在一个可变的负载电阻上得到一个固定的电压值,最原始的方法如图 1.4 所示。在负载 R_L 变化时,通过调节可变电阻 R 就可以实现负载的恒压供电。但是这种实现恒压供电的方法很难实现闭环控制,采用人工调节费时费力。

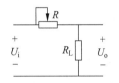

图 1.4　通过可调电阻稳定负载电压

如果将图 1.4 中的可变电阻用一个 GTR 代替,并且通过控制基极电流使其工作于线性放大状态,就可以调节 GTR 的电压 U_{ce} 来实现输出电压恒定。线性稳压电源的电路图如图 1.5 所示,首先通过工频变压器 T 将市电按照一定变比变换,整流、滤波后得到的电压 U_i 比线性稳压电源的输出电压 U_o 高出一个合适的值。采用电压调整管 S 代替图 1.4 中的可变电阻实现稳定输出电压的功能。控制电路包括采样电路、基准值生成电路以及误差放大器电路,将基准电压 u_r 和反馈电压 u_f 送入误差放大器 A,由误差放大器的输出控制电压调整管的基极电流,从而控制电压调整管的电压降 U_{ce}。

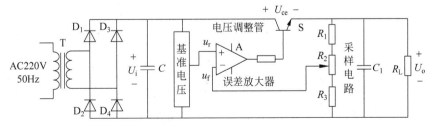

图 1.5　线性稳压电源

当电网电压波动而使电压 U_i 变大时,由于电压调节需要时间,电压调整管的端电压还未来得及发生变化,这导致线性稳压电源输出电压 U_o 也升高,反馈电压 u_f 也随之升高,误差放大器的输出电压变小,电压调整管的基极电流下降,则电压调整管的工作点向截止区偏移,电压降 U_{ce} 变大,从而抵消掉电压 U_i 升高的部分,使线性稳压电源的输出电压 U_o 保持恒定不变。其他的情况也可以做类似的分析。

由于调整管电流近似等于负载电流,较大的压降 U_{ce} 产生了占比较大的损耗,所以工作在线性状态下的调整管,一般会产生大量的热,需要较大的散热装置进行散热,导致效率不高,这是线性稳压电源最主要的一个缺点。另外,在输入电压与输出电压需要隔离的场合,线性稳压电源需要笨重的工频变压器实现电气隔离,进一步增加了电源的体积和重量。

虽然线性稳压电源具有较明显的缺点,但是其优点也显而易见,如稳定性高、动态特性快、输出电压纹波极小、电磁辐射小、可靠性高、易做成多路输出连续可调的电源等,因此,目前线性稳压电源仍有较多的应用场合,如实验室用可调的直流电源。

1.3.2 开关电源

1955 年美国科学家罗耶(G. H. Royer)发明的自激振荡推挽晶体管单变压器直流变换器是实现高频转换控制电路的开端,1957 年美国查赛(Jen Sen)发明了自激式推挽双变压器变换器。此后,利用这一技术的各种形式的直流变换器不断地被研制和开发出来,取代了早期采用的寿命短、可靠性差、转换效率低的旋转和机械振子式换流设备。1964 年,美国科学家提出取消工频变压器的串联开关电源的设想,找到了一条使得电源体积和重量下降的途径。到了 1969 年,由于大功率硅晶体管的耐压提高、二极管反向恢复时间缩短等元器件的性能改善,人们终于做成了 25kHz 的开关电源。目前,开关电源的开关频率可达到兆赫兹(MHz)。一些低成本的小功率开关电源仍采用自激式控制方式,为获得更优的开关电源性能,更多的开关电源采用它激式控制方式。

1.3.2.1 自激式开关电源

自激式开关稳压电源是一种利用间歇振荡电路组成的开关电源,是目前广泛使用的基本电源之一。图 1.6 为目前应用比较广泛的一种自激式开关电源电路——反激型电路。

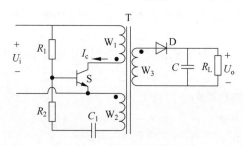

图 1.6　自激式反激型电路

图 1.6 中,当接入电源后在 R_1 处为开关管 S 提供启动电流,使 S 开始导通,其集电极电流 I_c 在变压器绕组 W_1 中线性增长,在绕组 W_2 中感应出使 S 基极为正、发射极为负的正反馈电压,使 S 很快饱和。同时,感应电压给 C_1 充电,随着 C_1 充电电压的增高,S 基极电位逐渐变低,致使 S 退出饱和区,I_c 开始减小,在 W_2 中感应出使 S 基极为负、发射极为正的电压,使 S 迅速截止,这时二极管 D 导通,高频变压器 T 初级绕组中的储能释放给负载。当 S 截止时,W_2 中没有感应电压,直流供电输入电压又经 R_1 给 C_1 反向充电,逐渐提高 S 基极电位,使其重新导通,再次翻转达到饱和状态,电路就这样重复振荡下去,在振荡的过程中,变压器实现能量的存储和释放,从而将输入端能量转移到输出端。

自激式开关电源中的开关管起着开关及振荡的双重作用,也省去了控制电路。电路中由于负载位于变压器的次级且工作在反激状态,具有输入和输出相互隔离的优点。但是自激式开关电源的稳定性较差,开关管的开关频率随负载的变化而变化,这给变压器的设计以及电路中元件的选型造成了困难。

1.3.2.2　它激式开关电源

它激式开关稳压电源利用集成 PWM 控制芯片产生固定频率的振荡信号,一般情况下,PWM 芯片振荡脚接有 RC 电路。一般 PWM 芯片输出频率就是振荡频率,输出占空比可达 90% 以上。

图 1.7 给出了一个典型的它激式开关电源电路。电源输入为工频交流电压,首先经桥式不可控整流电路,用大电解电容滤波将工频交流电变换为存在一定波动的直流电 U_i;U_i 作为由开关管 $S_1 \sim S_4$ 构成的全桥逆变器的输入电压,全桥逆变器将直流电变换为高频交流电,并且将该高频交流电输入到变压器 T 的原边;变压器的副边电路接高频不控整流电路,最后经 LC 二阶低通滤波器将脉动的直流电滤波,得到平滑的直流电。在控制电路方面,通过对输出电压和电流的调节得到调制信号,将调制信号送入 PWM 芯片,得到频率固定的 PWM 信号,将该信号重新处理得到全桥电路中 4 个开关管的驱动信号;将 4 路信号经驱动电路后驱动开关管的导通与关断。

开关电源的频率一般由 PWM 芯片和外围的 RC 振荡电路决定,因此电路的开关频率与负载的大小无关,该特征可以使开关电源电路得到优化设计,特别是变压器和滤波电感的设计。但是它激式开关电源相对自激式开关电源而言成本较高。

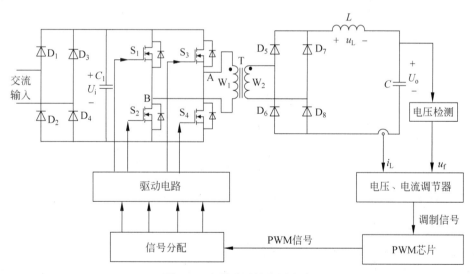

图 1.7　它激式开关电源电路

由于开关电源是通过电力电子器件开通和关断在电路中实现换流,电路中电流、电压的急速变化会对周围的装置产生电磁干扰,这是开关电源使用过程中应该注意的问题。

1.3.3　开关电源的优点

从前面对线性稳压电源和开关电源的分析,可以得到如表 1.1 所示的电源特性。

表 1.1　开关电源与线性电源性能比较

性　能	线性电源	开关电源	性　能	线性电源	开关电源
效率	低	高	动态特性	快	较快
尺寸	大	小	输入电压	只能高于输出电压	范围宽
重量	重	轻	成本	较高	较低
电路	简单	复杂	可靠性	较高	较高
稳定性	高	较高	电磁兼容性能	好	较差
纹波	极小	小	用途	高精电源、实验电源	广泛

从表 1.1 可以看出,开关电源相对于线性稳压电源的优点如下。

1. 功耗小,效率高

在开关电源电路中,开关器件在激励信号(包括自激式和它激式)的激励下,交替地工作在导通-截止和截止-导通的开关状态,这使得开关管的功耗很小,电源的效率可以大幅度提高,其效率可达到 85%~90%;随着软开关技术的发展,其效率又得到了进一步提高。

2. 体积小,重量轻

从图 1.6 和图 1.7 所示的开关电源原理图可以清楚地看到这里没有采用笨重的工频变压器,在需要实现输入与输出电气隔离的场合,采用重量和体积较小的高频变压器;此外,由于电力电子器件工作于开关状态后,其耗散功率大幅度降低后,采用重量、体积较小的散热片。这两方面因素使得开关电源的体积小、重量轻。

3. 稳压范围宽

开关电源的输出电压由激励信号的占空比来调节,输入信号电压的变化可以通过调频或调宽来进行补偿。这样,在工频电网电压变化较大时,它仍能够保证较稳定的输出电压。所以开关电源的稳压范围很宽,稳压效果很好。此外,改变占空比的方法分为脉宽调制型和频率调制型两种。开关电源不仅具有稳压范围宽的优点,而且实现稳压的方法也较多,设计人员可以根据实际应用的要求,灵活地选用各种类型的开关电源电路形式。

4. 滤波的效率大为提高,使滤波电容的容量和体积大为减少

开关电源的工作频率一般都超过 20kHz,以 50kHz 为例,该波动频率是线性稳压电源电压波动的 1000 倍,这使整流后的滤波效率几乎也提高了 1000 倍;即使采用半波整流后加电容滤波,效率也提高了 500 倍。在相同的纹波输出电压下,采用开关电源时,滤波电容的容量只是线性稳压电源中滤波电容的 $1/500 \sim 1/1000$。

5. 电路形式灵活多样,选择余地大

线性稳压电源的电路形式只有少数几种,如串联调压式和并联调压式;而开关电源的电路形式和控制方式多种多样,有自激式和它激式,调宽型和调频型,单端型和双端型等,设计者可以发挥各种类型电路的特长,设计出能满足不同应用场合的开关电源。

1.4 开关电源的技术指标

使用开关电源的设备要求电源具有轻、薄、小和高效等特点,开关电源正好具备上述优点,因此,它在电子设备中应用越来越广泛。但电源的要求随电子设备不同而异,有不同的技术指标。作为开关电源的技术指标有通用事项,包括电源名称、适用规格等,首先是安全规格,关于开关电源各国都有相应的安全规格,例如,国际规格为 IEC950、IEC65。电气技术指标有输入与输出条件、附属功能等。机械结构为外形、安装和冷却条件等。环境条件有温度、湿度、振动和冲激等。其他条件有噪声规定、可靠性等。本书主要关注其电气性能指标。

1.4.1 电气输入技术指标

作为开关电源的输入技术指标有输入电源相数、额定输入电压及电压的变化范围、频率、输入电流等。输入电源一般为单相 2 线制和 3 相 3 线制,还有单相 3 线制及 3 相 4 线制等。输入电源的额定电压因各国或地区不同而异,例如:美国规定的交流输入电源电压为 120V,欧洲为 220~240V,日本为 100V 及 200V,我国为 220V 及 380V。输入电压的变化范围一般为 ±10%,加上配线路径及各国的具体情况,输入电压的变化范围多为 −15%~+10%,但也有考虑全球所有电网输入电压范围的输入电源,如笔记本适配器,其输入电压为 100~240V。

开关电源几乎都是采用电容进行平波的输入方式,因此,虽然有高次谐波失真带来的电压尖峰的问题,但通常在正弦波的情况下能保证上述给定的指标。3 相输入时虽存在相电压的不平衡,但规定在输入电压的某一变化范围之内是允许的。

工频频率为 50Hz 或 60Hz,在频率变化范围不影响开关电源的特性时多为 48~63Hz。还有船舶、飞机采用的特殊电源频率为 400Hz,但因输入电容滤波器的电容电流及输入整流二极管的损耗增加等降低了效率,因此,若要满足 EMI 的规定,可以采取措施减小此影响。

输入电压瞬时跌落或瞬时断电时,在额定输出电压与电流条件下规定的输入电压是额定输入电压。瞬时断电有 10ms 与 20ms,若使用时按规定瞬时断电,多数情况下不会有问题。在输入的下限,输出保持时间变得很短,但 100% 输出时,在较低额定输入条件下,使用上问题也不大。

在规定的时间间隔对输入电压进行通断时,输入电流达到稳定状态之前流经的最大瞬时电流为冲激电流。对于开关电源是输入电源接通时与其后输出电压上升时流经的电流,这由输入开关的承受能力所限,峰值电流一般为 30~50A。

一般情况下,当输入电源跌落与瞬时断电时,防止冲激电流的功能不能动作。另外,用热敏电阻只能防止冷启动时的冲激电流,由于每隔几十秒通断时防止功能不能动作,因此,也要规定通断的重复时间。

漏电流是流经输入侧地线的电流,从安全考虑一般规定为 0.5~1mA。

效率是指输入输出为额定值时,其输出功率与输入有效功率的比值。效率随输出电压、电流与输出路数及开关方式不同而异,多为 75%~90%。并随输入与输出的条件而变化,因此,要注意电子设备的散热条件等。

1.4.2 电气输出技术指标

输出端的直流电压称为额定输出电压,对其规定有精度与纹波系数等。额定输出电流是指输出端供给负载的最大平均电流。

市售的开关电源产品为了增加通用性,多是在初级侧允许功率范围以内,增大次级侧各路输出功率。稳压精度也称为输出电压精度或电压调整率,输出电压变动有多种原因。例如:

① 静态输入电压的变动,指在其他指标为额定情况时,在规定的范围内输入电压缓慢变动时输出电压的变动。

② 静态负载的变动,指其他指标为额定条件下,输出电流在规定的范围内缓慢变动时的输出电压的变动。在规定负载变动范围,多路输出有非稳定输出的情况,包括规定最低负载电流。最低负载电流以下的规定精度一般是指保护功能不动作的范围内的情况。另外,对于多路输出的电源,电路方式的不同也会受到其他输出负载变动的影响。

③ 环境温度的变动,指在规定的温度范围内,其他指标为额定值时输出电压的变动。

④ 初始特性的变动,指输入输出为额定值时,接入输入电源之后到规定时间时输出电压的变动,多为接入输入电源后 30 分钟时的值。

⑤ 经时特性的变动,指输入输出为额定时,接入输入电源后的规定时间到下一次规定时间时输出电压的变动,也称为长时间特性的变动,一般多为接入输入电源后 30 分钟到 8 小时的值。

⑥ 动态输入电压的变动,指以规定的变化幅度,输入电压急剧变化时输出电压的变动,一般是把输入电压的上限与额定输入电压以及额定输入电压与输入电压的下限作为变动幅度。

⑦ 动态负载的变动,指以规定的变化幅度,输出电流急剧变化时输出电压的变动,常见的脉冲负载的规定等情况除外。

输出电压可调范围是指在保证电压稳定精度条件下,由外部可能调整的输出电压范围,一般为±5%或±10%。条件是输入电压的下限时输出电压的最大值,以及输入电压的上限时输出电压的最小值。若由电子设备的结构决定负载电流时,输出电流的变动范围则是电流变动较小的负载、感性负载等冲激电流较大的脉冲式负载的电流变动范围。图 1.8 为脉冲电流输出波形实例,给出了峰值与时间的关系。开关电源的恢复时间随变换频率与电流变动幅度等不同而异。

纹波是与输出端呈现的输入频率及开关变换频率同步的分量,用峰-峰值表示,一般为输出电压的 0.5%以内,如图 1.9 所示。噪声是输出端呈现的除纹波以外频率的分量,也用峰-峰值表示,一般为输出电压的 1%,也包括与纹波没有明确区分的部分,规定是纹波与噪声的总合值,为输出电压的 2%以内。

开关电源的其他电气性能指标还有过电流保护、过电压保护、欠压保护、过热保护、远程控制、远程检测与通信接口设置以及绝缘相关方面的要求。除此以外,开关电源对机械强度、安装尺寸,公差尺寸以及运行环境都有相应要求。

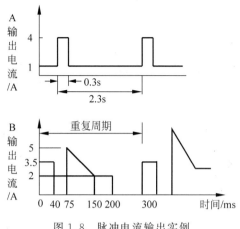

图 1.8 脉冲电流输出实例

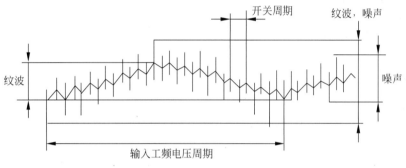

图 1.9 纹波噪声示意图

1.5 开关电源的发展及趋势

从 1955 年美国科学家罗耶发明自激振荡推挽晶体管单变压器直流变换器至今,60 多年来,开关电源经历了三个重要发展阶段。第一个阶段是功率半导体器件从双极型器件(BJT、SCR、GTO)发展为 MOS 型器件(功率 MOSFET、IGBT、IGCT 等),使电力电子系统有可能实现高频化,并大幅度降低导通损耗,电路也更为简单。第二个阶段自 20 世纪 80 年代开始,高频化和软开关技术的研究开发,使功率变换器性能更好、重量更轻、尺寸更小,高频化和软开关技术是过去 20 年国际电力电子界的研究热点之一。第三个阶段从 20 世纪 90 年代中期开始,集成电力电子系统和集成电力电子模块(IPEM)技术开始发展,它是当今国际电力电子界亟待解决的新问题之一。今后直流开关电源的发展趋势会主要表现在:

1. 小型化

开关电源作为许多装置的驱动设备,其尺寸会越来越受到开关电源应用设备的限制,这就对开关电源的尺寸提出了更高的要求。并且开关电源的外形尺寸趋于国际标准化,输出端子相互兼容的设计日趋明显。

2. 低电压大电流

随着半导体工艺等级未来十年将从 $0.13\mu m$ 向 7nm 迈进,芯片所需最低电压最终将变为 0.6V,这就对给这些芯片供电的开关电源提出了新的要求。

3. 数字化技术在开关电源中的应用

在传统功率电子技术中,控制部分是按模拟信号设计和工作的。随着数字处理技术的发展成熟,其优点是便于计算机处理控制、避免模拟信号的畸变失真、减小杂散信号的干扰提高抗干扰能力、便于软件包的调试和遥感遥测遥调等,也便于自诊断、容错等技术的植入,数字化是开关电源发展的必然方向。

4. 高效

随着世界能源危机的日益加剧,提高直流开关电源的效率是研究者迫切需要解决的问题。

5. 高频化

减小开关电源的体积和重量的一个基本要求就是高频化,提高频率可大大增加开关电源的功率密度比,但随着开关频率的不断提高,开关元件和无源元件损耗的增加、高频寄生参数以及高频 EMI 等新的问题也将随之产生。

6. 软开关技术

应用各种软开关技术,包括无源无损软开关技术、有源软开关技术(如 ZVS/ZCS 谐振、准谐振)、恒频零开关技术、零电压、零电流转换技术,可大大提高开关电源的效率,此外还能减小因高频化带来的负面影响。

7. 功率因数校正技术

近几年,为了符合国际电工委员会的谐波准则,高功率因数 AC/DC 变换电路正越来越引起人们的关注。功率因数校正(Power Factor Correction,PFC)技术从早期的无源电路发展到现在的有源电路,从传统的线性控制方式到非线性控制方式,新的电路拓扑和控制技术不断发展。

8. 模块化技术

模块化有两方面的含义,其一是指功率器件的模块化,其二是指电源单元的模块化。开关器件和与之反并联的续流二极管,实质上都属于"标准"功率模块(SPM)。近年来,有些公司把开关器件的驱动保护电路也装到功率模块中去,构成了"智能化"功率模块(IPM),不但缩小了整机的体积,更便于整机的设计制造。实际上,由于频率不断提高,致使引线寄生电感、寄生电容的影响愈加严重,对器件造成更大的电应力。为了提高系统的可靠性,有些制造商开发了"用户专用"功率模块(ASPM),这样的模块经过严格合理的热、电、机械方面的设计,实现高效、稳定的运行。由此可见,模块化的目的不仅在于使用方便、缩小整机体积,更重要的是取消传统连线,把寄生参数降到最小,从而把器件承受的电应力降至最低,提高系统的可靠性。

习题

1. 什么是开关电源?直流开关电源应满足哪些条件?
2. 开关电源的发展过程包含哪几个方面?
3. 相对于线性稳压电源,直流开关电源的优点有哪些?
4. 比较它激式和自激式开关电源的相同点和不同点。
5. 直流开关电源的发展趋势是什么?

第2章

开关电源常用器件及开关管驱动电路

开关电源包含主电路与控制电路,控制电路中采用的器件与其他的电子产品比较接近,如贴片电阻、色环电阻、各类电容、运放、光耦等,在本书中不做介绍;其他如 PWM 芯片、开关管的驱动芯片会在专门章节中介绍。开关电源的主电路主要由各类开关器件、电感、电容、变压器、各种特殊电阻、磁珠等构成,本章主要介绍上述开关电源主电路中的各类器件,并介绍它们在开关电源中的作用。

2.1 特殊电阻

电阻种类极多,按阻值特性分为固定电阻、可调电阻、特种电阻(光敏电阻、热敏电阻、压敏电阻);按制造材料分为碳膜电阻、金属膜电阻、线绕电阻(如水泥电阻)、无感电阻、薄膜电阻等;按安装方式分为插件电阻、贴片电阻;按照功能分为负载电阻、采样电阻、分流电阻、保护电阻等,本节将介绍开关电源主电路中常见的压敏电阻与热敏电阻。

2.1.1 压敏电阻

压敏电阻是在某一特定的电压范围内,随着电压的增加,电流急剧增大的敏感元件。它常并接在两根交流电压输入线之间,置于熔丝之后的输入回路中。压敏电阻的种类很多,其中具有代表性的是氧化锌压敏电阻。用作交流电压浪涌吸收器时,压敏电阻具有正反向对称的伏安特性,如图 2.1 所示。在一定的电压范围内其阻抗接近于开路状态,只有很小的漏电流(微安级)通过,故功耗甚微。当电压达到一定值后,通过压敏电阻的电流陡然增大,而且不会引起电流上升速率的增加,也不会产生续流和放电延迟现象。压敏电阻的瞬时功率比较大,但平均持续功率却很小,所以不能长时间工作于导通状态,否则有损坏的危险。

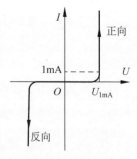

图 2.1　压敏电阻的
伏安特性曲线

开关电源交流输入电压一旦因电网附近的电感性开关或雷电等原因而产生高压尖峰脉冲干扰,或因错相而引入 380V 瞬变电压,具有可变电阻作用的压敏电阻就从高阻关断状态立即转入低阻导通状态,瞬间流过大电流,将高压尖峰脉冲或市电过电压吸收、削波和限幅,从而使输入电压达到安全值。当压敏电阻中通过大电流时,往往还会熔断熔丝,这就避免了对开关电源中的电子元器件造成致命的损坏。选用压敏电阻时,要注意压敏电压和通流容量两个参数的选取。压敏电压即标称电压,是指压敏电阻在一定的温度范围内和规定电流(通常是1mA或0.1mA)下的电压降。压敏电阻的标称电压必须高于实际电路的电压值。当输入电压为220V(有效值)时,压敏电阻的压敏电压一般不小于$1.732 \times 220V \approx 380V$,实际上选用400V。压敏电阻的通流容量通常表示其承受浪涌的能力。为了不影响压敏电阻的使用寿命,对通流容量的选取应留有充分的裕量。压敏电阻的外形与普通金属膜电阻一样。在常温下测试时,它的阻值为几百千欧,甚至为兆欧级。压敏电阻损坏后,必须用相同规格的产品进行更换,千万不可用普通电阻替换。

2.1.2　热敏电阻

热敏电阻分正温度系数(Positive Temperature Coefficient,PTC)与负温度系数(Negative Temperature Coefficient,NTC)两种,一般情况下,PTC热敏电阻用于温度检测,当温度高于设定值时切断主电路供电电源,而NTC热敏电阻一般用来对开关电源的启动电流进行限制,下面主要讨论NTC热敏电阻。

当开关电源启动时,伴随滤波电容的初期充电会产生过冲电流。这种电流可以达到正常工作电流的10倍以上,造成二极管、开关、保险丝等发生故障或变质。为抑制过冲电流,在输入端的滤波电容处串入NTC热敏电阻,因其具有负的电阻温度特性,随着温度的升高电阻值逐渐减小。因此,在电源启动初期,它变为大电阻,抑制过冲电流;之后随着电流流过,自身发热,从而降低电阻值以限制功耗。除使用NTC热敏电阻以外,还可以使用固定电阻器来构成过冲电流抑制电路。但这种电路在正常工作状态下功耗很大,对于节省能源很不利。对于这一点,可以在固定电阻器上并联电磁继电器或三端双向可控硅等开关元件。当电源进入正常工作状态后将此开关接通,则可限制正常工作状态的功耗。但这种做法将导致元件数增多,另外还需要开关元件的驱动电路,这又成为一个问题。从以上观点可以看出,NTC热敏电阻是最简单、最节能开关电源启动时的抑流元件。

伴随着开关电源的小型化、高效率化的发展,对PTC热敏电阻的小型化、高精度、低电阻的要求自不必说,对抑制过冲电流的NTC热敏电阻的小型化、大容量的要求也十分强烈。现在,一些公司正在进行陶瓷材料的开发、重新设计电路结构等工作,以达到客户的要求,提供满足市场需求的产品。

图2.2为移相全桥型开关电源主电路实例,图中,压敏电阻RV并接在单相交流输入电源之后,且位于保险丝FU之后,以在输入电压突然变大时,压敏电阻值变小,流过保险丝的电流超过额定值,从而切断开关电源的输入电源。在整流桥后级应该接电容值较大的电解电容C_5,以得到较为平滑的直流电压作为后级DC/DC变换器的输入电源。但在刚接入电源时,电解电容上的电压尚未建立,整流桥输出与电解电容上的电压差很大,造成电网侧很大的冲击电流,易造成保险丝熔断和其他电气问题,因此,在整流桥FB与电解电容C_5之间串接NTC热敏电阻RH。当接入输入电源时,RH温度较低,电阻值较大,限制了电解电容电压建立过程中较大的冲击电流;在工作一段时间后,RH温度升高,电阻值变小,电路正常工作。图2.2中的其他器件在后续器件讲解时说明。

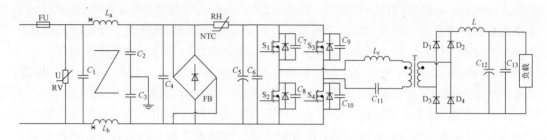

图 2.2　移相全桥型开关电源主电路实例

2.2　电容

电容有隔离直流信号、传递交流信号的作用,它对防止和滤除噪波、高频电磁干扰和稳定电气性能起着十分重要的作用。电容在开关电源中有广泛的应用,主要功能包括滤除共模噪声、差模噪声,输入和输出滤波,隔离直流、谐振、吸收开关管的电压尖峰等。按照有无极性可将电容分为有极性电容(如铝电解电容、钽电容)、无极性电容(如薄膜电容、陶瓷电容);按照制造材料可将电容分为陶瓷电容、涤纶电容、电解电容、钽电容、聚丙烯电容、云母电容等,以上材料在开关电源中均有使用。本节主要介绍陶瓷电容、薄膜电容和电解电容的特性。

2.2.1　陶瓷电容

陶瓷电容具有体积小、寿命长、使用频率高等优点,陶瓷电容也叫做瓷介质电容,它的介质是一种天然物质陶瓷。陶瓷电容器有多种结构形式,主要是根据陶瓷的理化性质严格控制陶瓷片的厚度、面积、光滑度和平整度,再经过现代技术进行精细加工而成。陶瓷电容在开关电源电路中常用来抑制各类噪声。常见的陶瓷电容如图 2.3 所示。

(a) 交流高压电容　　　(b) 超高压螺栓型电容　　　(c) 低压电容

图 2.3　常见陶瓷电容

1. 陶瓷电容在电路中的作用

(1) 平滑纹波电压。随着开关电源的高频化与小型化,对电源输出参数要求也越来越高,目前已采用叠层陶瓷电容,其耐电压等级得到了提高,其漏电流降低相对于普通陶瓷电容得到极大的减小。叠层陶瓷电容的容抗与铝电解电容相比非常小,但寄生的 ESR 电阻也有着数量级的减小,在电路中用作平滑纹波的效果非常好,且电容自身的发热量很低,对输

出 $100\sim500\mathrm{kHz}$ 的纹波电流的平滑度有显著提高。此外,陶瓷电容的电容量几乎不随时间变化。在一些特殊场合下,图 2.2 中的电容 C_5、C_{12} 可以采用陶瓷电容实现滤波。

(2) 吸收尖峰电压。开关电源电路由于受线路的杂散电感、变压器的漏感、环境条件、负载突变、电路元器件骤变等因素的影响,在开关过程中易在开关器件两端出现浪涌电压,该电压容易击穿开关管,如果选用耐压较高的器件,一方面增加了成本,另一方面器件的导通损耗将加大。这种浪涌电压幅度高、能量大,对开关管的冲击是致命的,为了保护开关管的安全,往往将陶瓷电容与电阻串联后并联接到变压器的一次绕组或开关管的两端,组成吸收电路,以降低浪涌电压。

(3) 旁路噪声干扰。为了阻止噪声由输出回路进入负载或者低频电磁波由输入电路进入电源,一般在电路中接入陶瓷电容,用它来抑制正态噪声和用于低通滤波。旁路噪声干扰的电容一般与电解电容并联,大容量的电解电容负责滤除纹波成分,高频率的噪声由低电感、低 ESR 的小容量陶瓷电容滤除,这种电容称为旁路电容,它配接在主电路的输出电路中,其旁路效果比较好。这种电容的电容量一般为 $220\sim3300\mathrm{pF}$,耐压范围视电路作用而定。图 2.2 中的电容 C_6、C_{13} 的作用正是旁路噪声干扰。

(4) 滤除噪声。开关电源的输入回路常接有交流电路滤波器,它的作用是滤除外部噪声的进入与内部噪声的传出,这种滤除噪声的电容一般采用陶瓷电容。接在电源进线的电容,抑制火线、零线之间的噪声频率较低,所需的电容量较大,如图 2.2 中的 C_1、C_4,该类型电容称为 X 电容;另外火线、零线与地线之间存在共模噪声,需要通过共模电感与共模电容将其滤除,如图 2.2 中的 C_2、C_3 的作用是滤除共模噪声,该类型电容称为 Y 电容。

2. 陶瓷电容的特点

(1) 结构简单,加工生产工艺要求不高,原料丰富,价格便宜。

(2) 电容的绝缘性能强,绝缘电阻大,可制成耐压很高的电容,能耐压高达 2kV。

(3) 具有良好的耐热性,有耐高温的特点,可在高达 $500\sim600^{\circ}\mathrm{C}$ 的条件下正常稳定工作。

(4) 温度系数范围很宽,可以生产出不同温度系数的电容,以适用于不同的场合。

(5) 陶瓷电容还有耐酸、耐碱、耐盐的特点,若受水的侵蚀,也能长期正常地工作,不易老化。

(6) 陶瓷材料的介电系数很大,这使得瓷介电容器的体积可以做得很小,如果采用多叠层的方式,电容器的容量可扩展很大。

(7) 陶瓷电容的瓷介质材料不可以卷曲,电容器本身不带电感性,这样生产出来的陶瓷电容高频特性较高,广泛用于航天通信。

(8) 陶瓷电容的损耗角正切值与频率的关系很小,损耗值不随频率的升高而上升。但是,它的机械强度低,容易破裂损坏。

2.2.2 薄膜电容

有机薄膜就是塑料薄膜,以有机介质材料制造的电容就是薄膜电容。

薄膜电容有十几种,有聚苯乙烯电容、聚四氟乙烯电容、聚酯(涤纶)电容、聚丙烯电容等。聚苯乙烯电容器的种类很多,根据应用场合的不同需要选择合适的薄膜电容,如聚四氟乙烯电容器使用的材料价格昂贵,生产成本高,通常只在特殊场合选用这种电容器,例如高温、高绝缘、高频电路中使用;聚酯电容器就是涤纶电容,它性能稳定、体积小,常常被用在高级电子设备中。常见薄膜电容如图2.4所示。

(a) 聚丙烯薄膜电容　　　　(b) 聚酯薄膜电容　　　　(c) 聚丙烯薄膜轴向电容

图2.4　常见薄膜电容图片

1. 薄膜电容在电路中的作用

(1) 抑制输入电源噪声。差模干扰不但幅值高、能量大,而且对电源有破坏性的损害作用,聚四氟乙烯薄膜电容对这些噪声的抑制可取得较好的效果。图2.2中的 C_1、C_4 两个电容也都可以采用薄膜电容来实现滤除电路中的差模噪声。

(2) 隔离直流分量。在一些开关电源电路中,例如桥式电路、半桥电路,变压器前级的逆变器输出电压中可能含有直流分量,这些直流分量可能会导致变压器的磁饱和,从而引起开关电源的损坏。在变压器原边绕组中串联一个电容值较小的电容(如 $1\mu F$),可以解决这一问题,保证变压器输入电压的正负对称。图2.2中的 C_{11} 就是采用薄膜电容实现隔离直流分量的功能。

(3) 谐振。在一些软开关电路中,串入或并入特定电容值的薄膜电容,使之与电路中的电感发生准谐振或者短时谐振,可实现开关管的零电压开关或零电流开关。图2.2中,4个开关管 S1~S4 的结电容较小,因此在其各自的两端并联一个薄膜电容,以在开关过程中实现与电感 L_r 的谐振,实现软开关。

(4) 旁路噪声。该作用类似于陶瓷电容。图2.2中的电容 C_6、C_{13} 也可以采用薄膜电容实现旁路噪声抑制干扰的作用。

2. 薄膜电容的特性

(1) 耐压范围宽。薄膜电容的一般耐压范围是 $30V\sim15kV$。普通聚苯乙烯电容的额定电压为100V;高压型聚苯乙烯电容的工作电压可高达40kV,专供高压电子设备使用。

(2) 绝缘电阻高。聚苯乙烯电容的容抗一般大于 $10^{11}\Omega$,所以它的漏电流很小。

(3) 电容器的损耗很小,所以用在高频电路或要求绝缘电阻很大的电子产品里。

(4) 电容的制造工艺简单,用于制造电容的材料丰富,而且电容的容量范围宽,一般可生产的容量为 $50pF\sim500\mu F$。

(5) 制造出的电容精度很高,这是因为金属膜聚苯乙烯的厚度、平整度和均匀度容易控制。电容器的误差等级为 $\pm1\%$、$\pm2\%$ 和 $\pm5\%$。

(6) 聚苯乙烯电容的温度系数极小,电容在电路中工作极为稳定,但是工作温度不能超过100℃,否则电容的损耗会加大。

抗酸碱、耐腐、耐潮湿也是聚苯乙烯电容的一大优点。当电容器两片极板因电压过高而将局部击穿时聚苯乙烯金属膜层能使击穿点的金属层面恢复到击穿点之外,从而达到自愈,能消除因击穿造成的短路,保证了电路安全。

2.2.3　电解电容

常见电解电容包含铝电解电容与钽电容,钽电容常用于小功率电源的滤波器,本节重点讨论铝电解电容。铝电解电容是最常见、最便宜、容量范围很宽的一种有极性电容。它也是由极板和绝缘介质组成的,它的绝缘介质一般是铝酸溶液。铝电解电容是在开关电源电路里使用比较多的一种元件,它的质量好坏也是整个电源质量好坏的关键。图2.5为常见铝电解电容。

(a) 直插式　　　　　　　　　(b) 贴片式　　　　　　　　　(c) 螺栓式

图 2.5　常见铝电解电容

1. 铝电解电容的功能特性

铝电解电容和其他电容一样,也有传递电能、滤除交流信号的作用。常常由于温度、湿度、工作电压以及频率的影响,使电容的寿命、效果发生质的变化,因此,提高铝电解电容的质量、缩小体积是所有生产厂家主攻的难题。他们在生产工艺上采用了许多新技术,其中有扩大电极箔的蚀刻倍率、开发耐热性能好的高电导率电解液;提高电解体隔膜的化学性能和热稳定性;采用高气密性、耐腐蚀、耐高温的封口材料;对生产工艺和监测环节采用全程自动化跟踪生产,以提高产品的质量。温度和随着时间而延长的电解液的导电性能会影响铝电解电容的工作电压和体积的蚀刻倍率,因此增大电解体的有效表面积、增大电极箔的单位面积,是增加电容静电容量、提高电容极片的耐压等级的主要手段。

铝电解电容的电解液是由高沸点溶液媒介和电解质融合并添加高温稳定剂制成的。电解电容的封口衬垫是为控制电容里的电解质溶液挥发而设定的,衬垫材料的选择对电容的寿命至关重要。铝电解电容的性能主要取决于电解液的性能、阳极箔蚀刻倍率以及封口材料等因素。

图 2.2 中的电容 C_5、C_{12} 最常采用铝电解电容实现滤波。

2. 铝电解电容的电气参数

(1) 额定工作电压。铝电解电容的额定(直流)工作电压是衡量电容工作的环境,如果电路施加在电容的最高峰电压高于电容的额定电压,电容器的漏电流将增大,传递电能的能力将下降,电气特性将会被破坏,严重超压时,在很短的时间内就会使电容爆裂损坏。

(2) 标称静电容量及允许偏差。开关电源整流滤波的电容量较大,而且是随着输出功率的变化而改变的,它是为减小整流后的电压纹波设立的,起平波作用。在电容的额定电压一定时,电容的容量越大,体积越大,价格也越高。如果滤波电解电容量太小,不仅对电流纹波电压起不到滤波的作用,还会引起开关管的损坏,很可能会导致输出波峰电流超过安全标准。开关电源对电解电容器容量偏差有严格的要求,一般允许偏差±10%,高级的电源为±5%。

(3) 使用温度范围。开关电源的温升一般只能达到60℃,由于电源胶壳内部空间有限,元器件排列拥挤,散热条件较差,当环境温度超过35℃时,开关电源壳内温升超过80℃,加上电解电容器自身的热量,电容表面温度会超过90℃,这对电解电容器的质量是个极大考验。从可靠性和安全性考虑,应注意电容器所标明的温度范围。此外,还要注意电器内部电解液会受温度影响,通过封口,从缝隙可看到电解液漏逃逸的程度。还要求具有防爆装置。

(4) 漏电流。漏电流是所有电容的一个重要技术指标,如果漏电流偏大,电容的容量随着时间的延长会急剧减小,寿命也会越来越短,对整个电源的使用时间产生重大影响,铝电解电容将漏电流视为生命电流。

(5) 损耗角正切值。电容的损耗角正切值是电容容抗的一种表述,电子电路有阻抗和感抗,统称为电抗,损耗角正切是功率损耗的一个参量。

(6) 耐高频脉冲电流能力。任何一只电解电容,把它视为一个理想的电容器电抗与电阻串联,当高频脉冲电流在对解电容进行充放电的过程中,将会产生大量的热耗损失,并使电解电容温度升高,这种温度的高低,就是 ESR 技术指标,ESR 愈小,电容器耐高频脉冲电流的能力愈强。

(7) 高温存储特性。电解电容放在105℃的无负载的环境中,经过720h,再骤降25℃,电容器的静电容量的变化率在初始值±15%以内;当额定电流等于初始规定值时,电容漏电电流不发生明显改变。

3. 铝电解电容的选用

根据开关电源电路各个回路工作区域的不同,结合铝电解电容的功能特性和技术参数对铝电解电容的选用做如下规定。

(1) 额定工作电压的确定。对于交流输入,用于直流滤波的单个电容器,要求电解电容的耐压不低于最高输入电压的 2 倍。其他用于滤波的电容耐压大于 1.2 倍的输出电压。

(2) 电容容量的选用。滤波用电解电容器的容量大一些,有利于减小直流电压的纹波,对电源桥式整流输出的脉动电压有稳压作用,使开关功率管在工作区域中发挥最大脉冲调制和功率驱动作用,其电容容量的大小与输出功率有一定关系,对于 $5 \sim 10\mathrm{W}$ 的开关电源,电解电容按 $1.47\mu\mathrm{F/W}$ 的容量选用;对于 $10 \sim 50\mathrm{W}$ 的开关电源,按 $2.0\mu\mathrm{F/W}$ 的容量选用;对于 $50 \sim 100\mathrm{W}$ 的开关电源,按 $2.5\mu\mathrm{F/W}$ 的容量选用;对 $100 \sim 150\mathrm{W}$ 的开关电源,按 $3.0\mu\mathrm{F/W}$ 的容量选用。电解电容的电容量允许偏差一般选用±10%,对于要求高的开关电源可选用偏差在±5%以内的电容。

(3) 电容器使用温度的考虑。开关电源所有的元器件都处在温度比较高的环境下工作,电解电容属于高发热元件,仅次于振荡变压器和开关功率管,如果电解电容的标称温度选低了,不但会降低开关电源的技术指标,还会使电源的使用寿命大大缩短,严重时将会产生爆炸。因此,从可靠性与安全性考虑,电解电容必须选用 $-25 \sim +105℃$ 的高温型铝电解电容,对直径大于 8mm 的中高压高温型铝电解电容,要求具有防爆结构或防爆装置。

(4) 漏电流的估算与测试。如果电解电容的漏电流偏大,电容会发生早期失效,开关电源的输出电压偏低,波动加大,这是常见的现象。在选用时,对电容必须进行测试。如果没有电容参数测试仪,可用普通万用表 R×1k 电阻挡进行测量,指针偏离越大,接近"0"停留时间越长,说明电容越大,然后,缓慢回到"∞"位置,距离"∞"位置越近,则漏电流越小,相反漏电流越大。此外,还可对电解电容漏电流进行估算:当电容 $C=33F$ 时,其漏电流 $I_d \leqslant 0.02CU$;当 $C \geqslant 49\mu F$ 时,$I_d \leqslant 3\sqrt{CU}$。其中,C 是电容容量,单位是 μF,U 是电容电压,单位是 V。

总之,选择铝电解电容器时要考虑电容的额定容量,其次是耐压,再次是标称温度,最后是漏电流。

2.3 共模电感与磁珠

开关电源中常见的磁性元件包括滤波电感、高频变压器、共模电感以及磁珠,其中滤波电感与高频变压器将在后续专门章节中进行阐述,本节简要介绍共模电感与磁珠。

2.3.1 共模电感

电源噪声是电磁干扰的一种,其传导噪声的频谱大致为 10kHz~30MHz,最高可达150MHz。根据传播方向的不同,电源噪声可分为两大类:一类是从电源进线引入的外界干扰;另一类是由电子设备产生并经电源线传导出去的噪声。这表明噪声属于双向干扰信号,电子设备既是噪声干扰的对象,又是一个噪声源。从形成特点看,噪声干扰分为差模干扰与共模干扰两种。差模干扰是两条电源线之间(简称线对线)的噪声,共模干扰则是两条电源线对大地(简称线对地)的噪声。因此,电磁干扰滤波器应符合电磁兼容性(EMC)的要求,也必须是双向射频滤波器,一方面要滤除从交流电源线上引入的外部电磁干扰,另一方面还能避免本身设备向外部发出噪声干扰,以免影响同一电磁环境下其他电子设备的正常工作。此外,电磁干扰滤波器应对差模、共模干扰都起到抑制作用。

共模电感的作用就是实现上述共模噪声的抑制,也叫共模扼流圈。共模电感是一个以铁氧体等为磁心的共模干扰抑制器件,它由两个尺寸相同、匝数相同的线圈对称地绕制在同一个铁氧体环形磁心上,线圈的绕制方向相反,形成一个四端器件。当两线圈中流过差模电流时,产生两个相互抵消的磁场 H_1、H_2,此时工作电流主要由线圈电阻以及很小的漏感决定,所以差模信号可以无衰减地通过,如图 2.6 所示;而当流过共模电流时,磁环中的磁通相互叠加,从而具有相当大的电感量,线圈即呈现出高阻抗,产生很强的阻尼效果,达到对共模电流的抑制作用。因此共模电感在平衡线路中能有效地抑制共模干扰信号,而对线路正常传输的差模信号无影响。以上说明只是针对理想的共模电感模型,当线圈绕完后,所有磁通都集中在线圈的中心内。但是通常情况下环形线圈不会绕满一周,或绕制不紧密,这样会引起磁通的泄漏。共模电感有两个绕组,其间有相当大的间隙,这样就会产生磁通泄漏,并形成差模电感,因而共模电感对差模噪声也有抑制作用。实际应用中,共模电感常和 X 容、Y 电容组成 EMI 滤波器,滤除差模噪声和共模噪声。

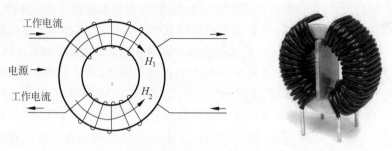

图 2.6　共模电感绕线示意图与实物图

通常情况下,同时注意选择所需滤波的频段,共模阻抗越大越好,因此在选择共模电感时需要查看器件资料,主要根据阻抗频率曲线选择。另外选择时应注意考虑差模阻抗对信号的影响,主要关注差模阻抗,特别注意高速端口。

共模电感在制作时应满足以下要求:

(1) 应该选取磁导率高的磁性材料作为共模电感的铁心,如铁氧体或超微晶铁粉心。

(2) 绕制在线圈磁心上的导线要相互绝缘,以保证在瞬时过电压作用下线圈的匝间不发生击穿短路。

(3) 当线圈流过瞬时大电流时,磁心不要出现饱和。

(4) 线圈中的磁心应与线圈绝缘,以防止在瞬时过电压作用下两者之间发生击穿。

(5) 线圈应尽可能绕制单层,这样做可减小线圈的寄生电容,增强线圈对瞬时过电压的耐受能力。

图 2.2 中的共模电感、共模电感的漏感 L_a、L_b 形成的差模电感以及 X、Y 电容 $C_1 \sim C_4$ 构成了通常所说的 EMI(Electromagnetic Interference)滤波器。

2.3.2　磁珠

开关电源尤其是大功率开关电源,它们的工作频率一般为几十 kHz 至几 MHz。在这种高频的作用下,电源的输出整流管,包括 MOSFET 同步整流电路,在关断期间反向恢复过程中,会产生开关噪声和反向峰值电流,非常容易击穿整流二极管或 MOSFET,还容易在二极管或 MOS 管导通期间向外辐射极高频率的干扰信号。虽然在整流二极管的两端并联电阻电容元件组成吸收电路,但作用效果不太理想。相反,由于增加了电阻电容,因此工作时会造成损耗。在开关电源电路中串联一只磁珠,可有力地抑制噪声和干扰信号。

磁珠的作用在成品电路板上,是一种串联在导线或元件的引脚上的黑色小磁环。磁珠的常用材料为铁氧体,还有一种是用非晶合金磁性材料制作,作为一种抗干扰元件,滤除高频噪声效果显著。图 2.7 为部分磁珠的实物图。

磁珠材料具有很高的电阻率和磁导率,其等效于电阻和电感串联,但电阻值和电感值都随频率变化。电阻值和电感值都与磁珠的长度成比例。当导线穿过这种铁氧体磁心时,所构成的电感阻抗随着频率的升高而增加。高频电流在其中以热量形式散发。在低频段,阻抗由电感的感抗构成。低频时 R 很小,磁心的磁导率较高,因此电感量较大,L 起主要作用,电磁干扰被反射而受到抑制,并且这时磁心的损耗较小,整个器件是一个低损耗,高 Q 特性的电感。这种电感容易造成谐振,因此在低频段有时可能出现使用铁氧体磁珠后,干扰

(a) 单孔磁珠

(b) 多孔磁珠

(c) 多孔磁珠接线示意图

图 2.7　磁珠实物图

增强的现象。在高频段,阻抗由电阻成分构成,随着频率升高,磁心的磁导率降低,导致电感的电感量减小,感抗成分减小这时磁心的损耗增加,电阻成分增加,导致总的阻抗增加。当高频信号通过铁氧体时,电磁干扰被吸收并转换成热能的形式耗散掉。

铁氧体磁珠不仅可用于电源电路中滤除高频噪声(可用于直流和交流输出),还可广泛应用于其他电路,其体积可以做得很小。特别是在数字电路中,由于脉冲信号含有频率很高的高次谐波,也是电路高频辐射的主要根源,所以可在这种场合发挥磁珠的作用。

近年来,由于 EMC 的严格要求,铁氧体磁珠在开关电源电路中显得非常重要,也得到了广泛应用,尤其是片式铁氧体磁珠。研发人员必须全面了解铁氧体磁珠的特性,根据实际情况,正确选用这些元器件,需要了解以下内容:

(1) 需要滤除信号的频率范围。

(2) 噪声源从哪里来? 需要衰减噪声多少分贝?

(3) 电路和负载阻抗(包括感抗)有多大?

(4) 注意 PCB 放置的空间位置等。

由于铁氧体可以衰减较高频同时让较低频几乎无阻碍地通过,故在 EMI 控制中得到了广泛的应用。用于 EMI 吸收的磁环/磁珠可制成各种的形状,广泛应用于各种场合。如在 PCB 板上,可加在 DC/DC 模块、数据线、电源线等处。它吸收所在线路上的高频干扰信号,但却不会在系统中产生新的零极点,不会破坏系统的稳定性。它与电源滤波器配合使用,可很好地补充滤波器高频端性能的不足,改善系统中的滤波特性。

2.4　功率二极管

信号二极管的基本特性为正向导通,反向截止,正向导通时有一个 0.7V 或 0.3V 的压降,反向截止时,有一个很小的漏电流。常用于开关电源中的功率二极管分为快(超快)恢复二极管与肖特基势垒二极管,其电气符号和常见的封装如图 2.8 所示。

(a) 电气符号

(b) 直插式封装

(c) TO220封装

(d) TO247封装(双二极管)

(e) 接线式(双二极管)

图 2.8　二极管的电气符号和常见的封装

功率二极管正向导通压降与正向电流有关,反向漏电流与反向电压相关,这两个量均与二极管的极温相关,且呈现非线性特征。以快恢复二极管 RHRP15120 为例,其正向导通特性与反向截止特性如图 2.9 所示,在正向导通时,随着二极管正向电流 I_F 的增加,两端的正向电压 U_F 也随之增加,电压 U_F 不再是 0.7V。可以看出,100℃时,电流 $I_F = 10A$ 时,$U_F = 1.9V$,随着温度的降低,电压 U_F 有增加的趋势。反向截止时,反向电压 U_R 越大,反向漏电流 I_R 越大,该漏电流随着温度的升高而增加。

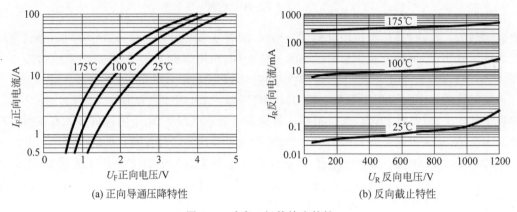

      (a) 正向导通压降特性   (b) 反向截止特性

图 2.9 功率二极管输出特性

2.4.1 快恢复功率二极管

快恢复功率二极管(Fast Recovery Diode,FRD)是一种具有开关特性好、反向恢复时间短的半导体二极管,主要应用于开关电源、各类电力电子变换器中,作为高频整流二极管、续流二极管或阻尼二极管使用。快恢复二极管的内部结构与普通 PN 结二极管不同,它属于 PIN 结型二极管,即在 P 型硅材料与 N 型硅材料中间增加了基区 I,构成 PIN 硅片。因基区很薄,反向恢复电荷很小,所以快恢复二极管的反向恢复时间较短,正向压降较低,反向耐压值较高。

对快恢复功率二极管而言,主要损耗包括导通损耗、开通损耗与关断损耗,其中由于反向关断的时间较长,对应的关断损耗最大。因此理解快恢复功率二极管在开关过程中如何产生反向恢复损耗和开通损耗,对于今后采用相关措施来消除这一损耗有积极意义。

由于二极管的电容效应,快恢复功率二极管的开通与关断过程如图 2.10 所示。二极管由反向截止向导通过程转变时,当电流上升率足够大时,二极管两端的正向电压有一个明显的过冲,如图 2.10 中的 U_{FR},U_{FR} 的大小与二极管正向电流的变化率 dI_F/dt 相关,dI_F/dt 越大,U_{FR} 越大。且一般情况下,二极管正向电流 I_F 越大,U_{FR} 也越大。

对于给定的输入电流上升时间,正向恢复时间 t_{fr} 是二极管电流为最终值 10% 的点和端电压达到并保持在它的终值的 110% 以内的时间差,该时间差一般为几十 ns 至几百 ns。根据耐压值的不同,一般快恢复与超快恢复二极管的正向压降 U_F 为 0.8~3V。

当二极管正向导通向反向截止过渡时,电流不会立即降至零值,因为消除通态过程中存储的电荷需要时间。二极管开始换向操作时,电流开始下降,下降斜率 dI_F/dt 恒定,外部电感和电源电压是决定斜率的唯一因素。在二极管反向电流达到最大值之前,二极管一直承受正向电压,此后,二极管开始承受反向电压,并最终达到外部电源电压 U_R。

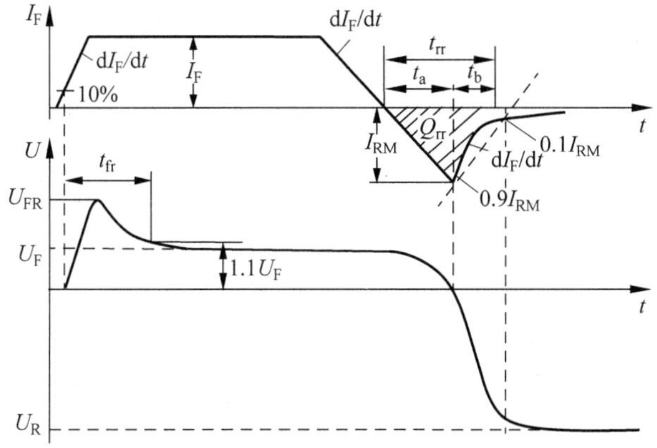

图 2.10 功率二极管的开通与关断过程

将二极管从正向电流下降到零时起,到反向电流下降到反向峰值电流 I_{RM} 的 10% 为止的时间间隔,称为二极管的反向恢复时间 t_{rr}。反向恢复时间由两个分量组成:t_a 是势垒电容的放电时间,而 t_b 是扩散电容放电时间。定义柔度系数 $S_F = t_a/t_b$。一般系数 S_F 越大,t_b 越小,从反向峰值电流下降的电流斜率变大,通常在二极管电路中不可避免地存在寄生电感和电容,这样过高的 dI_F/dt 不仅会引起振铃现象而造成严重的电磁干扰,而且还会因瞬时尖峰电压太高损坏二极管本身或电路中的其他半导体器件。因此希望采用 S_F 稍小的功率二极管。

2.4.2 肖特基二极管

肖特基二极管,又称肖特基势垒二极管(Schottky Barrier Diode,SBD),是以发明人的名字命名的。肖特基二极管有别于一般的 PN 结二极管:一般的 PN 结二极管是利用 N 型半导体与 P 型半导体形成的 PN 结制作而成,而肖特基二极管是一种利用贵金属-半导体接触形成肖特基势垒的原理制作而成的。肖特基二极管的势垒小于一般的 PN 结型二极管,所以正向导通所需的电压很低。肖特基二极管的反向恢复时间 t_{rr} 非常快,因为其不存在少数载流子的复合,反向恢复电荷 Q_{rr} 非常少,所以其开关频率特别高,可达 100GHz。这些特性使得肖特基二极管在高频应用领域占有重要位置。

SBD 具有开关频率高和正向压降低等优点,但其反向击穿电压比较低,最高仅约 200V,以致限制了其应用范围。像在开关电源(SMPS)和功率因数校正(PFC)电路中功率开关器件的续流二极管、变压器次级用 200V 以上的高频整流二极管、RCD 缓冲器电路中用 600V~1.2kV 的高速二极管以及 PFC 升压用 600V 的二极管等,只能使用快速恢复外延二极管和超快速恢复二极管。因此,发展 200V 以上的高压 SBD,一直是人们研究和关注的热点。使用新型材料制作的超过 1kV 的 SBD 也研制成功,从而为 SBD 的应用注入了新的生机与活力。

肖特基二极管最大的缺点是其反向偏压较低及反向漏电流偏大,例如,以硅及金属为材料的肖特基二极管,反向漏电流值为正温度特性,容易随着温度升高而急剧变大,设计时需注意其热失控的隐忧。为了避免上述问题,肖特基二极管实际使用时的反向偏压都会比其额定值小很多。

2.4.3　碳化硅二极管

碳化硅功率二极管一般可分为肖特基二极管（Schottky Barrier Diode，SBD）、PIN 二极管和结势垒控制肖特基二极管（Junction Barrier Schottky，JBS）三种。在 5kV 阻断电压以下的范围，碳化硅 SBD 具有一定的优势，而对于 PIN 结二极管，由于其内部的电导调制作用而呈现出较低的导通电阻，使得它更适合制备 4～5kV 或者以上电压等级的器件。JBS 二极管则结合了肖特基二极管所拥有的出色的开关特性和 PIN 结二极管所拥有的低漏电流的特点，另外，把 JBS 二极管结构参数和制造工艺稍作调整就可以形成混合 PIN-肖特基结二极管（Merged PIN Schottky，MPS）。

碳化硅器件的出现极大地改善了半导体器件的性能。目前，美国、德国、瑞典、日本等发达国家正竞相投入巨资对碳化硅材料和器件进行研究。美国国防部从 20 世纪 90 年代就开始支持碳化硅功率器件的研究，在 1992 年就成功研究出了阻断电压为 400V 的肖特基二极管。碳化硅肖特基势垒二极管于 21 世纪初成为首例市场化的碳化硅电力电子器件。美国 Semisouth 公司研制的 SiC SBD（100A、600V、300℃ 下工作）已经用在美国空军多电飞机上。由碳化硅 SBD 构成的功率模块可在高温、高压、强辐射等恶劣条件下使用。目前反向阻断电压高达 1200V 的系列产品，其额定电流可达到 20A。碳化硅 SBD 的研发已经达到高压器件的水平，其阻断电压超过 10 000V，大电流器件通态电流达到 130A 的水平。

与普通的快恢复二极管以及肖特基二极管相比，碳化硅二极管的耐压值比肖特基二极管要高，商用化的耐压值已经达到 1200V，而且碳化硅二极管的反向恢复时间理论上为零（实际由于寄生参数的存在有一个很小的反向过冲电流），但是其正向导通压降 U_F 较其他两种二极管大，目前其价格比较昂贵，而且大电流的器件目前尚未商用。因此，碳化硅二极管一般用在中小功率且开关频率较高的开关电源中，这样才能体现其优势。

2.5　功率 MOSFET

功率 MOSFET 是一种单极型电压控制器件，它具有驱动功率小、开关频率高、无二次击穿问题、安全工作区宽等优点，其存在 P 沟道与 N 沟道两种类型。图 2.11 给出了功率 MOSFET 的结构和电气符号，MOSFET 有三个引脚，分别是栅极（G）、漏极（D）、源极（S）。由于功率 MOSFET 的结构，每一个 MOSFET 均集成了一个体二极管。

与双极型晶体管相比，功率 MOSFET 具有一些独特的性能，它的可靠性较高，适合于高频工作。功率 MOSFET 是多数载流子器件，它不存在存储效应，没有存储时间。高的开关速度使得器件在高频下能有效地工作，提高了开关电源的工作频率，减小了电源中电感元件的尺寸，减轻了重量，提高了电源效率。其次，功率 MOSFET 的栅极和源极之间由氧化物层隔离，呈现高的输入阻抗，通常直流电阻大于 40MΩ，当栅-源电压大于 10V 时，MOSFET 工作在线性区。

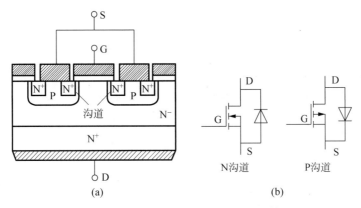

图 2.11 功率 MOSFET 的结构和电气符号

2.5.1 功率 MOSFET 的主要参数

1. 阈值电压 $U_{GS(th)}$

阈值电压，又被称为开启电压。当外加控制栅极电压 U_{GS} 超过某一电压值，使漏极和源极的表面反型层形成了连接沟道时，该值表示为 $U_{GS(th)}$。应用中常将漏极上的负载短接条件下漏极电流 I_D 等于 1mA 时的栅极电压定义为阈值电压。

一般来讲，短沟道 MOSFET 的漏极和源极空间电荷区对阈值电压的影响较大，即随着电压增加，空间电荷区伸展，有效沟道长度缩短，阈值电压会降低。因为工艺过程可影响 $U_{GS(th)}$，故 $U_{GS(th)}$ 是可以通过改动工艺而调整的。当环境噪声较低时，可以选用阈值电压较低的管子，以降低所需的输入驱动信号电压。当环境噪声较高时，可以选用阈值电压较高的开关管，以提高抗干扰能力。阈值电压一般为 1.5～5V。

结温对阈值电压有影响，大约结温每升高 45℃，阈值电压下降 10%，温度系数为 6.7mV/℃。

2. 导通电阻 $R_{DS(on)}$

导通电阻 $R_{DS(on)}$ 是一个非常重要的参数，它相当于双极型功率器件的饱和电阻。决定导通电阻的主要因素有两个：沟道电阻和漂移区电阻。减少沟道电阻的主要途径是提高单位管芯面积的沟道宽长比；改变结构的几何尺寸和几何结构，可以改变漂移区电阻。

在由 MOSFET 作为开关管的电源中，$R_{DS(on)}$ 决定了漏源两极间的电压 U_{DS} 和自身的损耗。一般导通电阻 $R_{DS(on)}$ 小，耐压高的管子较好。$R_{DS(on)}$ 与温度变化近乎有线性关系，图 2.12 是型号为 IRFP264 的 MOSFET 导通电阻随温度的变化曲线，可以看出，在较宽的温度范围，两者基本呈线性关系。一般情况下，耐压越高的 MOSFET，$R_{DS(on)}$ 受温度变化的影响越大。

$R_{DS(on)}$ 越小的器件，制作的开关电源效率越高。但耐压高的 MOSFET，$R_{DS(on)}$ 也大，所以限制了 MOSFET 在高电压开关电源中的应用。

另外，漏极电流 I_D 增加，$R_{DS(on)}$ 也略有增加；栅压 U_{GS} 升高，$R_{DS(on)}$ 有所降低。一般所有型号的 MOSFET 在说明书的显著位置给出的 $R_{DS(on)}$ 值均是指特定的测试条件下的值。

3. 结电容

MOSFET 管源极、漏极、栅极之间形成几个结电容。其极间等效电容示意图如图 2.13 所示。金属氧化物层栅极构成栅-漏电容 C_{GD} 和栅-源电容 C_{GS}，PN 结电容构成漏源电容 C_{DS}。这些电容常用输入电容 C_{iss}、输出电容 C_{oss} 和反向渡越电容 C_{rss} 来表示。其中 $C_{iss} = C_{GD} + C_{GS}$，$C_{oss} = C_{DS}$，$C_{rss} = C_{GD}$。

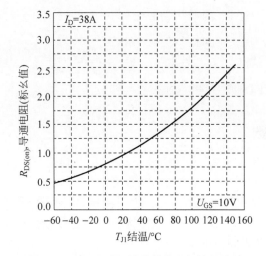

图 2.12　MOSFET 的导通电阻与结温关系

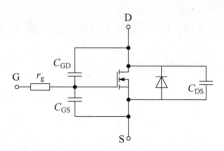

图 2.13　MOSFET 的等效电容示意图

在驱动 MOSFET 时，输入电容是一个重要的参数，驱动电容对输入电容充电、放电，影响开关性能，其中反向渡越电容 C_{rss} 起着米勒电容作用，是影响开关特性最重要的参数。驱动源阻抗越低，能供给足够的电流，就能有效降低开关时间。

4. 跨导 g_m

跨导 g_m 指的是漏极输出电流的变化量与栅-源之间电压 U_{GS} 变化量之比，即 $g_m = \Delta I_D / \Delta U_{GS}$，它反映 $I_D - U_{GS}$ 特性曲线的倾斜程度，是栅-源电压对漏极电流控制能力大小的量度，单位为西门子(S)。一般规定某一定值漏极电流作为测量跨导的条件。

这是一个比较重要的参数。为了获得高跨导器件，可在良好工艺环境下，通过提高单位管芯面积的沟道宽长比，保证电子的有效表面迁移率和有效散射极限速度而得到。

由于 $I_D - U_{GS}$ 特性曲线，即转移特性曲线，是非线性的，其增量的比值与 U_{GS} 关系也是非线性的。转移特性曲线如图 2.14 所示，其斜率即为跨导。

2.5.2　输出特性

功率 MOSFET 的基本输出特性如图 2.15 所示。输出特性分为三个区域：可调电阻区（图中Ⅰ）、饱和区（图中Ⅱ）和雪崩区（图中Ⅲ）。可调电阻区的漏极电流 I_D 与 U_{GS} 几乎呈线性关系；当 I_D 随 U_{GS} 增加到某一值后，器件内的沟道被夹断，开始进入饱和区，I_D 趋于稳定不变；而继续增加 U_{GS}，当漏极 PN 结发生雪崩击穿时漏极电流 I_D 突然剧增，进入雪崩区，直至主器件损坏。在应用中应避免出现这种情况。

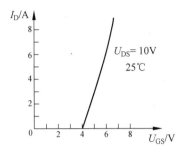

图 2.14 功率 MOSFET 的转移特性曲线

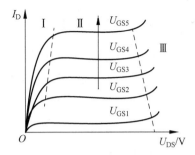

图 2.15 功率 MOSFET 的输出特性曲线

2.5.3 开关特性

采用图 2.16 所示电路来测试功率 MOSFET 的开关特性。图中 u_p 为驱动电路输出的驱动信号，R_2 为抑制驱动电路振荡而串入的阻尼电阻，该值通常 $10\sim100\Omega$；R_0 为栅极电阻，是为防止开关管误导通而串入，阻值一般为 $10\mathrm{k}\Omega$；R_L 为负载电阻，R_F 为信号检测电阻。

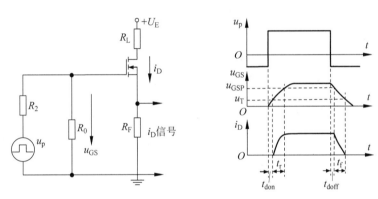

图 2.16 功率 MOSFET 的开关过程

开通延迟时间 t_{on} 指 u_p 前沿时刻到 u_{GS} 等于 u_T，并且漏极电流 i_D 从零开始增加的时间段。

上升时间 t_r 指 u_{GS} 从 u_T 上升到 MOSFET 进入非饱和区的栅压 u_{GSP} 的时间段。

漏极电流 i_D 稳态值由外部电源电压 U_E 和负载电阻 R_L 决定。电压 u_{GSP} 的大小和 i_D 的稳态值有关，u_{GS} 达到 u_{GSP} 后，在 u_p 作用下继续升高直至达到稳态，但电流 i_D 已基本不变。

开通时间 t_{on} 指 t_{don} 与 t_r 之和。

关断延迟时间 t_{doff} 指从 u_p 下降到零起，输入电容 C_{iss} 通过 R_0 和 R_2 放电，u_{GS} 按指数曲线下降到 u_{GSP} 时，电流 i_D 开始减小为零的时间段。

下降时间 t_f 指 u_{GS} 从 u_{GSp} 继续下降起，i_D 减小，到 $u_{GS}<u_T$ 时沟道消失，电流 i_D 下降到零为止的时间段。

关断时间 t_{off} 指 t_{doff} 和 t_f 之和。

2.5.4 碳化硅 MOSFET

碳化硅（SiC）MOSFET 近年来越来越广泛地应用于工业领域，受到越来越多的重视，新产品不断地推陈出新，大量的更高电压等级、更大电流等级的产品相继推出，市场反应 SiC-MOSFET 的效果非常好，本节主要从 SiC-MOSFET 与普通硅材料的开关器件性能进行比较，其性能主要存在以下不同。

1. SiC 器件的结构和特征

Si 材料中，越是高耐压器件其单位面积的导通电阻就越大（通常以耐压值的大概 2～2.5 次方的比例增加），因此 600V 以上的电压中主要采用 IGBT（绝缘栅极双极型晶体管）。IGBT 通过电导率调制，向漂移层内注入作为少数载流子的空穴，因此开关端电压比 Si-MOSFET 还要小，但是同时由于少数载流子的积聚，在关断时会产生尾电流，从而造成极大的开关损耗。

SiC 器件漂移层的阻抗比 Si 器件低，不需要进行电导率调制就能够以高频器件结构的 MOSFET 实现高耐压和低阻抗。而且 MOSFET 原理上不产生尾电流，所以用 SiC-MOSFET 替代 IGBT 时，能够明显地减少开关损耗，并且实现散热部件的小型化。另外，SiC-MOSFET 能够在 IGBT 不能工作的高频条件下工作，从而也可以实现无源器件的小型化。与 600～1200V 的 Si-MOSFET 相比，SiC-MOSFET 的优势在于芯片面积小（可以实现小型封装），而且体二极管的恢复损耗非常小。

2. SiC-MOSFET 的导通电阻小

SiC 的绝缘击穿场强是 Si 的 10 倍，所以能够以低阻抗、薄厚度的漂移层实现高耐压。因此，在相同的耐压值的情况下，SiC 可以得到标准化导通电阻（单位面积导通电阻）更低的器件。例如 900V 时，SiC-MOSFET 的芯片尺寸只需要 Si-MOSFET 的 1/35，就可以实现相同的导通电阻。不仅能够以小封装实现低导通电阻，而且能够使门极电荷量、结电容也变小。目前 SiC 器件能够以很低的导通电阻轻松实现 1700V 以上的耐压。因此，没有必要再采用 IGBT 这种双极型器件结构，就可以实现低导通电阻、高耐压、快速开关等要求的器件。

3. 输出特性

SiC-MOSFET 与 IGBT 以及 Si-MOSFET 不同，不存在开启电压，所以从小电流到大电流的宽电流范围内都能够实现低导通损耗。Si-MOSFET 在 150℃时导通电阻上升为室温条件下的 2 倍以上，SiC-MOSFET 的上升率比较低，因此易于热设计，且高温下的导通电阻也很低。

4. 驱动门极电压和导通电阻

对 SiC-MOSFET 而言，越高的门极电压，可以得到越低的导通电阻（$U_{GS}=20V$ 以上则逐渐饱和）。如果使用一般 IGBT 和 Si-MOSFET 使用的驱动电压 $U_{GS}=10\sim15V$，不能发挥出 SiC 本来的低导通电阻的性能，为了得到充分的低导通电阻，推荐使用 $U_{GS}=18V$ 左右进行驱动。如果 $U_{GS}=13\mathrm{V}$,有可能发生热失控,请注意不要使用。图 2.17 为 SiC-MOSFET 以及普通 Si-MOSFET 的输出特性曲线,可以看出上述特征。

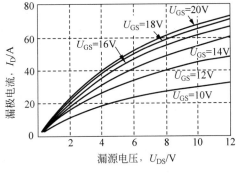
(a) 型号C2M0080120D的SiC-MOSFET的输出特性

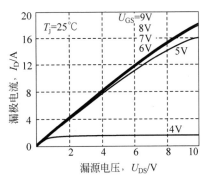
(b) 型号IXFH15N80的Si-MOSFET的输出特性

图 2.17 SiC-MOSFET 和普通 Si-MOSFET 的输出特性曲线

5. 转移特性

SiC-MOSFET 的阈值电压在数 mA 的情况下定义,与 Si-MOSFET 相当,室温下大约为 3V(常闭)。但是,如果流通几安培电流,则需要的栅极电压在室温下约为 8V 以上,所以可以认为针对误触发的耐性与 IGBT 相当。温度越高,阈值电压越低。

6. 内部门极电阻

芯片内部门极电阻与门极电极材料的薄层阻抗和芯片尺寸相关。如果是相同的设计,芯片内部门极电阻与芯片尺寸呈反比例,芯片尺寸越小,门极电阻越大。SiC-MOSFET 的芯片尺寸比 Si 器件小,虽然结电容更小,但是同时门极电阻也就更大。

7. 门极驱动电路

SiC-MOSFET 是一种易于驱动且驱动功率较少的电压驱动型的开关器件。基本的驱动方法与 IGBT 以及 Si-MOSFET 一样。推荐的驱动门极电压,开通时为+18V 左右,关断时为 0V。在要求高抗干扰性和快速开关的情况下,也可以施加-3～-5V 的负电压。当驱动大电流器件和功率模块时,推荐采用缓冲电路。

2.6 IGBT

GTR 是双极型电流驱动器件,由于具有电导调制效应,其通流能力很强,但开关速度较慢,所需驱动功率大,驱动电路复杂。而电力 MOSFET 是单极型电压驱动器件,其开关速度快,输入阻抗高,热稳定性好,所需驱动功率小而且驱动电路简单。将这两类器件相互取长补短适当结合而成的复合器件——绝缘栅双极晶体管(Insula ted-Gate Bipolar Transistor,IGBT)综合了 GTR 和 MOSFET 的优点,因而具有良好的特性。因此,自从其 1986 年开始投入市场,就迅速扩展了其应用领域,目前已取代了原来 GTR 的市场,成为中、大功率电力电子设备的主导器件,并在继续努力提高电压和电流容量。IGBT 的电气符号与等效电路如图 2.18 所示,独立式的 IGBT 有 3 个引脚,分别是栅极(G)、集电极(C)与发射极(E)。

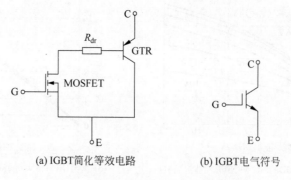

(a) IGBT简化等效电路　　　(b) IGBT电气符号

图 2.18　IGBT 电气符号与简化等效电路

2.6.1　转移特性

图 2.19(a)所示为 IGBT 的转移特性,它描述的是集电极电流 i_C 与栅射电压 u_{GE} 之间的关系,与功率 MOSFET 的转移特性类似。开启电压 u_T 是 IGBT 能实现电导调制而导通的最低栅射电压。u_T 随温度升高而略有下降,温度每升高 1℃,其值下降 5mV 左右。在 $+25℃$ 时,u_T 的值一般为 2～6V。

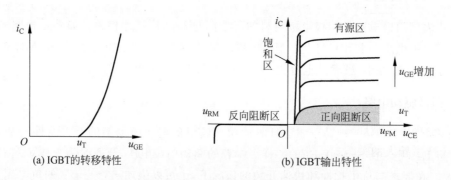

(a) IGBT的转移特性　　　　　　　(b) IGBT输出特性

图 2.19　IGBT 的转移特性与输出特性

2.6.2　输出特性

图 2.19(b)所示为 IGBT 的输出特性,它描述的是以栅射电压为参考变量时,集电极电流 i_C 与集射极间电压 u_{CE} 之间的关系。此特性与 GTR 的输出特性相似,不同的是参考变量,IGBT 为栅射电压 u_{CE},而 GTR 为基极电流 i_b。IGBT 的输出特性也分为三个区域:正向阻断区、有源区和饱和区。这分别与 GTR 的截止区、放大区和饱和区相对应。此外,当 $u_{CE}<0$ 时,IGBT 为反向阻断工作状态。在开关电源电路中,IGBT 工作在开关状态,因而是在正向阻断区和饱和区之间来回转换。

2.6.3 开关特性

开关特性主要指与开通、关断两个过程有关的特性如电流、电压的关系,一般用典型曲线来表示。图 2.20 表示开通、关断的整个过程中主要参数的典型曲线,开通过程包括 t_{don}(开通延迟时间)、t_{ri}(电流上升时间)、t_{fv1}(MOSFET 单独工作时的电压下降时间)、t_{fv2}(MOSFET 与 PNP 两器件同时工作时的电压下降时间)四个时间之和,由图可知各时间定义范围。当 $t_{don}+t_{ri}$ 后集电极电流已达 i_C,此后 u_{CE} 才开始下降,下降分两个阶段,u_{GE} 再指数上升至外加 U_{GE} 值。两个阶段中 t_{fv2} 受 MOSFET 的栅-漏电容,以及晶体管的从放大到饱和状态两个因素影响。

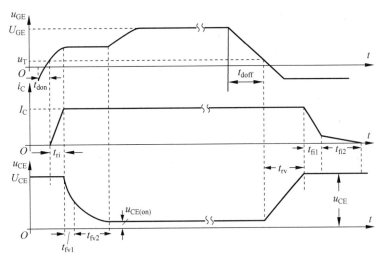

图 2.20 IGBT 的开关特性

关断时间也包括 t_{doff}(关断延迟)、t_{rv}(电压上升)、t_{fi1}(MOSFET 电流下降)及 t_{fi2}(PNP 管电流下降)四个时间之和。t_{fi2} 包括了晶体管存储电荷恢复后期时间,一般较长一些,t_{fi2} 对应的集电极电流被形象地称为拖尾电流。由于此时集电极电压已经建立,较长的电流下降时间会产生较大的关断损耗。为解决这一问题,可以通过减轻 IGBT 的饱和程度来缩短电流下降时间,不过要考虑导通损耗与拖尾电流引起损耗的折中。上述开通、关断过程中的 8 个时间还与工作集电极电流、栅极电阻及结的温度有关。应用时可参考器件的特性线。所有参数中 t_{doff} 最大,是由存储电荷恢复时间引起的。

一般 IGBT 的说明书中,在显著位置常标明最大集射电压 U_{CES},最大集电极电流 I_{CP} 与最大耗散功率 P_{CM}。

2.7 驱动电路

功率开关器件的驱动电路是主电路与控制电路之间的接口,是电力电子装置的重要部分。它对整个设备的性能有很大的影响,其作用是将控制回路输出的控制脉冲放大到足以驱动功率开关器件。简而言之,驱动电路的基本任务就是将控制电路传来的信号,转换为加在器件控制端和公共端之间的可以使其导通和关断的信号,使可控型开关器件迅速地进入"开通"与"关断"状态,减小开关转换的时间以使开关器件的损耗最小。另外,在许多情况下,将控制电路与主电路进行电气隔离也是很多开关电源的基本要求。

举例来讲,传统 PWM 芯片的 PWM 信号输出口的输出电流能力很弱,直接用来驱动开关管时,较大的输出电流会拉低 PWM 电压信号(甚至造成芯片保护),造成开关管的开通时间变长,开关特性变差,损耗增加。目前,数字芯片,如 DSP 或者 FPGA 的输出 PWM 信号的高电平仅为 3.3V,电流输出能力仅为 4mA,这种信号只有经过驱动电路进行放大后才能保证开关管优良的开关特性。

开关管的驱动电路形式多样,本节主要介绍三种常见的开关管驱动电路。

2.7.1 光耦 TLP250

TLP250 是一种可直接驱动小功率 MOSFET 和 IGBT 的功率型光耦,由日本东芝公司生产,其最大驱动能力达 1.5A。选用 TLP250 光耦既保证了功率驱动电路与 PWM 脉宽调制电路的可靠隔离,又具备了直接驱动 MOSFET 的能力,使驱动电路特别简单。

TLP250 包含一个镓铝砷(GaAlAs)发光二极管和一个集成光检测器,是 8 脚双列封装,其内部结构如图 2.21 所示,引脚 1 与引脚 4 悬空,引脚 2 与引脚 3 分别为发光二极管阳极与阴极;只要流过发光二极管的电流在某一范围内(一般为 5~20mA),则集成光检测器就检测到该信号,通过中间放大电路放大,使输出端(即引脚 6 或引脚 7)输出高电平;如果发光二极管中无电流,则输出端输出低电平。TLP250 的引脚 8 与引脚 5 分别接供电电源的正极与负极,供电范围是 10~35V。

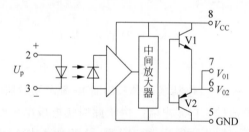

图 2.21 光耦 TLP250 内部结构

图 2.22 为常见的两种 TLP250 驱动电路。图 2.22(a)为 MOSFET 或较小功率 IGBT (1200V/50A)的驱动电路,其中 u_{PWM} 信号为来自于 PWM 芯片的 PWM 信号,根据 PWM 信号高电平的电压选择合适的电阻 R_1,使流过发光二极管的电流在额定范围;为了加速开关管的关断,一般在关断时加负压,图 2.22(a)由 R_3 与稳压管 Z_D 实现负电压,供电电源一般为 24V,Z_D 稳压 10V,将 Z_D 的阴极与开关管的源极或发射极连接,就可以实现以 +14V 电压开通,−10V 电压关断开关管。图 2.22(b)为较大功率 IGBT 的驱动电路,与图 2.22(a)相比,增加了一对三极管构成的图腾柱结构,使得输出的驱动电流更大,实现更好的开关性能。

2.7.2 IR2110 与 IRS21864

IR2110 是美国国际整流器公司(International Rectifier Company)利用自身独有的高

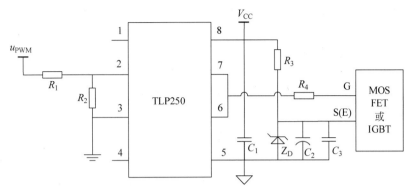

(a) 中小功率器件驱动电路

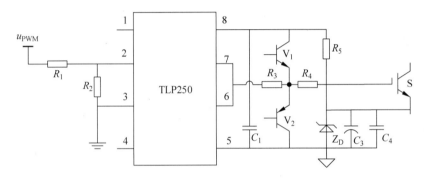

(b) 大功率器件驱动电路

图 2.22　常见的 TLP250 的驱动电路

压集成电路及无门锁 CMOS 技术,于 1990 年前后开发并投放市场的大功率 MOSFET 和 IGBT 专用栅极驱动集成电路,已在电源变换、马达调速等功率驱动领域中获得了广泛的应用。该电路芯片体积小(DIP-14、SOIC-16),集成度高(可驱动同一桥臂两路),响应快(t_{on}/ t_{off}=120/94ns),偏置电压高(<600V),驱动能力强,内设欠压封锁,而且其成本低,易于调试,并设有外部保护封锁端口。尤其是上管驱动采用外部自举电容上电,使得驱动电源路数目较其他 IC 驱动大大减小。常见的三相桥式逆变器共 6 个开关管,只需要用 3 片 IR2110 驱动,每个桥臂用 1 片 IR2110,而且仅需要一路 10~20V 电源就可以实现 6 个开关管的驱动,从而大大减小了控制变压器的体积和电源数目,降低了产品成本,提高了系统的可靠性。

　　虽然 IR2110 具有诸多优点,但是 IR2110 有内置有电平转换,V_{dd} 为逻辑电源。目前,很多的开关电源都是由数字芯片输出 PWM 信号,幅值一般为 +3.3V。如果输入信号 HIN/LIN 接 3.3V 逻辑电平,V_{dd} 一般接 +5V,而 V_{cc} 还是接 +15V 来驱动桥臂开关。也就是说 IR2110 的输入高电平门限由 V_{dd} 决定(大约是 $2/3V_{dd}$),如此除了要接供电电源 +15V 以外,还需接一个 +5V 的逻辑电平 V_{dd},增加了电路成本。当然也可以同时以 +15V 供电 V_{cc} 端与 V_{dd} 端,但输入信号端 HIN/LIN 必须至少要达到 8V 才能识别为高电平,数字芯片输出的 3.3V 或 5V 电压必须通过电平转换电路。

　　而 IR 公司新推出的 IRS21864 就没有上述限制,其输入信号端 HIN/LIN 的输入信号高电平识别范围很宽,DSP 或 FPGA 的输出信号作为 IRS21864 的 PWM 输入信号识别不存在上述问题。由 IRS21864 构成的驱动电路如图 2.23 所示。在图 2.23 中,开关管 S_2 导通时,IR21684 的供电电源通过二极管 D_1 向电容 C_{26}、C_{27} 充电,稳定后形成自举电压,作为上管 S_1 的驱动电源。IR21684 中,有两个图腾柱结构,引脚 VB、HO、VS 为上管 S_1 驱动用图腾柱的三个引脚,引脚 VCC、LO、COM 为下管 S_2 驱动用图腾柱的三个引脚,当 LIN 为高电平时,引脚 LO 相对于引脚 COM 高电平,则 S_2 导通。一般为了加速开关管的关断,在驱动电阻(图中的 R_{12}、R_{13})反并一个二极管以在关断时加速开关管的结电容放电时间。在实际使用时,还需要考虑 EMI 的影响,有的情况下还需要在反并二极管中串联一个小电阻稍微减缓 MOSFET 的关断速度以减小电磁干扰。

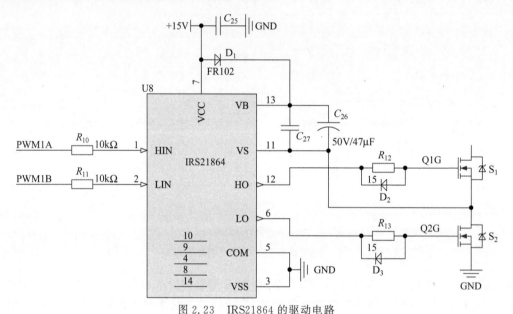

图 2.23　IRS21864 的驱动电路

2.7.3　M57962L

M57962L 是日本三菱公司生产的专用驱动 IGBT 模块的驱动器,其内部结构方框图如图 2.24 所示。它由光电耦合器、接口电路、检测电路、定时复位电路以及门关断电路组成。

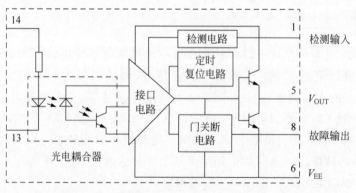

图 2.24　驱动芯片 M57962L 内部结构方框图

M57962L 主要有以下特点：

（1）具有较高的输入输出隔离度（$V_{ISD}=2500\text{Vrms}$）；

（2）采用双电源供电方式以确保 IGBT 可靠通断；

（3）内有短路保护电路；

（4）输入端为 TTL 门电平，适于单片机控制。

1. 引脚排列及主要性能参数

M57962L 驱动器的印刷电路及外壳用环氧树脂封装，共有 14 根引脚，其中引脚 2、3、7、9、10、11、12 为空脚，其外型与引脚排列如图 2.24 所示。M57962L 的主要参数列于表 2.1 中。

2. 保护工作原理

M57962L 内部具有短路保护功能，其保护电路工作流程图如图 2.25 所示。检测电路检测到检测输入端引脚为 15V 高电平时，判定为电路短路，立即启动门关断电路，将输出端引脚 5 置低电平，同时输出误差信号使故障输出端引脚 8 为低电平，以驱动外接保护电路工作。经 1～2ms 延时，如果检测出输入端引脚为高电平，M57962L 复位至初始状态。

表 2.1　M57962L 的主要参数

符　号	参　数	条　件	范　围	单　位
V_{CC}	电源电压	DC	18	V
V_{EE}			-15	V
V_I	输入电压	引脚 13～14 输入	$-1～+7$	V
V_O	输出电压	引脚 5 输出	VCC	V
I_{OHP}	输出电流	脉宽$=2\mu s$	-5	A
I_{OLP}		频率$=20\text{Hz}$	5	A
V_{iso}	隔离电压	正弦电压 60Hz，1min	2500	Vrms
T_{opr}	工作温度		$-2～+60$	℃
T_{stg}	存储温度		$-2～+100$	℃
I_{OH}	输出电流	DC	0.5	A
I_{PO}	故障输出电流	引脚 8 输出	20	mA
V_{BC1}	输出电压	引脚 31 输入	5	V
T_{RESET}	保护恢复时间	从开始到消除（输入信号为高）	1～2	ms
V_{SC}	检测电压		15	V

M57962L 构成的驱动电路如图 2.25 所示。芯片使用 24V 作为供电电源，由稳压管 Z_2 得到 10V 电压，并将 IGBT 的发射极与 Z_2 的阳极连接，得到驱动电平为 14V，提供 -10V 反偏电压加速功率管关断。功率管开通期间，驱动芯片检测功率管 CE 两端电压，当功率管过流时芯片引脚 8 输出低电平，通过光耦 4N25 把保护信号隔离反馈并送至保护电路，切断 PWM 输出信号，从而保护了电路。

开关管的驱动电路多种多样，根据实际的电源参数、成本与使用环境，选择合适的驱动电路还需要在平时的设计工作中多观察，多积累。

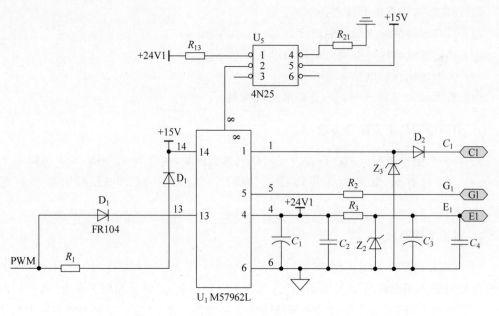

图 2.25　驱动电路

习题

1. 压敏电阻与热敏电阻在开关电源中分别起什么作用？

2. 陶瓷电容有什么特点？在开关电源中，薄膜电容起什么作用？

3. 共模电感的工作原理是什么？

4. 磁珠在开关电源中的作用是什么？

5. 功率 MOSFET 的跨导如何定义？

6. 与功率 MOSFET 相比，IGBT 有哪些特征？

7. 驱动电路的作用是什么？

第 3 章

开关电源中的基本电路拓扑

开关电源中基本电路拓扑均为 DC/DC 变换器,根据变换器主电路中是否含有高频变压器,可将基本的开关电源电路拓扑分为隔离型电路和非隔离型电路。非隔离型电路主要包括降压型(Buck)电路、升压型(Boost)电路、升降压型(Buck/Boost)电路、Cuk 电路、Sepic 电路以及 Zeta 电路;隔离型电路主要包括正激型(Forward)电路、反激型(Flyback)电路、半桥型(Half-bridge)电路、全桥型(Full-bridge)电路以及推挽型(Push-pull)电路;除此以外,随着开关电源的应用场合要求越来越高,在高输入电压场合目前应用较多的三电平变换器(Three Level Converter,TLC)电路,在一些能量需要双向流动的场合有双向变换器。三电平变换器和双向变换器可以根据上述基本的电路拓扑进行构建,一般,由于桥式电路构建的三电平变换器与双向变换器在性能上的优势突出,因此目前应用也比较多。

本章主要介绍变换器基本电路的各项特征,包括电路的组成、基本工作原理、主要波形、电路中的主要关系。在阐述各种基本电路的基本工作原理并推导其基本关系之前,首先介绍开关电源电路中最基本的两个定理。

(1)处于稳定工作状态中的开关电源电路中的电感在一个开关周期内其电压平均值为 0。

(2)处于稳定工作状态中的开关电源电路中的电容在一个开关周期内其电流平均值为 0。

这两个基本定理都可以通过严格的数学关系进行证明,这里,仅从电路的稳定性方面进行解释。

开关电源稳定工作时,电路中的所有电压和电流值都做周期性的重复循环。对于电感电流来说,它做周期性的上升和下降,如果电感电流增加时,规定电感的电压为正值,则在电感电流下降时,电感上的电压为负值。为保证电感电流增加量和减小量相等(电路稳定工作的前提),根据电感电压和电感电流的基本关系,则电感正电压作用的伏秒积与负电压作用的伏秒积绝对值相等,即电感电压在该开关周期内平均值为 0。同理也可以说明电容电流在一个开关周期内平均值为 0。

3.1 非隔离型基本电路

非隔离的基本电路即为各种直流斩波电路,有 6 种基本的电路形式,因为 Sepic 电路和 Zeta 电路在实际应用中较少,因此本节仅详细介绍前面的 4 种基本电路。

3.1.1 降压型(Buck)电路

Buck 变换器的主电路如图 3.1(a)所示,它由开关管 S、续流二极管 D,以及电感和电容构成的 LC 二阶低通滤波器组成。在电路正常工作时,开关管 S 和二极管 D 都工作于开关状态,并且它们的工作状态处于互补,即开关管 S 开通时,二极管 D 处于截止状态,反之亦然。因此,为了便于了解电路的工作原理,可以将开关管 S 和二极管 D 用一个单刀双掷开关来代替,如图 3.1(b)所示。

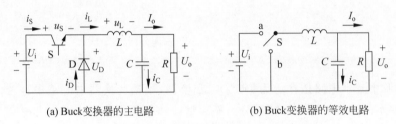

(a) Buck变换器的主电路 (b) Buck变换器的等效电路

图 3.1 Buck 变换器的电路及其等效电路

3.1.1.1 降压型电路的工作原理

为了便于电路的稳态分析,简化公式的推导过程,做以下几点假设:

(1) 半导体器件(如开关管和二极管)均是理想元件,它们总是处于导通和截止状态,并且在导通时器件压降为 0,在关断时器件电流为 0。

(2) 电感电容是理想元件。

(3) 输出电压中存在一定的纹波,但是相对于输出电压的大小,该纹波可以忽略。

Buck 变换器采用 PWM 控制方式进行工作,即控制电路中的全控型器件周期性地导通和关断使电路正常工作。在电路正常工作时,电路经历的状态可能有 3 个,分别如图 3.2(a)、(b)、(c)所示。

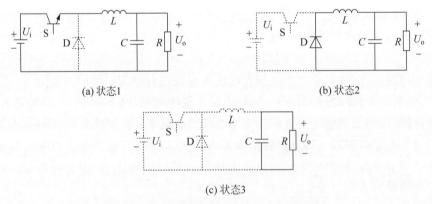

(a) 状态1 (b) 状态2

(c) 状态3

图 3.2 Buck 变换器电路的 3 个工作状态

必须注意:LC 二阶低通滤波器的输入电压,即二极管承受的反向电压是幅值为输入电压 U_i 的脉冲波,而 LC 滤波器将滤除该波形中的交流成分,滤波器得到的输出电压是滤波器输入电压的平均值,该平均值即为 Buck 变换器的输出电压 U_o,因此 Buck 变换器的输入电压一定高于输出电压,即 $U_i > U_o$。

当开关管 S 导通时,续流二极管 D 因为承受反向电压而截止,滤波电感两端电压为 (U_i-U_o),该值大于 0。因此电感电流线性增加,并以磁能的形式在滤波电感中存储能量。该过程对应于图 3.2(a)。

当开关管关断时,存储在电感 L 中的电流不能突变,于是电感 L 两端产生了与原来极性相反的自感电动势,该电动势迫使二极管 D 导通,电感中存储的能量以电能的形式通过续流二极管 D 向电容 C 和负载 R 释放。该过程对应于图 3.2(b)。

当电感 L 中存储的能量释放完全,并且下一个开关周期时刻还没有来时,此时二极管 D 又恢复到截止状态,电感中电流为 0,电感两端电压为 0。负载电流仅仅由存储在滤波电容中的电能提供。该过程对应于图 3.2(c)。

如果电路正常工作时,仅仅出现前两个工作状态,则电路此时工作于电感电流连续模式 (Continuous Current Mode,CCM);如果电路在正常工作时,出现前面所讲的所有 3 个工作状态,则电路此时工作于电感电流断续模式(Discontinuous Current Mode,DCM),介于 CCM 与 DCM 状态之间的情况称为临界连续模式(Boundary Continuous Mode,BCM)。

3.1.1.2 CCM 状态时的主要关系

Buck 变换器在 CCM 状态时电路的主要波形如图 3.3 所示。

图 3.3 中,t_{on} 为开关管开通的时间,t_{off} 为开关管关断的时间,开关管的工作周期为 T,则 $T=t_{on}+t_{off}$,定义占空比

$$D = \frac{t_{on}}{T} \tag{3-1}$$

因此,$t_{on}=DT$,$t_{off}=(1-D)T$。

根据图 3.1 中所标注的电压和电流量的关系,可由基尔霍夫电压电流定律得

$$\begin{cases} U_i=u_S+u_D \\ U_i=u_S+u_L+U_o \\ u_D=u_L+U_o \\ i_L=i_C+I_o \end{cases} \tag{3-2}$$

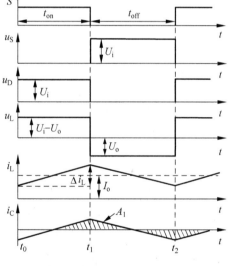

图 3.3 Buck 变换器在 CCM 状态时的工作波形

模态 1:$t_0 \sim t_1$

在开关管导通时间内,$u_S=0$,根据式(3-2)可得 $u_D=U_i$,$u_L=U_i-U_o$。在该段时间内,电感电压保持不变,电感电流线性增加。根据电感电压和电感电流的基本关系,得这一段时间内电感电流的增加量为

$$\Delta i_{L(+)} = \frac{(U_i-U_o)t_{on}}{L} = \frac{(U_i-U_o)DT}{L} \tag{3-3}$$

模态 2:$t_1 \sim t_2$

在开关管关断时间内,$u_D=0$,根据式(3-2)可得 $u_S=U_i$,$u_L=-U_o$。在该段时间内,电感电压保持不变,电感电流线性下降。根据电感电压和电感电流的基本关系,得这一段时间内电感电流的下降量为

$$\Delta i_{L(-)} = -\frac{U_o t_{off}}{L} = -\frac{U_o(1-D)T}{L} \tag{3-4}$$

电路在稳态工作时,电感电流的增加量必定等于下降量,因此 $\Delta i_{L(+)} = |\Delta i_{L(-)}|$,整理得

$$U_o = DU_i \tag{3-5}$$

对式(3-2)中的电流公式在一个开关周期内取平均,得

$$I_L = I_C + I_o \tag{3-6}$$

式中,I_L 和 I_C 分别为电感电流和电容电流在一个开关周期内的平均值。根据前面所述的第二个定理,电容电流在一个周期内平均值为 0,即 $I_C = 0$,因此 $I_L = I_o$。对应于图 3.3 中的波形,电感电流 i_L 的中的平直虚线为其平均值,该虚线即为输出电流的大小。将电感电流 i_L 的波形与该虚线相减,就可以得到滤波电容 i_C 的波形,如图 3.3 所示。电容电流是一个交变量,当 $i_C > 0$ 时,电容充电,电容两端电压不断上升,当 $i_C < 0$ 时,电容放电,电容两端电压不断下降。这就造成了输出电压 U_o 有一个波动值 ΔU_o(即输出电压纹波),下面推导该值的大小。

图 3.3 中,电容电流 i_C 波形中的三角形 A_1 的面积为电容在该段时间内电荷的增加量

$$\Delta Q_1 = \frac{1}{2} \times \frac{T}{2} \times \frac{\Delta i_L}{2} = \frac{T \Delta i_L}{8} = \frac{\Delta i_L}{8f} \tag{3-7}$$

式中,f 为变换器的工作频率。则输出电压的波动值为

$$\Delta U_o = \frac{\Delta Q_1}{C} \times = \frac{\Delta i_L}{8fC} \tag{3-8}$$

将式(3-4)代入式(3-8),得

$$\Delta U_o = \frac{(1-D)U_o}{8LCf^2} \tag{3-9}$$

因为电感电流为开关管 S 电流和二极管 D 电流之和,而开关管和二极管的工作状态互补,因此在 t_{on} 时间段内,开关管电流 i_S 等于电感电流 i_L;在 t_{off} 时间段内,二极管电流 i_D 等于电感电流 i_L。

3.1.1.3　DCM 状态时的主要关系

Buck 变换器在 DCM 状态时电路的主要波形如图 3.4 所示。DCM 状态除了比 CCM 状态时多一个状态以外,还有一个重要的特征就是在开关管刚导通之前电感电流已经下降为 0,即电感电流是从 0 开始上升的。

DCM 状态时,占空比的定义、电路中的基本电压电流关系以及在 t_{on} 时间段内电感电流的增量与 CCM 状态时相同。在 t_1 时刻,关闭开关管,电感承受反压 $-U_o$,电感电流开始下降。在下一开关周期开始(t_3 时刻)之前,电感电流下降为 0(t_2 时刻)。电感电流下降持续的时间为 $t_1 \sim t_2$ 的长度,令这一段时长为 ΔDT,则电感电流的下降量为

$$\Delta i_{L(-)} = -\frac{U_o(t_2 - t_1)}{L} = -\frac{U_o \Delta DT}{L} \tag{3-10}$$

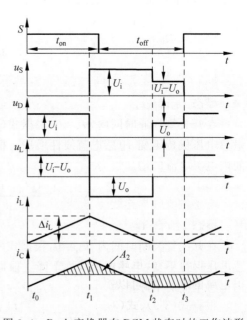

图 3.4　Buck 变换器在 DCM 状态时的工作波形

模态 3：$t_2 \sim t_3$

t_2 时刻以后，电感电流保持为 0，那么电感两端电压 $u_L = 0$，根据式（3-2）可得 $u_D = U_o$，$u_S = U_i - U_o$。

考虑到电感电流平均值等于输出电流，则

$$I_L = \frac{1}{2} \times \Delta i_L \times (D + \Delta D) = \frac{1}{2L}(D + \Delta D)U_o \Delta D T = \frac{U_o}{R} = I_o \qquad (3\text{-}11)$$

由式（3-3）和式（3-10），求得

$$\Delta D = \left(\frac{U_i}{U_o} - 1\right)D \qquad (3\text{-}12)$$

将式（3-12）代入式（3-11），整理得

$$\left(\frac{U_i}{U_o}\right)^2 - \frac{U_i}{U_o} = \frac{2L}{D^2 TR} \qquad (3\text{-}13)$$

求解方程，得

$$\frac{U_o}{U_i} = \frac{\sqrt{8K/D^2 + 1} - 1}{4K/D^2} \qquad (3\text{-}14)$$

其中

$$K = L/(TR)$$

从图 3.4 中二极管承受的反向电压波形 u_D 可以看出，在电感电流变为 0 的一段时间内（$t_2 \sim t_3$），$u_D = U_i - U_o$，而在 CCM 状态时，开关管关断的所有时间内，$u_D = 0$。该量的平均值即为输出电压 U_o 的大小。因此，在占空比 D 相同的情况下，DCM 状态时的输出电压要比 CCM 状态时要高。

在 DCM 状态时，电容两端电压上升或下降的时间不再是半个周期，因此输出电压的波动值计算表达式非常复杂，其大小可以借鉴式（3-9）。

3.1.1.4　CCM 状态和断续的临界条件

图 3.5(a)、(b)、(c)分别给出了 CCM、BCM 和 DCM 状态时的波形图，从波形的几何关系中可以看出：

$$\begin{cases} \text{CCM 状态时} & 0.5\Delta i_L < I_o \\ \text{BCM 状态时} & 0.5\Delta i_L = I_o \\ \text{DCM 状态时} & 0.5\Delta i_L > I_o \end{cases}$$

电感电流临界连续时，电感电流变化量满足式（3-4），根据临界连续时的电感电流变化量 Δi_L 和输出电流 I_o 的关系，得

$$\frac{1}{R} = \frac{(1-D)T}{2L} \qquad (3\text{-}15)$$

电感电流临界连续或连续时，$0.5\Delta i_L \leqslant I_o$，则 CCM 状态的条件是

$$\frac{L}{RT} \geqslant \frac{1-D}{2} \quad \text{或} \quad \left(\frac{Lf}{R} \geqslant \frac{1-D}{2}\right) \quad \text{或} \quad K \geqslant \frac{1-D}{2} \qquad (3\text{-}16)$$

可以看出，在电路占空比 D 固定的情况下，增加电路的工作频率、增大负载或者增大滤波电感的感值，都可以使电路从电感电流断续状态变为连续状态。

根据式（3-9）、式（3-14）、式（3-16）可以绘制出 Buck 电路输出、输入电压比与占空比的关系曲线，如图 3.6 所示，该曲线与 K 值相关。可以看出：图 3.6 中，CCM 状态的区域仅为

经过原点、斜率为 45°的直线,而在该直线上方的区域为 DCM 状态区域;相同占空比 D 下,K 值越小,要实现 CCM 状态越难,需要更大的占空比才能实现。在 DCM 曲线与 CCM 曲线相交处,即为对应 K 值条件下的占空比使得电感电流处于 BCM 状态。在斜率为 45°直线与曲线相交处,当占空比继续增加,则对应 K 值条件下的变换器则工作于 CCM 状态。

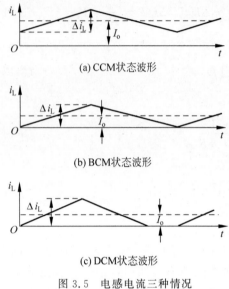

图 3.5　电感电流三种情况　　　　　　图 3.6　Buck 电路输出特性

Buck 电路通常用于直流开关稳压电源、不可逆直流电动机调速等场合。

3.1.1.5　MATLAB/Simulink 仿真验证

Simulink 是 MATLAB 中的一种可视化仿真工具,是一种基于 MATLAB 的框图设计环境,是实现动态系统建模、仿真和分析的一个软件包,被广泛应用于线性系统、非线性系统、数字控制及数字信号处理的建模和仿真中。

Simulink 提供一个动态系统建模、仿真和综合分析的集成环境。在该环境中,无须大量书写程序,而只需要通过简单直观的鼠标操作,就可构造出复杂的系统。

从本章开始通过建立 Simulink 模型来验证分析过程的正确性,采用的软件版本为 MATLAB R2010b,所建立模型可以通过扫描封底二维码获得,不同版本的仿真软件在打开文件时可能出现不兼容的状况,可以通过在 R2010b 环境运行下的理解,构建新版本下的仿真模型。图 3.7 为 Buck 变换器的 Simulink 模型,模型中,$U_i = 100$V,$L = 1$mH(模拟电感线圈自带电阻 1mΩ),$C = 100\mu$F,开关频率为 20kHz。

图 3.8(a)为占空比 $D = 0.5$,$R = 50\Omega$ 时稳态下的仿真波形,图 3.8(b)是图 3.8(a)的局部放大图。可以看出,Buck 变换器的输出电压为 49.55V,而根据式(3-5)得到的理论输出电压为 50V,造成的原因是开关管、电感等存在导通阻抗,降低了变换器的输出电压值,一般对变换器的影响较小,因此在理论分析时,未考虑器件导通阻抗与线路阻抗的影响。电感电流的变化量 $\Delta i_L \approx 1.25$A,与根据式(3-3)得到的理论值近似相等。根据图 3.8(b),在一个开关周期内,输出电压波动量约为 0.08V,与式(3-9)得到的理论值相等。

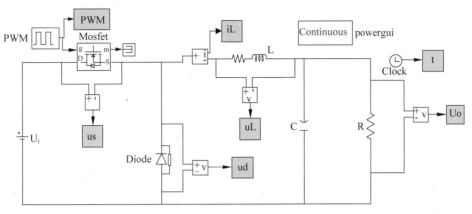

图 3.7 Buck 变换器的 Simulink 模型

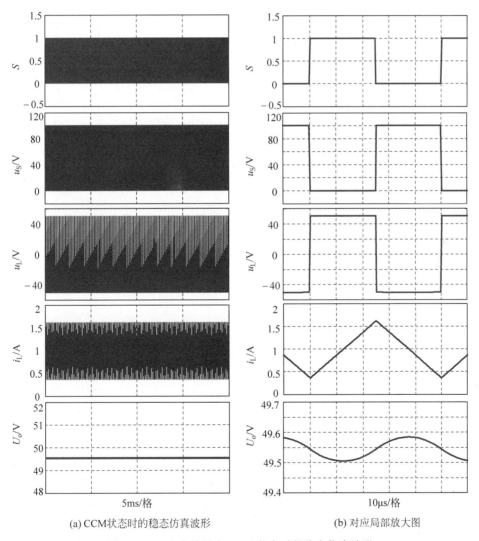

(a) CCM状态时的稳态仿真波形

(b) 对应局部放大图

图 3.8 Buck 变换器在 CCM 状态时的稳态仿真波形

根据式(3-16),Buck 变换器的占空比、滤波电感值、开关频率或者负载的大小均会影响变换器的工作状态,在图 3.8 仿真条件下,仅将负载电阻 R 修改为 150Ω,则仿真波形如图 3.9 所示。可以看出,负载阻值变大以后,根据式(3-16),变换器将工作于 DCM 状态,相同占空比的条件下,输出电压比 CCM 状态时要高,开关周期内的仿真波形图 3.9(b)与图 3.4 相对应,只不过在电感电流下降到零时刻,有一个谐振过程,在开关管与电感上形成一个小的电压尖峰。

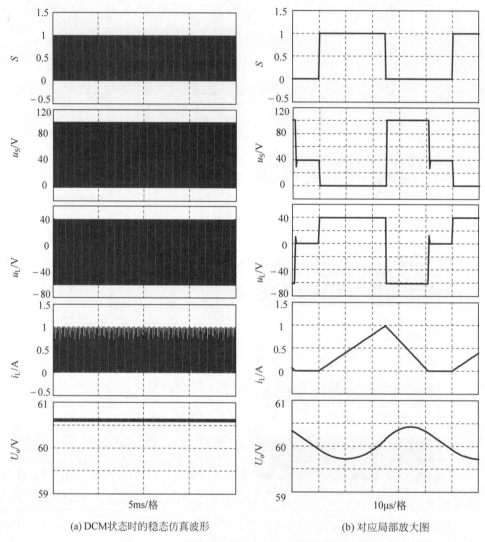

(a) DCM状态时的稳态仿真波形   (b) 对应局部放大图

图 3.9   Buck 变换器在 DCM 状态时的稳态仿真波形

例 3.1 Buck 变换器的输入电压为 $50\text{V}\leqslant U_\text{i}\leqslant 100\text{V}$,输出电压 $U_\text{o}=30\text{V}$,纹波波动值 ΔU_o 最大值为 0.05V,负载电阻 $5\Omega\leqslant R\leqslant 50\Omega$,保证在所有的情况下电路都工作于 CCM 状态,开关频率为 20kHz,选取滤波电感和滤波电容的大小;确定电感电容的值以后,计算在输入电压 $U_\text{i}=60\text{V}$,负载电阻 $R=30\Omega$ 时电感电流的最大值和最小值。

解: Buck 变换器工作于 CCM 状态,因此输出、输入电压的关系满足式(3-5),则 $(U_\text{o}/U_\text{imax})\leqslant D\leqslant(U_\text{o}/U_\text{imin})$,因此可得,$0.3\leqslant D\leqslant 0.6$。

根据式(3-16),为保证电感电流临界连续,$L \geqslant R(1-D)/(2f)$,则对于负载电阻和占空比各自的最大值和最小值,有 4 种组合,其中,在负载小(电阻值大)且占空比小的时候,所得到的电感值才能保证在任意情况下电感电流都连续。因此 $L \geqslant 50(1-0.3)/(2 \times 20 \times 10^3) = 0.875\text{mH}$。

根据题中所给已知条件,得 $\Delta U_{\text{omax}} = 0.05\text{V}$,该值在占空比最小时得到,根据式(3-9)得

$$C = \frac{(1-D_{\min})U_O}{8\Delta U_{\text{omax}}Lf^2} = \frac{0.7 \times 30}{8 \times 0.05 \times 0.875 \times 10^{-3} \times 400 \times 10^6} = 150\mu\text{F}$$

在输入电压 $U_i = 60\text{V}$ 时,电路工作的占空比 $D = 0.5$,则电感电流的变化量 $\Delta i_L = (1/L) \times (U_i - U_o) \times DT = (1/0.875 \times 10^{-3}) \times 30 \times 0.5 \times 50 \times 10^{-6} = 0.857\text{A}$。

此时,负载电阻 $R = 30\Omega$,因此输出电流 $I_o = 1\text{A}$,所以此时的电感电流最大值和最小值分别为 $i_{L\min} = I_o - \Delta i_L/2 = 0.5715\text{A}$,$i_{L\max} = I_o + \Delta i_L/2 = 1.4285\text{A}$。

3.1.2 升压型(Boost)电路

Boost 变换器的主电路如图 3.10(a)所示,电路所采用元件与 Buck 变换器的主电路一样,只是电感、开关管和二极管的位置发生了变化。同 Buck 电路的开关管和二极管工作时状态互补一样,Boost 变换器的二极管和开关管也可以用一个单刀双掷开关来代替,如图 3.10(b)所示。

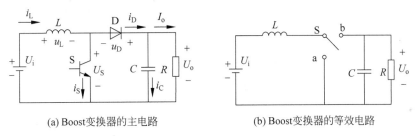

(a) Boost变换器的主电路　　　　　　　　(b) Boost变换器的等效电路

图 3.10　Boost 变换器的主电路和等效电路

3.1.2.1 升压型电路的工作原理

Boost 变换器采用 PWM 控制方式工作,即控制电路中的全控型器件周期性地导通和关断使电路正常工作。在电路正常工作时,电路经历的状态可能有 3 个,分别如图 3.11(a)、(b)、(c)所示。

开关管周期性导通和关闭,在开关管截止时,电感上感应出反向的电动势,该电动势与输入电压进行叠加,共同给滤波电容和负载提供能量,输出电压就等于输入电压与该反电动势的叠加值。因此 Boost 变换器的输出电压一定高于输入电压,即 $U_o > U_i$。

当开关管 S 导通时,电感上感应出与图 3.10 中所标极性相同的电压,其大小等于 U_i,因此电感电流线性增加,并以磁能的形式在滤波电感中存储能量。二极管 D 因为承受反向电压而截止,其承受的反向电压为 U_o。负载由滤波电容单独提供能量。该过程对应图 3.11(a)。

当开关管关断时,存储在电感 L 中的电流不能突变,于是电感 L 两端产生了与原来极性相反的自感电动势,该电动势与输入电压相叠加迫使二极管 D 导通,输入电压和电感中存储的能量以电能的形式通过续流二极管 D 向电容 C 和负载 R 释放。该过程对应图 3.11(b)。

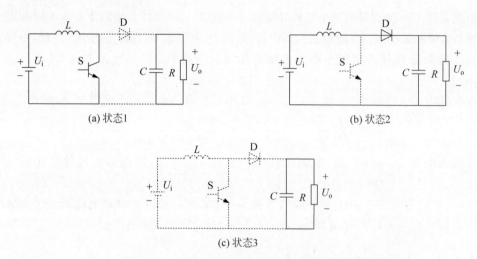

(a) 状态1　　　　　　　　　　　　　　　　　(b) 状态2

(c) 状态3

图 3.11　Boost 变换器电路的 3 个工作状态

当电感 L 中存储的能量释放完全,并且下一个开关周期时刻还没有到来时,仅仅靠输入电压的能量不足以迫使二极管 D 继续导通,此时二极管 D 又恢复到截止状态,电感中电流为 0,电感两端电压为 0。负载电流仅仅由存储在滤波电容中的电能提供。该过程对应图 3.11(c)。

如果电路在正常工作时,仅仅出现前两个工作状态,则电路此时工作于 CCM 状态;如果电路在正常工作时,出现前述的所有 3 个工作状态,则电路此时工作于 DCM 状态;同样,介于 CCM 状态与 DCM 状态之间的状态称为 BCM 状态。

3.1.2.2　CCM 状态时的主要关系

Boost 变换器在 CCM 状态时电路的主要波形如图 3.12 所示。

根据图 3.10(a)中所标注的电压和电流量的关系,可由基尔霍夫电压电流定律得

$$\begin{cases} U_i = u_L + u_S \\ U_i = u_L - u_D + U_o \\ u_S = -u_D + U_o \\ i_D = i_C + I_o \end{cases} \quad (3\text{-}17)$$

模态 1:$t_0 \sim t_1$

在开关管导通时间内,$u_S = 0$,根据式(3-17)可得 $u_D = U_o$,$u_L = U_i$。在该段时间内,电感电压保持不变,电感电流线性增加。根据电感电压和电感电流的基本关系,得这一段时间内电感电流的增加量为

$$\Delta i_{L(+)} = \frac{U_i t_{on}}{L} = \frac{U_i DT}{L} \quad (3\text{-}18)$$

模态 2:$t_1 \sim t_2$

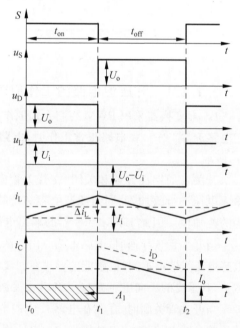

图 3.12　Boost 变换器在 CCM 状态时的工作波形

在开关管关断时间内，二极管导通，$u_D=0$，根据式(3-17)可得 $u_S=U_o$，$u_L=U_i-U_o$，因为 $U_o>U_i$，所以 $u_L<0$，电感电流线性下降。根据电感电压和电感电流的基本关系，得这一段时间内电感电流的下降量为

$$\Delta i_{L(-)} = -\frac{(U_o-U_i)t_{off}}{L} = -\frac{(U_o-U_i)(1-D)T}{L} \tag{3-19}$$

电路在稳态工作时，电感电流的增加量必定等于下降量，因此 $\Delta i_{L(+)} = |\Delta i_{L(-)}|$，整理得

$$U_o = \frac{1}{1-D}U_i \tag{3-20}$$

对式(3-17)中的电流公式在一个开关周期内取平均，得

$$I_D = I_C + I_o \tag{3-21}$$

式中，I_D 为二极管电流在一个开关周期内的平均值。根据前面所述的第二个定理，电容电流在一个周期内平均值为 0，即 $I_C=0$，因此 $I_D=I_o$。对应于图 3.12 中的波形，电容电流 i_C 的中的平直虚线为输出电流 I_o。将二极管电流 i_D 的波形与该虚线相减，就可以得到滤波电容 i_C 的波形，如图 3.12 所示。电容电流是一个交变量，这就导致输出电压 U_o 有一个波动值 ΔU_o（即输出电压纹波），下面推导该值的大小。

图 3.12 中，电容电流 i_C 波形中的矩形 A_1 的面积为电容在该段时间内电荷的增加量

$$\Delta Q_1 = DT \times I_o = DT\frac{U_o}{R} = \frac{DU_o}{fR} \tag{3-22}$$

则输出电压的波动值为

$$\Delta U_o = \frac{\Delta Q_1}{C} \times = \frac{DU_o}{fRC} = \frac{DI_o}{fC} \tag{3-23}$$

3.1.2.3　DCM 状态时的主要关系

Boost 变换器在 DCM 状态时电路的主要波形如图 3.13 所示。

在 t_2 时刻以前，电路的状态过程同 CCM 状态时一样，只不过在 t_0 时刻，电感电流从 0 开始上升，在 t_2 时刻，电感电流已经下降为 0。电感电流下降持续的时间为 $t_1 \sim t_2$ 的长度，令这一段时长为 ΔDT，则电感电流的下降量为

$$\Delta i_{L(-)} = -\frac{(U_o-U_i)(t_2-t_1)}{L} = -\frac{(U_o-U_i)\Delta DT}{L} \tag{3-24}$$

模态 3：$t_2 \sim t_3$

t_2 时刻以后，电感电流保持为 0，那么电感两端电压 $u_L=0$，根据式(3-17)可得 $u_D=U_o-U_i$，$u_S=U_i$。

考虑到二极管电流平均值等于输出电

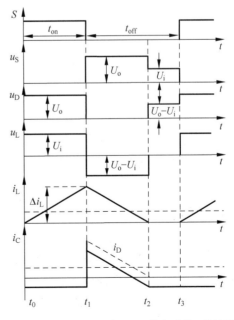

图 3.13　Boost 变换器在 DCM 状态时的工作波形

流,则

$$I_D = \frac{1}{2} \times \Delta i_L \times \Delta D = \frac{1}{2L} U_i D \Delta DT = \frac{U_o}{R} = I_o \qquad (3\text{-}25)$$

由式(3-18)和式(3-24),求得 ΔD 为

$$\Delta D = \frac{U_i}{U_o - U_i} D \qquad (3\text{-}26)$$

将式(3-26)代入式(3-25),整理得

$$\left(\frac{U_o}{U_i}\right)^2 - \frac{U_o}{U_i} = \frac{D^2 TR}{2L} \qquad (3\text{-}27)$$

求解方程,得

$$\frac{U_o}{U_i} = \frac{1 + \sqrt{(2D^2/K) + 1}}{2} \qquad (3\text{-}28)$$

其中 $K = L/(TR)$。

开关管导通时,电感承受正压 U_i,开关管关断后,电感承受反向电压值 $-(U_o - U_i)$。在占空比相同的情况下,DCM 状态时电感承受反向电压的时间比 CCM 状态时要短。根据定理 2,电感两端电压在一个开关周期内的平均值为 0,因此 DCM 状态时的输出电压 U_o 要比 CCM 状态时要高。

式(3-23)所给出的输出电压波动公式仅与开关管导通的时间有关,因此在 DCM 状态时同样适用。

3.1.2.4 CCM 状态和断续的临界条件

Boost 变换器在电感电流临界连续时,二极管电流的平均值为

$$I_D = \frac{\frac{1}{2} \times \Delta i_L \times (1 - D)T}{T} = \frac{1}{2} \times \Delta i_L \times (1 - D) \qquad (3\text{-}29)$$

电感电流临界连续时,电感电流变化量为

$$\Delta i_L = \frac{U_i DT}{L} \qquad (3\text{-}30)$$

因为二极管电流平均值等于输出电流,根据式(3-29),得

$$I_D = \frac{U_i D(1 - D)T}{2L} = \frac{U_o}{R} = I_o \qquad (3\text{-}31)$$

电感电流临界连续或连续时,负载电流有大于二极管平均电流的趋势,整理式(3-31),得 Boost 变换器 CCM 状态的条件

$$K = \frac{L}{RT} \geqslant \frac{D(1 - D)^2}{2} \qquad (3\text{-}32)$$

可以看出,因为式(3-32)右侧的表达式不具有单调性,因此电感电流是否连续的条件已经与 Buck 电路的判断条件大不一样。图 3.14 给出了式(3-32)等式右侧关系的曲线,并给出了 CCM 与 DCM 区域的划分。可以看出,电路确定的情况下,即电感、负载等固定,随着占空比的提高,式(3-32)两侧的数量关系不固定,在 $K = 0.06$ 时,D 在 $(0, 0.185)$、$(0.185, 0.515)$ 以及 $(0.515, 1)$ 三段区间分别对应的工作状态是 CCM、DCM 与 CCM。若 K 值超过式(3-32)右侧表达式的最大值 0.0741(对应 $D = 1/3$),则 Boost 将一直保持工作在 CCM 状

态,即在较大输出功率、感值较大与开关频率较高时,可以保证 Boost 变换器工作在 CCM 状态,而不会工作于 DCM 状态。

根据 CCM、DCM 情况时对应的输出电压表达式,即式(3-20)、式(3-28),同样可以得到 Boost 变换器在不同 K 值情况下的输出特性曲线,仅需要判断 Boost 变换器工作在 CCM 还是 DCM 状态,再根据输出/输入电压比,选择采用式(3-20)还是式(3-28)。一旦 $K>0.714$,输出/输入电压比在占空比范围内全都采用式(3-20)。根据上述关系,得到 Boost 变换器在 $K=0.05$ 时的输出特性曲线如图 3.15 所示,图中,三段实线分别对应不同工作模式下的输出特性曲线,在 $D<0.133$ 以及 $D>0.587$ 时,变换器工作于 CCM 状态;在 $0.133<D<0.587$ 时,变换器工作于 DCM 状态;分别对应采用式(3-20)与式(3-28)获得。图中虚线为对应 D 值在 CCM 情况时的输出特性曲线。

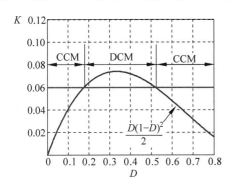 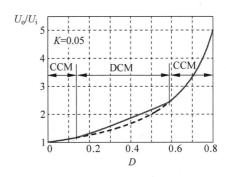

图 3.14　Boost 变换器电感电流工作状态区间划分　图 3.15　Boost 变换器电感电流工作状态区间划分

3.1.2.5　MATLAB/Simulink 仿真验证

图 3.16 为 Boost 变换器的 Simulink 模型,模型中,$U_i=100\text{V}$,$L=1\text{mH}$(模拟电感线圈自带电阻为 $1\text{m}\Omega$),$C=470\mu\text{F}$,开关频率为 20kHz。

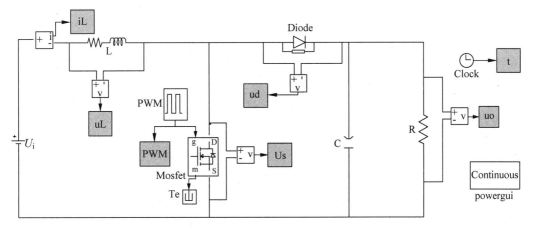

图 3.16　Boost 变换器的 Simulink 模型

图 3.17(a)为占空比 $D=0.5$,$R=50\Omega$ 时稳态下的仿真波形,图 3.17(b)是图 3.17(a)的局部放大图。可以看出,Boost 变换器的输出电压为 198.3V,而根据式(3-5)得到的理论输出电压为 200V,原因是开关管、电感等存在导通阻抗,降低了变换器的输出电压值,一般

对变换器的影响较小,因此在理论分析时,未考虑器件导通阻抗与线路阻抗的影响。电感电流的变化量 $\Delta i_L \approx 2.5A$,与根据式(3-18)得到的理论值近似相等。根据图 3.17(b),在一个开关周期内,输出电压波动量约为 0.21V,与式(3-23)得到的理论值相等。

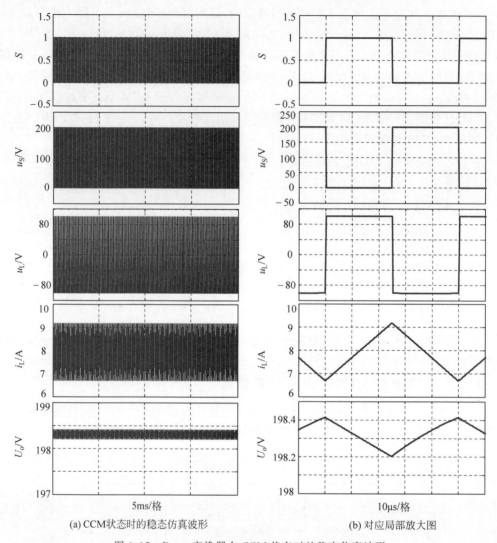

(a) CCM状态时的稳态仿真波形   (b) 对应局部放大图

图 3.17 Boost 变换器在 CCM 状态时的稳态仿真波形

与 Buck 变换器不一样,Boost 变换器在 CCM 状态时输出电压在开关周期内的波动基本上是线性上升、下降的过程,而 Buck 变换器的电压波动基本呈正弦规律变化,其原因是 Boost 变换器的滤波电容电流由二极管导通时供给,其等于二极管电流减去负载电流,而二极管在 S 导通期间无电流,且二极管流过电流的瞬时值均大于负载电流,因此在开关管导通期间与关断期间,滤波电容要么充电,要么放电,且充电电流变化即为电感电流变化量,而放电电流恒定为负载电流,因此 Boost 变换器在 CCM 状态时输出电压在开关周期内的波动基本上是线性上升、下降的过程。

将仿真模型负载电阻 R 变为 333.3Ω,即对应的 $K = 0.06$,在占空比 $D = 0.35$ 时,从图 3.14 可以判断出 Boost 变换器工作于 DCM 状态,仿真波形如图 3.18 所示。在相同占空比时,DCM 工作的 Boost 变换器的输出电压较 CCM 状态时要高。与 Buck 变换器 DCM 时一样,在电感电流下降到零时,有一个谐振过程,在开关管与电感上形成一个小的电压尖峰。

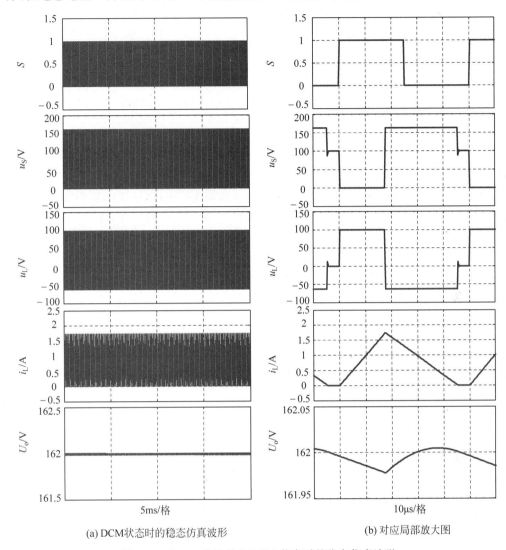

(a) DCM状态时的稳态仿真波形　　　　　(b) 对应局部放大图

图 3.18　Boost 变换器在 DCM 状态时的稳态仿真波形

在图 3.18 仿真模型的基础上,仅将占空比 D 变为 0.15 和 0.55,均能得到 Boost 变换器工作于 CCM,此时对应的输出电压分别为 116V 和 216V,对应的电感电流波形如图 3.19 所示。可以看出,两种占空比情况下,Boost 变换器均能实现 CCM 工作,这与图 3.14 的理论分析一致。

根据 CCM 状态时的输出输入电压比,可以看出,占空比趋于 1 时,输出电压趋于 $+\infty$,因此在实际应用时,应设定一个占空比的工作上限 $D_{\max}$。

Boost 电路常用于电池供电的升压电路、液晶背光电源以及有需要功率因数校正等场合。

例 3.2　已知一 Boost 变换器的输入电压为 $16V \leqslant U_i \leqslant 36V$,输出电压 $U_o = 48V$,纹波波动值 ΔU_o 最大值为 0.1V,负载电流 $1A \leqslant I_o \leqslant 10A$,保证电路在所有的情况下电路都工作

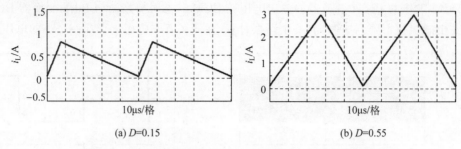

(a) $D=0.15$ (b) $D=0.55$

图 3.19　Boost 变换器在 $K=0.06$ 时不同占空比的仿真波形

于 CCM 状态,设计电路的工作频率为 50kHz,选取滤波电感和滤波电容的大小;确定电感电容的值以后,计算 $U_i=36$V 时开关管电流有效值和二极管电流有效值。

解:因为所有情况下,Boost 变换器都工作于电感 CCM 状态,因此输出电压和输入电压的关系满足式(3-20),则 $(1-U_{imax}/U_o)\leqslant D \leqslant (1-U_{imin}/U_o)$,因此可得,$0.25 \leqslant D \leqslant 0.67$。

根据电感电流临界连续的条件,$L \geqslant [D(1-D)^2 R]/2f$,可以看出,占空比 D 连续变化时,$D(1-D)^2$ 不是一个单调函数,根据函数的关系,在 $D=0.33$ 时,函数 $D(1-D)^2$ 取最大值。因此,在电阻取最大值 $R=48\Omega$(即 $I_o=1$A),$D=0.33$ 时电感取最大值。代入数据得 $L\geqslant 71\mu$H。

根据题中所给已知条件,得 $\Delta U_{omax}=0.1$V,该值在占空比最小时得到,根据式(3-9)得

$$C=\frac{D_{max}I_{omax}}{f\Delta U_o}=\frac{0.67\times 10}{50\,000\times 0.1}=1340\mu\text{F}$$

当 $U_i=36$V 时,有

$$D=0.25,\quad I_o=10\text{A}$$

$$\Delta i_L=\frac{U_i t_{on}}{L}=\frac{36\times 0.25\times 20\times 10^{-6}}{71\times 10^{-6}}=2.53\text{A}$$

$$I_o=I_D=\frac{1}{2}\times(i_{Dmax}+i_{Dmin})\times(1-D)=\frac{1}{2}\times(\Delta i_L+2i_{Dmin})\times 0.75$$

$$=\frac{1}{2}\times(2.53+2i_{Dmin})\times 0.75=10\text{A}$$

由此得

$$i_{Dmin}=i_{Smin}=12.07\text{A},\quad i_{Dmax}=i_{Smax}=14.6\text{A}$$

$$I_{DR}=\sqrt{\frac{1}{T}\int_0^{0.75T}(-3.37Tt+14.6)^2\mathrm{d}t}=11.57\text{A}$$

$$I_{SR}=\sqrt{\frac{1}{T}\int_0^{0.25T}(10.12Tt+12.07)^2\mathrm{d}t}=6.19\text{A}$$

3.1.3　升降压型(Buck-Boost)电路

前面所讲的两种变换器,Buck 变换器只能实现降压,Boost 变换器只能实现升压,而本节所讲的升降压型变换器(Buck-Boost)的输出电压既可以比输入电压高,也能比输入电压低。

Buck-Boost 变换器的主电路如图 3.20(a)所示,构成它的器件与 Buck 变换器以及 Boost 变换器一样,只是位置不一样。电路中的开关管和二极管的工作关系同样互补,因此,Buck-Boost 变换器的等效电路如图 3.20(b)所示。

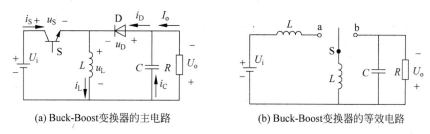

(a) Buck-Boost变换器的主电路　　　　　　(b) Buck-Boost变换器的等效电路

图 3.20　Buck-Boost 变换器的主电路和等效电路

3.1.3.1　升降压型电路的工作原理

在电路正常工作时,Buck-Boost 变换器经历的状态可能有 3 个,分别如图 3.21(a)、(b)、(c)所示。

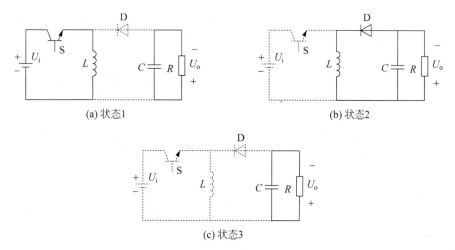

(a) 状态1　　　　　　　　　　　　　(b) 状态2

(c) 状态3

图 3.21　Buck-Boost 变换器电路的 3 个工作状态

当开关管 S 导通时,续流二极管 D 因为承受反向电压而截止,输入电源经开关管 S 给电感作用正向电压,此时电感电流线性增加,并以磁能的形式在滤波电感中存储能量。该过程对应图 3.20(a)。

当开关管关断时,存储在电感 L 中的电流不能突变,于是电感 L 两端产生了与原来极性相反的自感电动势,该电动势迫使二极管 D 导通,电感中存储的能量以电能的形式通过续流二极管 D 向电容 C 和负载 R 释放。该过程对应图 3.20(b)。

当电感 L 中存储的能量释放完全,并且下一个开关周期时刻还没有到来时,此时二极管 D 又恢复到截止状态,电感中电流为 0,电感两端电压为 0。负载电流仅仅由存储在滤波电容中的电能提供。该过程对应图 3.20(c)。

注意:在 Boost 变换器中,开关管关断以后,输入电压的极性和电感感应的反电动势极性相同,两者电压叠加以后的电压等于输出电压,因此,Boost 变换器的输出电压一定高于输入电压;在 Buck-Boost 变换器中,开关管关断以后,从图 3.20(b)可以看出,输出电压等于电感电压,而电感电压的大小与输入电压无直接关系,所以有输出电压可能高于输入电压,也可能低于输入电压,这仅仅取决于电感向输出侧输送的能量。

由于输出电压的极性与输入电压的极性相反,所以 Buck-Boost 变换器又称为反号型变换器。

如果电路在正常工作时仅仅出现前两个工作状态,则电路此时工作于 CCM 状态模式;如果电路在正常工作时出现前面所讲的所有三个工作状态,则电路此时工作于 DCM 状态模式。

3.1.3.2 CCM 状态时的主要关系

Buck-Boost 变换器在 CCM 状态时电路中的主要波形如图 3.22 所示。

根据图 3.20 中所标注的电压和电流量的关系,可由基尔霍夫电压电流定律得

$$\begin{cases} U_i = u_S + u_L \\ U_i = u_S + u_D - U_o \\ u_L = u_D - U_o \\ i_D = i_C + I_o \end{cases} \tag{3-33}$$

模态 1:$t_0 \sim t_1$

在开关管导通时间内,二极管截止,电感储能,$u_S = 0$,根据式(3-33)可得 $u_D = U_i + U_o$,$u_L = U_i$。在该段时间内,电感电流的增加量为

$$\Delta i_{L(+)} = \frac{U_i DT}{L} \tag{3-34}$$

模态 2:$t_1 \sim t_2$

在开关管关断时间内,二极管导通,电感释放能量,$u_D = 0$,根据式(3-33)可得 $u_S = U_i + U_o$,$u_L = -U_o$。在该段时间内,电感电流的下降量为

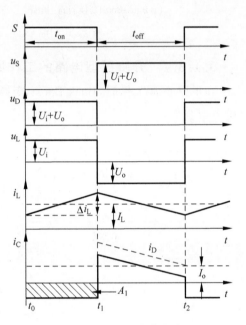

图 3.22 Buck-Boost 变换器在 CCM 状态时的工作波形

$$\Delta i_{L(-)} = -\frac{U_o t_{off}}{L} = -\frac{U_o(1-D)T}{L} \tag{3-35}$$

电路在稳态工作时,$\Delta i_{L(+)} = |\Delta i_{L(-)}|$,整理得

$$\frac{U_o}{U_i} = \frac{D}{1-D} \tag{3-36}$$

在 Buck-Boost 变换器中,二极管电流、电容电流以及负载电流之间的关系与 Boost 变换器中的关系一样,并且电容电流的波形也一致。因此,Buck-Boost 变换器的输出电压波动表达式与式(3-23)一样。

3.1.3.3 DCM 状态时的主要关系

Buck-Boost 变换器在 DCM 状态时电路中的主要波形如图 3.23 所示。

图 3.23 中,$t_0 \sim t_2$ 阶段电路的工作状态和 CCM 状态时一样。电感电流下降持续的时间为 $t_1 \sim t_2$ 的长度,令这一段时长为 ΔDT,则电感电流的下降量为

$$\Delta i_{L(-)} = -\frac{U_o(t_2 - t_1)}{L} = -\frac{U_o \Delta DT}{L}$$

(3-37)

模态3：$t_2 \sim t_3$

t_2 时刻以后，电感电流保持为 0，那么电感两端电压 $u_L = 0$，根据式（3-33）可得 $u_S = U_i$，$u_D = U_o$。

因为二极管电流平均值等于输出电流，则

$$I_D = \frac{1}{2} \times \Delta i_L \Delta D = \frac{1}{2L} \Delta D U_o \Delta DT = \frac{U_o}{R} = I_o$$

(3-38)

由式（3-34）和式（3-37），求得

$$\Delta D = \frac{U_i}{U_o} D$$

(3-39)

将式（3-39）代入式（3-38），整理得

$$\left(\frac{U_i}{U_o}\right)^2 = \frac{2L}{D^2 TR}$$

(3-40)

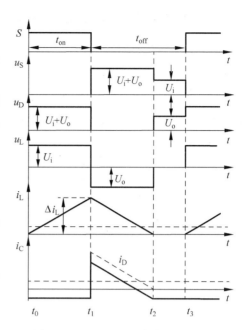

图 3.23 Buck-Boost 变换器在 DCM 状态时的工作波形

求解方程，得

$$\frac{U_o}{U_i} = \sqrt{\frac{D^2}{2} \frac{1}{K}}$$

(3-41)

其中 $K = \dfrac{L}{TR}$。

3.1.3.4 CCM 和 DCM 状态的临界条件

Buck-Boost 变换器在电感电流临界连续时，二极管电流的平均值为

$$I_D = \frac{\frac{1}{2} \times \Delta i_L \times (1-D)T}{T} = \frac{1}{2} \times \Delta i_L \times (1-D)$$

(3-42)

电感电流临界连续时，电感电流变化量为

$$\Delta i_L = \frac{U_i DT}{L}$$

(3-43)

因为二极管电流平均值等于输出电流，根据式（3-42），得

$$I_D = \frac{U_i D(1-D)T}{2L} = \frac{U_o}{R} = I_o$$

(3-44)

电感电流临界连续或连续时，负载电流有大于二极管平均电流的趋势，整理式（3-44），得到 Buck-Boost 变换器在 CCM 状态时的条件为

$$K = \frac{L}{RT} \geqslant \frac{(1-D)^2}{2} \quad \text{或} \quad \left(\frac{Lf}{R} \geqslant \frac{(1-D)^2}{2}\right)$$

(3-45)

可以看出，在电路占空比 D 固定的情况下，增加电路的工作频率、增大负载，或者增大滤波电感的感值，都可以使电路从电感电流从断续状态变为连续状态。此外，式（3-45）右侧的函数关系是随 D 单调减，因此，判断变换器工作在 CCM 或 DCM 状态要比 Boost 变换器简单。

根据式(3-36)、式(3-41)、式(3-45)可以绘制出 Boost 电路输出、输入电压比与占空比的关系曲线,如图 3.24 所示,该曲线与 K 值相关,可以看出:图 3.24 中,CCM 状态的区域为所示的虚线曲线,而在该曲线上方的区域为 DCM 状态区域;相同占空比 D 下,K 值越小,要实现 CCM 状态越难,需要更大的占空比才能实现。在 DCM 曲线与 CCM 曲线相交处,即为对应 K 值条件下的占空比使得电感电流处于 BCM 状态。在不同线段相交处,当占空比继续增加,则对应 K 值条件下的变换器工作于 CCM 状态。

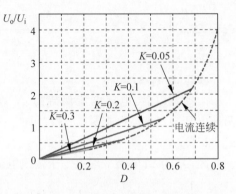

图 3.24 Buck-Boost 变换器输出特性

3.1.3.5 MATLAB/Simulink 仿真验证

图 3.25 为 Buck-Boost 变换器的 Simulink 模型,模型中,$U_i = 100\text{V}$,$L = 1\text{mH}$(模拟电感线圈自带电阻 $1\text{m}\Omega$),$C = 470\mu\text{F}$,开关频率为 20kHz。

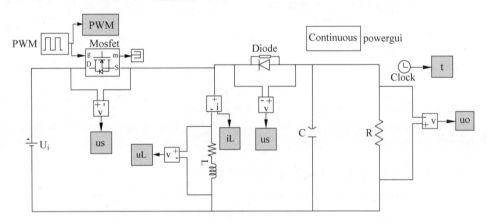

图 3.25 Buck-Boost 变换器的 Simulink 模型

图 3.26(a)为占空比 $D = 0.4$,$R = 50\Omega$ 时稳态下的仿真波形,图 3.26(b)是图 3.26(a) 的局部放大图。可以看出,Boost 变换器的输出电压为 65.8V,而根据式(3-36)得到的理论输出电压为 66.7V,原因是开关管、电感等存在导通阻抗,降低了变换器的输出电压值,一般对变换器的影响较小,因此在理论分析时,未考虑器件导通阻抗与线路阻抗的影响。开关管承受的最大电压为输入电压与输出电压之和,这一点与前面所讲 Buck 变换器与 Boost 变换器不一样,这也是变换器可以实现升压、降压所必须付出的代价。电感电流的变化量 $\Delta i_L \approx$ 1.95A,与根据式(3-34)得到的理论值近似相等。根据图 3.25(b),一个开关周期内,输出电压波动量约为 0.057V,与式(3-23)得到的理论值相等。

将仿真模型负载电阻 R 变为 400Ω,即对应的 $K = 0.05$,在占空比 $D = 0.6$ 时,从图 3.24 可以判断出 Boost 变换器工作于 DCM 状态,仿真波形如图 3.27 所示。与前面介绍变换器 DCM 工作时一样,在电感电流下降到零时,有一个谐振过程,在开关管与电感上形成一个小的电压尖峰。

同 Boost 变换器一样,在占空比趋于 1 时,输出电压趋于 $+\infty$,因此在实际应用时,同样

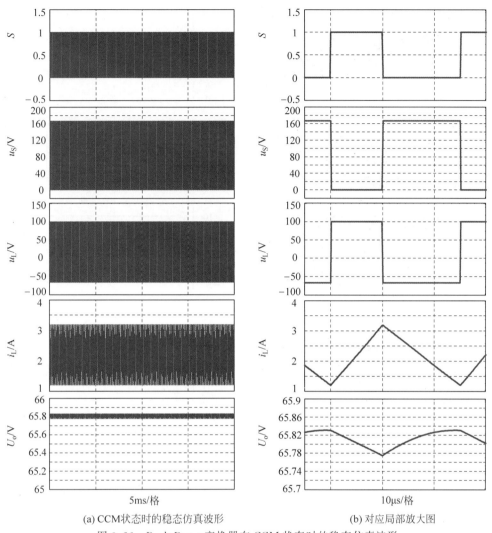

(a) CCM状态时的稳态仿真波形　　　(b) 对应局部放大图

图 3.26 Buck-Boost 变换器在 CCM 状态时的稳态仿真波形

应设定一个占空比的工作上限 D_{max}。

Buck-Boost 电路常用于电池供电设备中产生负电源的电路,还经常用于输出电压比输入高或者低的场合中。

例 3.3 已知一个 Buck-Boost 变换器,工作在 CCM 状态,输入电压为 $16\text{V} \leqslant U_i \leqslant 32\text{V}$,输出电压 $U_o = 48\text{V}$,纹波波动值 ΔU_o 最大值为 0.1V,输出电流 $0.5\text{A} \leqslant I_o \leqslant 1.5\text{A}$,电路的工作频率为 100kHz,选取电感和电容的大小。

解: 由 $\dfrac{U_o}{U_{imax}} = \dfrac{D_{min}}{1 - D_{min}}$ 得 $D_{min} = 0.6$。

由 $\dfrac{U_o}{U_{imin}} = \dfrac{D_{max}}{1 - D_{max}}$ 得 $D_{max} = 0.75$。

据式(3-45)得,为保证在任何情况下,CCM 状态取占空比最小值,取负载电阻最大值

$$L \geqslant \frac{(1 - D_{min})^2}{2f} R_{max} \geqslant 76.8 \mu\text{H}$$

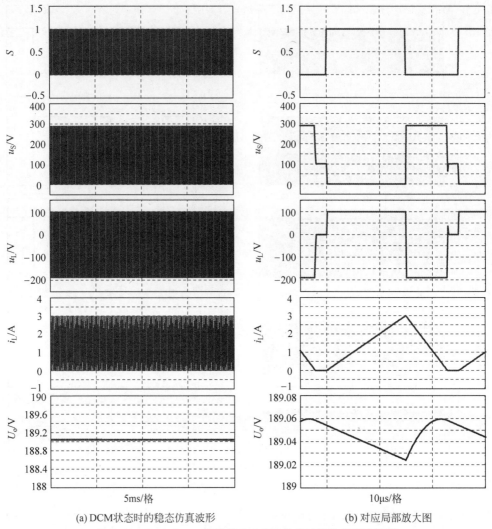

(a) DCM状态时的稳态仿真波形　　　　　　(b) 对应局部放大图

图 3.27　Buck-Boost 变换器在 DCM 状态时的稳态仿真波形

根据式(3-23),得

$$C \geqslant \frac{D_{\max} I_{\text{omax}}}{f \Delta U_{\text{o}}} \geqslant 112.5 \mu\text{F}$$

3.1.4　丘克(Cuk)电路

前面三节所讲的三种电路中,降压型电路的滤波电感接在输出侧,因此其输入电流的脉动非常大;Boost 电路的储能电感接在输入侧,因此其输出电流的脉动非常大;而 Buck-Boost 变换器的储能电感接在电路中间,因此它的输入电流和输出电流的脉动都非常大。为了得到平滑的输入和输出电流,一般要加平波滤波器。针对这个缺点,美国加州理工大学的 Slobodan Cuk 教授将 Boost 电路和降压型电路串联并省去两个电路中的共用部分,就形成了本节所讨论的 Cuk 电路。该电路在电路输入端和输出端都接有电感,从而有效地减小了输入侧和输出侧的电流脉动,其主电路结构如图 3.28(a)所示。可以看出,相比于前面的三种电路,Cuk 电路多加了一个电容 C_1 和一个储能电感 L_1。图 3.28(b)将 Cuk 电路拆分成两部分,如果将它变形成为图 3.28(c) 的形式,可以立即看出,Cuk 电路其实是 Boost 电路和 Buck 电路串联而成,只是将其中的开关管和二极管共用,并且将 Boost 电路的输出电压作为降压型电路的输入电压。

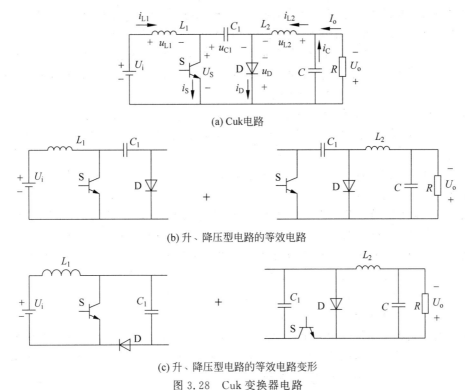

(a) Cuk电路

(b) 升、降压型电路的等效电路

(c) 升、降压型电路的等效电路变形

图 3.28　Cuk 变换器电路

3.1.4.1　Cuk 电路的工作原理

在电路正常工作时,Cuk 电路经历的状态可能有 3 个,分别如图 3.29(a)、(b)、(c)所示。

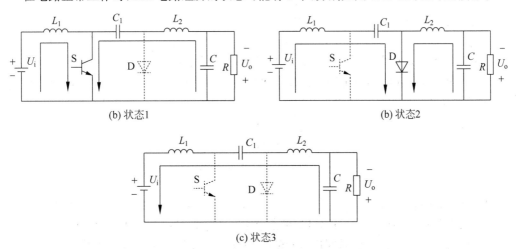

(b) 状态1　　　　　　　　　(b) 状态2

(c) 状态3

图 3.29　Cuk 变换器电路的 3 个工作状态

当开关管 S 导通时,续流二极管 D 因为承受电容 C_1 上的反向电压而截止,此时,输入电源经开关管 S 给电感 L_1 充电;电容 C_1 中储存的能量经过开关管向电感 L_2 和输出电容 C 释放。在该阶段,两个电感上的电流都线性上升。该过程对应图 3.29(a)。

当开关管关断时,存储在电感中的电流不能突变,两个电感的电流共同作用迫使二极管 D 导通。此时,电源输入和电感 L_1 释放的能量共同向电容 C_1 充电;同时,电感 L_2 释放能量向输出电容和负载提供能量。该段时间内,二极管电流等于两个电感电流之和,而电感电流都线性下降。如果其中一个电感 L_1 电流下降为 0,而二极管继续导通,因此电感 L_1 的电流继续下降(反向增加)。当二极管 D 电流为 0 时,这一阶段结束,该过程对应于图 3.29(b)。

二极管 D 截止以后,输入电源、电感 L_1 和 L_2 以及电容 C_1 和 C 构成闭合回路,两电感电流大小并保持相等。该过程对应于图 3.29(c)。

从电路的工作过程来看,中间电容 C_1 作为输入到输出的主要能量的转换元件,即开关管截止时,中间电容 C_1 储能,当开关管导通时,中间电容 C_1 将存储的能量转移到电感 L_2 和输出电容 C 中。

同升降压型电路一样,Cuk 电路的输出电压的极性与输入电压的极性相反,所以 Cuk 电路也称为反号型变换器。

注意:Cuk 电路的工作状态可以分为 CCM 状态模式和 DCM 状态模式,但前面所讲的三种变换器电路(Buck 电路、Boost 电路和 Buck-Boost 电路)是特指电感电流是否连续,而 Cuk 电路按照两个电感电流之和是否连续来分不同的电路工作状态。其实这四种电路的电路工作状态的划分也可以统一起来,即按照电路中的二极管 D 在开关管关断的时间内电流是否连续,也可以划分出同样的类型,只是人们在实际的研究和学习过程中已经习惯于按照电感电流是否连续来划分电路的工作状态。

如果电路在正常工作时仅仅出现前两个工作状态,则电路此时工作于 CCM 状态;如果电路在正常工作时出现前面所讲的所有三个工作状态,则电路此时工作于 DCM 状态。

3.1.4.2　CCM 状态时的主要关系

Cuk 电路中,假设电容 C_1 的容值非常大,在正常工作时,其电压值基本保持不变。根据图 3.28(a) 中所示的电压参考方向,得

$$U_i = u_{L1} + u_{C1} - u_{L2} - U_o \tag{3-46}$$

因为电感电压在一个开关周期内的平均值等于 0,对式(3-46)在一个周期内取平均,得

$$U_{C1} = U_i + U_o \tag{3-47}$$

即中间电容的两端电压维持在输入电压和输出电压之和。

Cuk 电路在 CCM 状态时电路中的主要波形如图 3.30 所示。根据图 3.28(a) 中所示的电压参考方向,得

$$\begin{cases} U_i = u_{L1} + u_S \\ u_S = u_{C1} - u_D \\ u_D = U_o + u_{L2} \\ i_{L2} = i_C + I_o \end{cases} \tag{3-48}$$

模态 1:$t_0 \sim t_1$

在开关管导通时间内,二极管截止,电感储能,$u_S = 0$,根据式(3-48)可得 $u_D = u_{C1} = U_i + U_o$,$u_{L1} = U_i$,$u_{L2} = U_i$。在该段时间内,电感 L_1 和电感 L_2 电流的增加量分别为

$$\Delta i_{L1(+)} = \frac{U_i DT}{L_1} \tag{3-49}$$

$$\Delta i_{L2(+)} = \frac{U_i DT}{L_2} \tag{3-50}$$

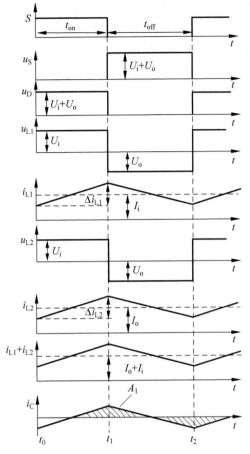

图 3.30 升降压型变换器在 CCM 状态时的工作波形

模态 2: $t_1 \sim t_2$

在开关管关断时间内,二极管导通,电感释放能量,$u_D = 0$,根据式(3-48)可得 $u_S = u_{C1} = U_i + U_o, u_{L1} = u_{L2} = -U_o$。在该段时间内,电感电流的下降量为

$$\Delta i_{L1(-)} = -\frac{U_o t_{off}}{L_1} = -\frac{U_o(1-D)T}{L_1} \tag{3-51}$$

$$\Delta i_{L2(-)} = -\frac{U_o t_{off}}{L_2} = -\frac{U_o(1-D)T}{L_2} \tag{3-52}$$

电路在稳态工作时,$\Delta i_{L1(+)} = |\Delta i_{L1(-)}|, \Delta i_{L2(+)} = |\Delta i_{L2(-)}|$,整理得

$$\frac{U_o}{U_i} = \frac{D}{1-D} \tag{3-53}$$

由图 3.30 所示 Cuk 电路的输出滤波电容的电流波形可以看出,其形状与降压型电路在 CCM 状态时一致,因此可以按照类似的方法求得输出电压 U_o 的波动值 ΔU_o。

$$\Delta U_o = \frac{DU_i}{8L_2 C f^2} \tag{3-54}$$

3.1.4.3 DCM 状态时的主要关系

Cuk 电路在 DCM 状态时电路中的主要波形如图 3.31 所示,图中,假设电感 L_1 的电流先下降到 0。

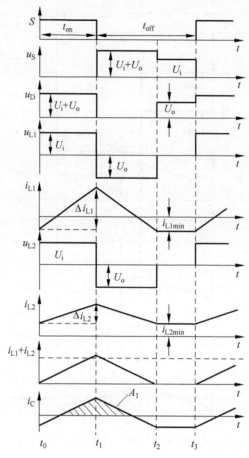

图 3.31　Cuk 电路在 DCM 状态时的工作波形

图 3.31，$t_0 \sim t_2$ 阶段电路的工作状态和 CCM 状态时稍不一样。电感 L_1 的电流下降到 0 以后，不是保持在 0，而是继续下降，即反向增加，直到 $i_{L2} = |i_{L1}|$，此时，二极管 D 截止。电感电流下降持续的时间为 $t_1 \sim t_2$ 的长度，令这一段时长为 ΔDT，则电感电流的下降量为

$$\Delta i_{L1(-)} = -\frac{U_o(t_2 - t_1)}{L_1} = -\frac{U_o \Delta DT}{L_1} \qquad (3\text{-}55)$$

$$\Delta i_{L2(-)} = -\frac{U_o(t_2 - t_1)}{L_2} = -\frac{U_o \Delta DT}{L_2} \qquad (3\text{-}56)$$

模态 3：$t_2 \sim t_3$

t_2 时刻以后，电感电流保持不变，那么电感两端电压 $u_{L1} = u_{L2} = 0$，根据式(3-48)可得 $u_S = U_i, u_D = U_o$。

由式(3-49)和式(3-55)可得

$$\Delta D = \frac{U_i}{U_o} D \qquad (3\text{-}57)$$

因为电感 L_1 和电感 L_2 在状态 3 时电流保持不变，且数值相等，令该数值为 I_{Lmin}，则电感 L_1 和电感 L_2 的平均值分别为

$$I_{L1} = \frac{1}{2}\Delta i_{L1}(D + \Delta D) - I_{Lmin} = \frac{U_i^2 D(D + \Delta D)}{2L_1 f} - I_{Lmin} = I_i \tag{3-58}$$

$$I_{L2} = \frac{1}{2}\Delta i_{L2}(D + \Delta D) + I_{Lmin} = \frac{U_i U_o D(D + \Delta D)}{2L_2 f} + I_{Lmin} = I_o \tag{3-59}$$

如果 Cuk 电路工作在理想状态,即电路工作损耗为 0,那么输入功率和输出功率相等,则 $U_i I_i = U_o I_o$,将式(3-58)和式(3-59)代入得

$$I_{Lmin} = \frac{U_i D(D + \Delta D)}{2f L_1 L_2 (U_i + U_o)}(U_i L_2 - U_o L_1) \tag{3-60}$$

由此可见,当 $U_i L_2 - U_o L_1 > 0$ 时,在 DCM 状态工作时回路中有环流,其方向与电感 L_1 的电流方向一致;当 $U_i L_2 - U_o L_1 = 0$ 时,在 DCM 状态工作时回路中没有环流;当 $U_i L_2 - U_o L_1 < 0$ 时,在 DCM 状态工作时回路中有环流,其方向与电感 L_2 的电流方向一致。

由式(3-57)和式(3-60)可以求出 DCM 状态时输出电压与输入电压、占空比以及最小电流 I_{Lmin} 的关系。根据上述已知条件,可求出 Cuk 变换器在 DCM 状态时的输出电压表达式,但其表达式很复杂,这里不再推导。

3.1.4.4　MATLAB/Simulink 仿真验证

图 3.32 为 Cuk 变换器的 Simulink 模型,模型中,$U_i = 100V$,$L_1 = L_2 = 1mH$(模拟电感线圈自带电阻为 $1m\Omega$),$C_1 = 220\mu F$,$C_2 = 470\mu F$,开关频率为 $20kHz$。

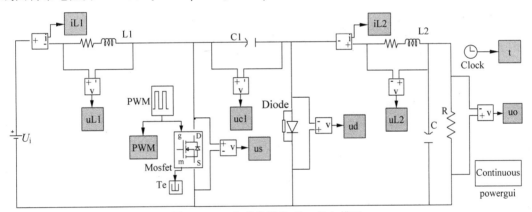

图 3.32　Cuk 变换器的 Simulink 模型

当负载电阻 $R = 30\Omega$,$D = 0.4$ 时,Cuk 变换器的仿真波形如图 3.33 所示。可以看到变换器工作于 CCM 状态,稳态时电容 C_1 的电压为 165.8V,等于输入、输出电压之和;流过两个电感的电流在开关周期内均大于零,无环流,两个电感的电流同时上升或同时下降,上升、下降的幅值与输入电压或输出电压相关。根据式(3-54),输出电压波动值等于 0.026V,与仿真结果一致。此外,电容 C_1 上的电压波动值较输出滤波电容的电压波动值大,其主要原因是电容电流受开关管电流波动的影响。

在上述数据的基础上,仅改变 $R = 150\Omega$,则 Cuk 变换器的仿真波形如图 3.34 所示,可以看出,随着负载电阻值增加,Cuk 变换器工作于 DCM 状态,在相同占空比的情况下,DCM 输出电压的大小比 CCM 状态时要高。由于两电感值相等,根据式(3-60),此时环流的方向与电感 L_1 的方向一致。提高 L_2 的感值为 2mH,其他条件不变,则环流的方向改变,对应的仿真波形如图 3.35 所示。

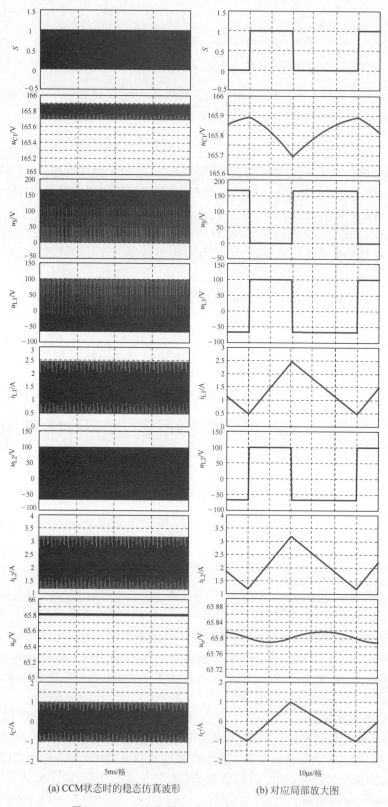

(a) CCM状态时的稳态仿真波形　　　　(b) 对应局部放大图

图 3.33　Cuk 变换器在 CCM 状态时的仿真波形

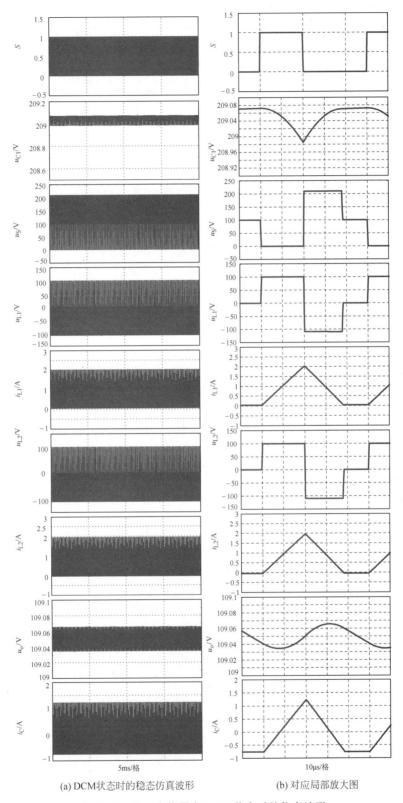

(a) DCM状态时的稳态仿真波形   (b) 对应局部放大图

图 3.34   Cuk 变换器在 DCM 状态时的仿真波形

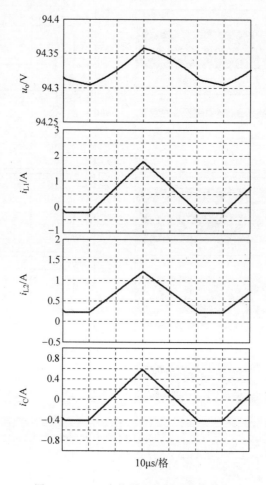

图 3.35 Cuk 变换器环流情况变化情况

因为 Cuk 电路输入和输出电流波动值都比较小,因此经常被用于某些对电压波动值有特殊要求的场合。

开关电源非隔离的基本电路还包括 Sepic 电路和 Zeta 电路,但它们的应用范围较窄,且其电路特性与 Cuk 电路类似,因此本章对它们不做介绍。

前面学习了四种基本的非隔离电路,其中前面三种是将电感作为输入与输出能量中转传送的元件,而 Cuk 电路用中间电容实现能量中转传送。从电路的结构上看,Cuk 电路可能比前三种电路更复杂,但是它的输入电流和输出电流的脉动量都比较小,相对前面三种电路省去了平波滤波器,因此其电路拓扑形式较佳。表 3.1 给出了这四种电路各自不同的特点和应用场合。

表 3.1 非隔离型基本电路的比较

电　路	特　点	输出电压	器件承受最大电压	应用领域
Buck 变换器	只能降压,输入电流脉动大,输出电流脉动小,结构简单	$U_o = DU_i$	$u_D = U_i$ $u_S = U_i$	各种降压型开关稳压器

续表

电　路	特　　点	输出电压	器件承受最大电压	应用领域
Boost 变换器	只能升压,输入电流脉动小,输出电流脉动大,结构简单	$U_o = \dfrac{1}{1-D}U_i$	$u_D = U_o$ $u_S = U_o$	Boost 开关稳压器,有源功率因数校正电路
Buck-Boost 变换器	既能升压,也能降压,输入电流和输出电流脉动都大,结构简单	$U_o = \dfrac{D}{1-D}U_i$	$u_D = U_i + U_o$ $u_S = U_i + U_o$	输出电压需要反向的场合
Cuk 变换器	既能升压,也能降压,输入电流和输出电流脉动都小,结构较复杂	$U_o = \dfrac{D}{1-D}U_i$	$u_D = U_i + U_o$ $u_S = U_i + U_o$	对输入输出纹波要求较高的反向型开关稳压器

3.2　隔离型基本电路

在 3.1 节介绍的非隔离型基本电路中,电路的输入和输出有一根线是共用的,因此也称它们为三端开关式稳压器。而本节所介绍的隔离型基本电路中均采用了变压器,输入端和输出端没有公共的连线,实现了输出和输入的电气隔离。

3.2.1　反激型(Flyback)电路

反激型变换器的主电路如图 3.36 所示,它由开关管 S、整流二极管 D 以及变压器 T 和输出滤波电容构成。变压器有两个绕组,分别是原边绕组 W_1 和副边绕组 W_2,两个绕组要紧密耦合,尽量减小漏感感值,否则在电路工作过程中漏感上的尖峰电压会对开关器件造成较大的电压冲击。变压器原边和副边绕组的匝数分别为 N_{W1} 和 N_{W2},令变压器变比 $k_T = N_{W1}/N_{W2}$。

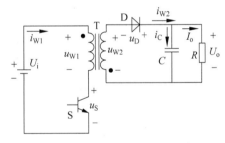

图 3.36　反激型变换器的主电路图

3.2.1.1　反激型电路的工作原理

反激型变换器采用 PWM 控制方式进行工作,在电路工作过程中,电路经历的状态可能有 3 个,分别如图 3.37(a)、(b)、(c)所示。

当开关管 S 导通时,输入电压全部作用于变压器原边,变压器铁心正向磁化,在变压器副边感应出下正上负的电压,因此整流二极管承受反向电压截止。此时变压器原边中的电流线性增加,即以磁能的形式在变压器中存储能量,而变压器副边没有电流流过。变压器铁心中的磁通 Φ 也线性增加,该过程对应于图 3.37(a)。

当开关管关断时,原边绕组 W_1 中的电流回路被切断,变压器中存储的能量通过磁电感应的形式在变压器的副边感应出上正下负的电压,迫使整流二极管导通,并通过整流二极管将存储在变压器中的能量向输出电容和负载释放,变压器铁心反向磁复位,磁通 Φ 线性下降,其感应电压大小被输出滤波电容钳位在输出电压值,该过程对应于图 3.37(b)。

当变压器 T 中存储的能量完全释放,并且下一个开关周期时刻还没有到来时,此时二极

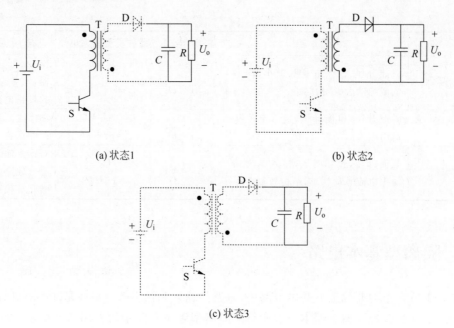

(a) 状态1　　　　　　　　　　　　　(b) 状态2

(c) 状态3

图 3.37　反激型变换器电路的 3 个工作状态

管 D 又恢复到截止状态,变压器原边和副边中的电流都为 0,且原边和副边上的电压也都为 0。负载电流仅仅由存储在输出滤波电容中的电能提供。注意:在该过程中,变压器铁心中的磁通量 Φ 保持不变,其大小为磁化电流等于 0 时的剩磁通 Φ_R,该过程对应于图 3.37(c)。

　　有的教材将反激型电路的工作方式分为完全能量转换工作方式和不完全能量转换工作方式,其意思是在一个开关周期内,开关管导通时间内存储在变压器中的能量在开关管关断时间内完全地转移到输出滤波电容和负载中去。如果将能量对应为变压器中的电流,我们仍然可以将电路的工作模式分为电感 CCM 状态工作方式和电感 DCM 状态工作方式。注意:反激型电路中变压器的工作特性类似于电感,而这里说的电感电流指的是变压器的励磁电流。如果电路在正常工作时,仅仅出现前两个工作状态,则电路此时工作于 CCM 状态模式;如果电路在正常工作时,出现前面所讲的所有三个工作状态,则电路此时工作于DCM 状态模式。

3.2.1.2　CCM 状态时的主要关系

　　反激型变换器在 CCM 状态时电路中的主要波形如图 3.38 所示。

　　根据图 3.36 中所标注的电压和电流量的关系,可由基尔霍夫电压电流定律得

$$\begin{cases} U_i = u_{w1} + u_S \\ U_{w2} = U_o - u_D \\ i_{w2} = i_C + I_o \end{cases} \tag{3-61}$$

模态 1: $t_0 \sim t_1$

　　在开关管导通时间内($t_0 \sim t_1$),$u_S = 0$,根据式(3-61)可得 $u_{w1} = U_i$,则 $u_{w2} = -U_i/k_T$,因此 $u_D = U_o + U_i/k_T$。在该段时间内,变压器原边电流线性增加。此时变压器中流过的电流即为变压器的励磁电流,根据电感电压和电感电流的基本关系,得这一段时间内变压器原边电流的增加量为

$$\Delta i_{W1(+)} = \frac{U_i t_{on}}{L_{W1}} = \frac{U_i DT}{L_{W1}} \qquad (3-62)$$

式中，L_{W1} 为变压器原边自感。在开关管导通时间内，变压器铁心正向磁化，其磁通 Φ 也线性增加，增加量 $\Delta\Phi_{(+)}$ 为

$$\Delta\Phi_{(+)} = \frac{U_i DT}{N_{W1}} \qquad (3-63)$$

在开关管关断时刻（t_1），变压器原边电流上升到最大值 i_{W1max}，当开关管变为截止，变压器原边电流变为 0，变压器中存储的能量通过磁耦合在副边感应出电流 i_{W2max}，它们之间的关系为

$$N_{W1} i_{W1max} = N_{W2} i_{W2max} \qquad (3-64)$$

模态 2：$t_1 \sim t_2$

t_1 时刻以后，二极管导通，根据式（3-61）可得 $u_{W2} = U_o$，则 $u_{W1} = -k_T U_o$，因此 $u_S = U_i + k_T U_o$。变压器副边电流线性下降，在开关管截止的时间内，变压器副边电流的下降量为

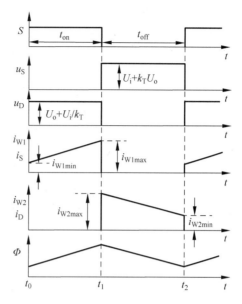

图 3.38　反激型变换器在 CCM
状态时的工作波形

$$\Delta i_{W2(-)} = \frac{U_o t_{off}}{L_{W2}} = \frac{U_o(1-D)T}{L_{W2}} \qquad (3-65)$$

在开关管关断的这段时间内，变压器中存储的能量传送给负载和输出滤波电容，其储能减少，因此变压器铁心中的磁通 Φ 线性下降，下降量 $\Delta\Phi_{(-)}$ 为

$$\Delta\Phi_{(-)} = -\frac{U_o(1-D)T}{N_{W2}} \qquad (3-66)$$

在下一个周期开始时刻（t_2），变压器副边电流下降到最小值 i_{W2min}，当开关管开通时，二极管截止，变压器副边电流变为 0，变压器中储存的能量通过磁耦合在原边感应出电流 i_{W1min}，它们之间的关系为

$$N_{W1} i_{W1min} = N_{W2} i_{W2min} \qquad (3-67)$$

在电路正常工作时，变压器铁心磁通上升和下降相等，即 $\Delta\Phi_{(+)} = |\Delta\Phi_{(-)}|$，由此可得

$$\frac{U_o}{U_i} = \frac{N_{W2}}{N_{W1}} \frac{D}{1-D} = \frac{1}{k_T} \frac{D}{1-D} \qquad (3-68)$$

同样可以通过变压器在开关管开通和关断期间内存储和释放能量相等来求输出电压和输入电压之间的关系，同样可以得到式（3-68）所示的表达式。

反激型电路的输出滤波电感的电流类似于升降压型电路的输出滤波电感的电流波形，因此反激型电路输出电压的波动值 ΔU_o 可以采用升降压型电路中求取输出电压波动值的方法推导。

3.2.1.3　DCM 状态时的主要关系

反激型变换器在 DCM 状态时电路的主要波形如图 3.39 所示。开关管在开通时刻，变压器原边电流从 0 开始上升；开关管截止时间内，变压器副边电流下降到 0，因此变压器原边和副边电流的转换只有一次，即在开关管关断的时刻。

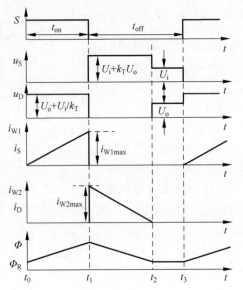

图 3.39　反激型变换器在 DCM 状态时的工作波形

在 $t_0 \sim t_1$ 时间段内,电路的各个量与 CCM 状态时一样。开关管关断(t_1 时刻)后,变压器副边电流在下一个开关周期开始之前下降到 0,令 $t_1 \sim t_2$ 的时长为 ΔDT,则该段时间内的变压器副边电流下降量和变压器铁心中磁通的下降量分别为

$$\Delta i_{W2(-)} = -\frac{U_o \Delta DT}{L_{W2}} \tag{3-69}$$

$$\Delta \Phi_{(-)} = -\frac{U_o \Delta DT}{N_{W2}} \tag{3-70}$$

根据 $\Delta \Phi_{(+)} = |\Delta \Phi_{(-)}|$,得

$$\Delta D = \frac{1}{k_T} \frac{U_i}{U_o} D \tag{3-71}$$

根据式(3-61)中的电流关系,变压器副边电流的平均值等于负载电流,因此

$$I_{W2} = \frac{1}{2} i_{W2max} \Delta D = \frac{U_o \Delta D^2}{2fL_{W2}} = \frac{U_o}{R} = I_o \tag{3-72}$$

将式(3-71)代入式(3-72),得

$$\frac{U_o}{U_i} = \frac{1}{k_T} \sqrt{\frac{D^2}{2} \frac{1}{K}} \tag{3-73}$$

其中,$K = L_{W2}/(RT)$,T 为开关周期。

比较反激型电路和升降压型电路在 CCM 状态时的输出输入电压比与在 DCM 状态时的输出输入电压比,发现反激型电路仅仅比升降压型电路多了变压器变比因子,当变压器变比等于 1 时,两种电路的输出输入电压公式一致。

3.2.1.4　CCM 状态和断续的临界条件

前面已经说过,反激型电路其实是加了隔离变压器的升降压型电路,因此其电流是否连续的判断方法与升降压型电路一致。因为电流是否连续是指变压器副边电流在开关管关断期间内是否连续,因此可以从输出电流有大于变压器副边电流平均值的趋势出发进行推导,

其过程类似于前面的几种电路,得到电感电流临界连续的条件是

$$K = \frac{L_{W2}}{RT} \geqslant \frac{(1-D)^2}{2} \quad \text{或} \quad \left(\frac{L_{W2}f}{R} \geqslant \frac{(1-D)^2}{2} \right) \tag{3-74}$$

反激型电路的结构简单,元器件数量少,成本较低,广泛适用于数瓦到数十瓦的小功率开关电源中,在各种家电、计算机设备、工业设备中都广泛使用的小功率开关电源基本都是反激型电路。但是该电路的变压器铁心仅在第一象限内局部磁化与复位,因此铁心利用率非常低,并且开关管承受的电压远高于输入电压,这导致反激型电路难以将功率做大。目前,功率等级在 $100 \sim 300W$ 的光伏微逆变器中,以 Flyback 变换器构成的逆变器得到了广泛的应用。

3.2.1.5　MATLAB/Simulink 仿真验证

采用 MATLAB/Simulink 建立的 Flyback 变换器的模型如图 3.40 所示,模型中,$U_i = 100V$,变压器变比 $k_T = 0.67$,$L_{W1} = 100\mu H$,$C = 1000\mu F$,开关频率为 20kHz。

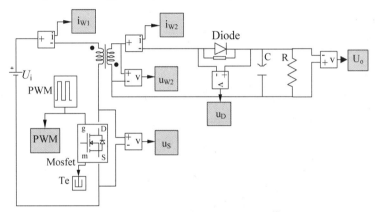

图 3.40　Flyback 变换器的 Simulink 模型

当负载电阻 $R = 20\Omega$,$D = 0.5$,Flyback 变换器的仿真波形如图 3.41 所示。可以看到Flyback 变换器运行于 CCM,即开关管开通时刻变压器的励磁电流大于零。有别于前面所讲的各种变换器,Flyback 变换器运行于 CCM 特指变压器的励磁电流连续,可以看出在开关管开通与关断的时刻,变压器的励磁电流发生转移,而转移前后的电流关系满足 $i_{W1}N_1 = i_{W2}N_2$;变压器原边电流的变化量与副边电流变化量分别为 24.5A 与 16.5A,与式(3-62)和式(3-65)计算得到的理论值一致;因为 Flyback 变换器在输出端的电路结构与 Boost 变换器与 Buck-Boost 变换器的结构一致,因此电压波动理论计算值仍按照式(3-23)进行计算,其结果为 0.1875V,与仿真结果一致。

在上述仿真数据的基础上,仅改变 $R = 50\Omega$,则 Flyback 变换器的仿真波形如图 3.42 所示,由于变压器励磁电感存储的能量在下一个开关周期前就完全释放,变换器工作于 DCM状态时,相同占空比情况下的输出电压较 CCM 状态时要高;输出电压的大小满足式(3-73)。

例 3.4　一个反激型电路,输入电压为 $50 \sim 90V$,变压器原边电感值为 0.4mH,副边电感值为 0.1mH,电路开关频率 $f = 50kHz$,要求输出电压为 $U_o = 15V$,输出电流为 $I_o = 5A$:

(1) 要稳定输出电压,开关管的占空比的范围是多少?

(2) 求在所有情况下变压器原边电流的最大值和最小值。

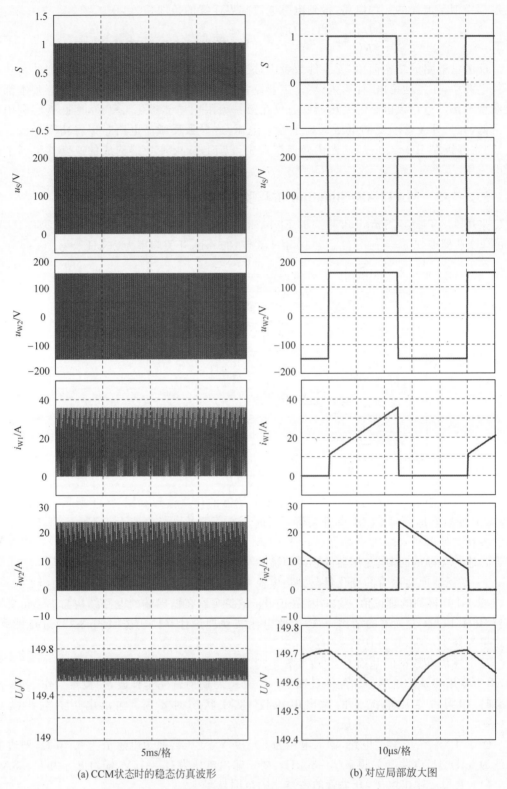

(a) CCM状态时的稳态仿真波形   (b) 对应局部放大图

图 3.41 Flyback 变换器在 CCM 状态时的仿真波形($r=20\Omega$)

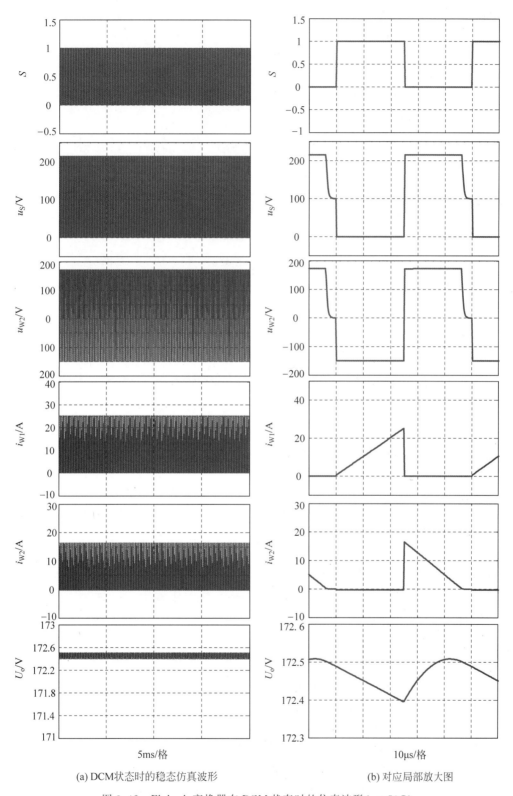

(a) DCM状态时的稳态仿真波形 (b) 对应局部放大图

图 3.42 Flyback 变换器在 DCM 状态时的仿真波形($r=50\Omega$)

解：（1）因为变压器原边、副边绕组绕制在一个铁心上，因此原副边的自感比等于匝数比的平方，得 $k_T = \sqrt{0.4/0.1} = 2$。

因为不知道电路的工作状态，所以不妨假设电路在所有的情况下都工作于 CCM 状态模式。则据式(3-68)，得 $D_{max} = 0.375$，$D_{min} = 0.25$。

只要在占空比最小时满足式(3-74)，则就可以保证电路在所有的情况下都处于 CCM 状态。将各数据代入式(3-74)，得

$$\frac{L_{W2} f}{R} = \frac{10^{-4} \times 5 \times 10^4}{3} = 1.67 \geqslant 0.5625 = \frac{(1 - 0.25)^2}{2} = \frac{(1 - D)^2}{2}$$

从上式可以判断出，假设成立，即电路在所有的情况下都处于 CCM 状态，且占空比 $0.25 \leqslant D \leqslant 0.375$。

（2）首先确定在输入电压比较低的情况下，输入电流较大，即 $U_i = 50\text{V}$，$D = 0.375$。

变压器副边在开关管关断期间，电流下降量为

$$\Delta i_{W2} = \frac{U_o}{L_{W2}}(1 - D)T = \frac{15}{10^{-4}} \times 0.625 \times 20 \times 10^{-6} = 1.875\text{A}$$

在稳态时，变压器副边电流平均值等于输出电流，因此可令变压器副边电流最小值为 i_{W2min}，则副边电流最大值 $i_{W2max} = \Delta i_{W2} + i_{W2min}$。变压器副边电流平均值为

$$I_{W2} = \frac{(i_{W2min} + i_{W2max})}{2}(1 - D) = \frac{(2i_{W2min} + \Delta i_{W2})}{2}(1 - D)$$

$$= \frac{(2i_{W2min} + 1.875)}{2} \times 0.625 = 5 = I_o$$

由此可得，$i_{W2min} = 7.06\text{A}$，$i_{W2max} = 8.94\text{A}$。

根据式(3-64)和式(3-67)，分别得 $i_{W1min} = 3.53\text{A}$，$i_{W1max} = 4.47\text{A}$。

3.2.2　正激型（Forward）电路

正激型变换器的主电路如图 3.43 所示，它由一个开关管 S、3 个二极管、带复位绕组的变压器 T 以及电感和电容构成的二阶低通滤波器构成。3 个二极管的作用分别是整流、续流和磁复位，因此分别将这 3 个二极管称为整流二极管(D_1)、续流二极管(D_2)和磁复位二极管(D_3)。电路在正常工作时，作用于变压器原边的电压为正向脉冲波，变压器铁心单向磁化，因此需要额外的装置对其进行铁心的磁复位，变压器的第 3 个绕组正是用于实现这个目的。变压器 3 个绕组的匝数分别为 N_{W1}、N_{W2} 和 N_{W3}，令变压器变比 $k_{T12} = N_{W1}/N_{W2}$，$k_{T13} = N_{W1}/N_{W3}$。从变压器副边的电路可以看出，其续流二极管加 LC 二阶低通滤波器的结构类似于降压型电路，

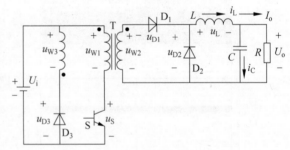

图 3.43　正激型变换器的主电路图

因此正激型电路可以看成是隔离型的降压型电路。

3.2.2.1　正激型电路的工作原理

正激型变换器采用 PWM 控制方式进行工作，在电路工作过程中，电路经历的状态可能有 5 个，分别如图 3.44(a)、(b)、(c)、(d)和(e)所示。

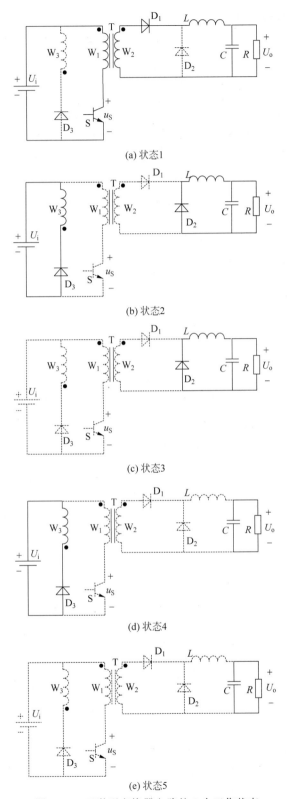

(a) 状态1

(b) 状态2

(c) 状态3

(d) 状态4

(e) 状态5

图 3.44 正激型变换器电路的 5 个工作状态

当开关管 S 导通时,输入电压全部作用于变压器原边,变压器铁心正向磁化,变压器铁心中的磁通 Φ 线性增加。在变压器副边感应出上正下负的电压,该电压迫使整流二极管 D_1 导通,则续流二极管 D_2 承受反向电压截止,滤波电感吸收能量,电感电流线性增加。此时在 W_3 绕组上感应出下正上负的电压,因此磁复位二极管 D_3 承受反向电压截止。在正激型电路中,变压器的功能是实现能量传输,但是因为变压器的自感不能做得无穷大,因此在开关管开通的时间内,原边中的电流包括副边折算的电流和变压器的励磁电流。该过程对应图 3.44(a)。

当开关管关断时,变压器原边和副边中电流立刻变为 0,因此整流二极管 D_1 截止,续流二极管 D_2 导通续流。变压器中的磁化能量转移到绕组 W_3 中,并在绕组 W_3 上感应出上正下负的电压,该电压迫使磁复位二极管 D_3 导通,磁化能量被回馈到输入电源中,变压器铁心磁复位,铁心中磁通 Φ 线性下降。该过程对应于图 3.44(b)。

在经历过上述两个状态以后,电路可能的工作状态有两种:一种是铁心磁复位完成,磁复位二极管 D_3 截止,而电感电流继续通过续流二极管 D_2 续流;另一种工作状态是电感电流变为 0,续流二极管 D_2 截止,而变压器的铁心继续保持磁复位状态。这两种状态分别如图 3.44(c)和图 3.44(d)所示。

最后一个可能的状态就是电路中的电感电流变为 0,铁心的磁复位完成,此时,负载仅由输出滤波电容供电。该过程对应于图 3.44(e)。

电路正常工作时,可能只会经历上述 5 个状态中的几个。按照电路中的电感电流的工作状态,可将电路分为 CCM 状态模式和 DCM 状态模式。CCM 状态模式经历的状态有:状态 1+状态 2+状态 3;而 DCM 状态模式经历的状态有:状态 1+状态 2+状态 3+状态 5 或状态 1+状态 2+状态 4+状态 5。

3.2.2.2　CCM 状态时的主要关系

正激型变换器在 CCM 状态时电路中的主要波形如图 3.45 所示。

根据图 3.43 中所标注的电压和电流量的关系,由基尔霍夫电压电流定律得

$$\begin{cases} U_i = u_{W1} + u_S \\ u_{W2} = u_{D2} - u_{D1} \\ u_{W2} = u_L + U_o - u_{D1} \\ U_i = u_{W3} + u_{D3} \\ i_L = i_C + I_o \end{cases} \quad (3-75)$$

模态 1:$t_0 \sim t_1$

在开关管通时间内($t_0 \sim t_1$),$u_S = 0$,$u_{D1} = 0$,根据式(3-75)可得 $u_{W1} = U_i$,则 $u_{W2} = U_i/k_{T12}$,$u_{W3} = U_i/k_{T13}$,$u_{D2} = u_{W2} = U_i/k_{T12}$,因此 $u_L = U_i/k_{T12} - U_o$。在该段时间内,变压器原边的电流包括两部分,一部分是变压器的励磁电流,另一部分是变压器原边折算而来的电流。因为每一个开关周期的开关管开通时刻(t_0),变压器的励磁电流都是从 0 开始线性增加的,所以励磁电流在该段时

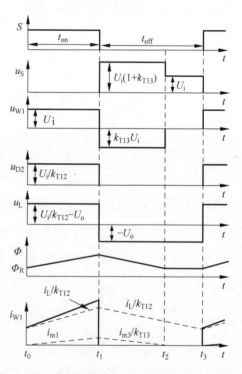

图 3.45　正激型变换器在 CCM 状态时的工作波形

间内的表达式为

$$i_{m1} = \frac{U_i}{L_{W1}}t \quad t \in (0, t_{on}) \tag{3-76}$$

励磁电流的上升量为

$$\Delta i_{m1} = \frac{U_i}{L_{W1}}DT \tag{3-77}$$

变压器原边电流的表达式为

$$i_{W1} = i_{m1} + \frac{i_L}{k_{T12}} \quad t \in (0, t_{on}) \tag{3-78}$$

变压器铁心中磁通量的增量为

$$\Delta \Phi_{(+)} = \frac{U_i DT}{N_{W1}} \tag{3-79}$$

滤波电感电流的增加量为

$$\Delta i_{L(+)} = \frac{(u_{W2} - U_o)t_{on}}{L} = \frac{(U_i/k_{T12} - U_o)DT}{L} \tag{3-80}$$

模态 2：$t_1 \sim t_2$

开关管关断以后，磁化能量以电流的形式转移到线圈 W_3 绕组上。铁心经 D_3 磁复位，滤波电感经二极管 D_2 续流，因此 $u_{D2}=0$，$u_{D3}=0$，根据式(3-75)可得 $u_{W3}=U_i$，$u_{W1}=k_{T13}U_i$，$u_S=(1+k_{T13})U_i$，$u_L=-U_o$。令变压器铁心磁复位所需时间为 ΔDT，则励磁电流在该段时间内的下降量为

$$\Delta i_{m3} = \frac{U_i}{L_{W3}}\Delta DT \tag{3-81}$$

变压器铁心中磁通量的下降量为

$$\Delta \Phi_{(-)} = \frac{U_i \Delta DT}{N_{W3}} \tag{3-82}$$

滤波电感电流的下降量为

$$\Delta i_{L(1-)} = \frac{-U_o \Delta DT}{L} \tag{3-83}$$

模态 3：$t_2 \sim t_3$

铁心磁复位完成后，开关管截止，滤波电感继续经二极管 D_2 续流，则 $u_{W1}=u_{W2}=u_{W3}=0$，$u_{D3}=U_i$。

滤波电感电流的下降量为

$$\Delta i_{L(2-)} = \frac{-U_o(1-D-\Delta D)T}{L} \tag{3-84}$$

根据电感电流的增加量和下降量相等，即 $\Delta i_{L(+)} = \Delta i_{L(1-)} + \Delta i_{L(2-)}$，可以得到输出电压与输入电压之间的关系

$$\frac{U_o}{U_i} = \frac{N_{W2}}{N_{W1}}D = \frac{D}{k_{T12}} \tag{3-85}$$

必须注意：状态 2 持续的时间不能超过 $(1-D)T$，即

$$\Delta D < 1 - D \tag{3-86}$$

如果不满足式(3-86)，则铁心磁复位还没有完成时，下一周期又开始，这样最终会导致

铁心磁饱和。由式(3-79)和式(3-82),得

$$\Delta D = \frac{N_{W3}}{N_{W1}} D \qquad (3-87)$$

将式(3-86)代入式(3-85),得

$$N_{W3} \leqslant \frac{1-D}{D} N_{W1} \qquad (3-88)$$

或

$$D \leqslant \frac{N_{W1}}{N_{W1}+N_{W3}} \qquad (3-89)$$

前面说过,正激型电路的变压器副边电路类似于降压型电路,因此正激型电路输出电压的波动值与式(3-9)相同。

正激型电路工作于 DCM 状态时,其工作状况可以结合正激型电路工作于电感 CCM 状态时的情况和降压型电路工作于 DCM 状态时的情况综合分析。

3.2.2.3　CCM 状态和断续的临界条件

正激型电路的电感电流是否连续的判断依据与降压型电路一样,即判断电感电流增量的一半与输出电流的大小关系,因此判断电感电流是否连续的表达式与式(3-16)一样。

除了上述单开关管构成的正激型电路以外,另一种常用的正激型电路为双管正激型电路,其电路如图 3.46 所示。开关管 S_1 和 S_2 同时开通,同时关断。在开关管导通时,变压器正向磁化,在开关管关断以后,磁化电流经二极管 D_3 和 D_4 返回到输入电源,铁心磁复位。该电路不需要专门外加磁复位绕组,因此设计过程相对简单,其应用也非常广泛。

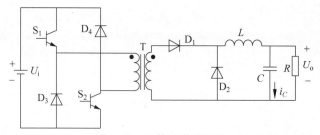

图 3.46　双管正激型电路

正激型电路简单可靠,广泛用于功率为数百瓦到数千瓦的开关电源中,但电路中变压器铁心仅工作于磁化曲线的第一象限,其利用率较低,因此常用于对电源体积和重量要求不高的场合。

3.2.2.4　MATLAB/Simulink 仿真验证

采用 MATLAB/Simulink 建立的 Forward 变换器的模型如图 3.47 所示,模型中,$U_i =$ 100V,变压器的 3 绕组匝比为 $N_{W1} : N_{W2} : N_{W3} = 100 : 150 : 80$,变压器原边绕组的自感等于 3mH,$L = 1$mH,$C = 220\mu$F,开关频率为 20kHz。

图 3.48 为 $D = 0.5$,$R = 20\Omega$ 时 Forward 变换器的工作波形,根据式(3-16)可知,变换器工作于 CCM;根据式(3-87)可得,磁复位需要的时间为 $0.4T$(即从开关管关断开始至磁复位线圈 W3 电流变为 0 为止)。可以看出,变压器原边的电流 i_{W1} 要大于电感电流折算到原边的值($1.5i_L$),其原因是变压器原边电流不仅包含了副边折算到原边的电流值,还包含励磁电流;在变压器磁复位完成以后,变压器 3 个绕组上的电压均等于 0,因此开关管上的电压在磁复位完成后承受的电压由原来的 225V($(1+N_{W1}/N_{W3})U_i$)变为 100V(U_i)。输出电压波动值的理论计算值与 Buck 变换器的输出电压波动值一致,计算结果与仿真得到的大小一致。

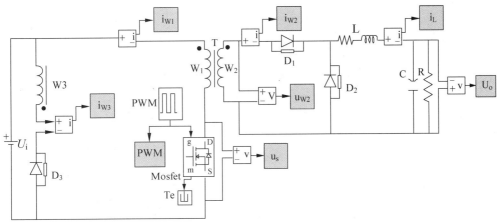

图 3.47 Forward 变换器的 Simulink 模型

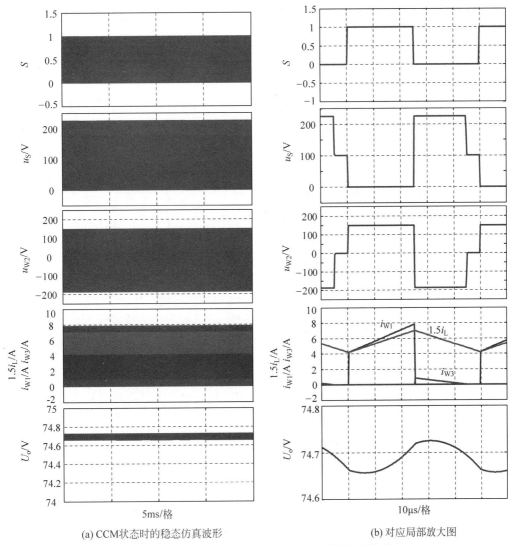

(a) CCM状态时的稳态仿真波形 (b) 对应局部放大图

图 3.48 Forward 变换器在 CCM 状态时的仿真波形

($D = 0.5$ $R = 20\Omega$ $N_{W1} : N_{W2} : N_{W3} = 100 : 150 : 80$)

图 3.49 为 $D=0.4$，$R=100\Omega$ 时 Forward 变换器的工作波形，根据式（3-16）可知，变换器工作于 DCM 状态；仿真波形与 CCM 状态时的主要区别为电感电流波形以及由此引起的变压器绕组电流的变化，而由电流变化引起的电压变化与 CCM 时也基本相同，所不同的是整流二极管 D_1 与 D_2 承受的电压在滤波电感电流变为 0 时将发生变化（仿真波形未给出）。

除了图 3.49 所示的一种 DCM 工作情况以外，还有一种 DCM 情况，即滤波电感电流 i_L 先于磁复位电流 i_{W3} 降低到 0，图 3.50 即给出了这种情况，仿真参数仅在图 3.49 的基础上将变压器的第 3 绕组 W3 的匝数变为了 120 匝，根据式（3-81），此时磁复位所需要的时间会变长，因此，在电流 i_L 下降到 0 时，变压器的磁化电流仍大于零。虽然磁复位时间变长对最大占空比提出了要求，但是较多的磁复位绕组的匝数带来的好处是开关管承受的电压等级将降低。

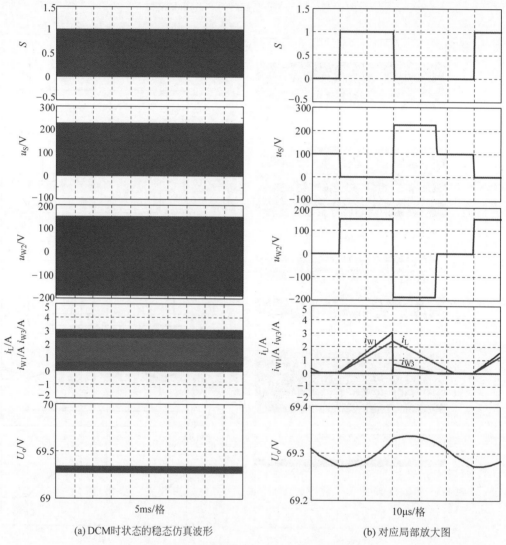

(a) DCM 时状态的稳态仿真波形 (b) 对应局部放大图

图 3.49 Forward 变换器在 DCM 状态时的仿真波形

$(R=100\Omega, D=0.4, N_{W1}：N_{W2}：N_{W3}=100：150：80)$

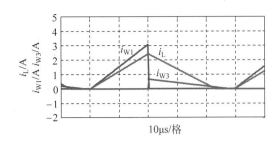

图 3.50 Forward 变换器改变复位绕组匝数后的对应电流波形

$(R=100\Omega,D=0.4,N_{\mathrm{w1}}:N_{\mathrm{w2}}:N_{\mathrm{w3}}=100:150:120)$

例 3.5 一单管正激型电路,输入电压为 110V,要求输出电压为 270V,占空比 D 为 0.6,电路工作在电感 CCM 状态,如果变压器原边绕组 W1 的匝数为 120 匝,请问:

(1) 变压器副边绕组 W2 是多少匝?

(2) 变压器副边绕组 W3 最多为多少匝?

(3) 如果 W3 的匝数为 60 匝,请问开关管承受的最大电压为多少?

解:(1) 因为电路工作在电感 CCM 状态,根据式(3-85),得

$$N_{\mathrm{W2}}=\frac{U_{\mathrm{o}}N_{\mathrm{W1}}}{U_{\mathrm{i}}D}=\frac{270\times120}{110\times0.6}\approx491\ \text{匝}$$

(2) 为保证铁心能安全复位,根据式(3-88),得

$$N_{\mathrm{W3}}\leqslant\frac{1-D}{D}N_{\mathrm{W1}}=\frac{0.4}{0.6}\times120=80\ \text{匝}$$

(3) 在开关管关断并且在铁心复位时,开关管承受的电压最大,此值为

$$u_{\mathrm{S}}=U_{\mathrm{i}}+\frac{N_{\mathrm{W1}}}{N_{\mathrm{W3}}}U_{\mathrm{i}}=3U_{\mathrm{i}}=330\mathrm{V}$$

3.2.3 半桥型(Half-bridge)电路

半桥型变换器的主电路如图 3.51 所示,它由两个开关管 S_1 和 S_2、两个输入均压电解电容 C_1 和 C_2、高频变压器 T、全桥整流电路($D_1\sim D_4$)以及 LC 二阶低通滤波器构成的。该电路为两级式结构,第一级将直流电逆变成高频的方波交流电,再经高频变压器进行电气隔离,第二级电路将方波交流电整流为直流电。变压器前级电路为一半桥逆变电路,因此作用于变压器上的电压为正负对称的交流方波,变压器铁心在磁化曲线的第一和第三象限内来回磁化。变压器 2 个绕组的匝数分别为 N_{w1} 和 N_{w2},变压器变比 $k_{\mathrm{T}}=N_{\mathrm{w1}}/N_{\mathrm{w2}}$。如果输出电压较低时,变压器采用输出双副边变压器,整流电路采用全波整流。

3.2.3.1 半桥型电路的工作原理

半桥型电路中,S_1 和 S_2 构成的支路称为一个桥臂,同一个桥臂上的两个开关管不能同时导通,两个开关管采用 PWM 控制方式进行控制,且各自的占空比都小于 0.5。在电路工作过程中,电路经历的状态可能有 4 个,分别如图 3.52(a)、(b)、(c)和(d)所示。

假设输入均压电容 C_1 和 C_2 的容值非常大,且均分输入电压 U_{i},即图 3.52 中 B 点的电位为 $U_{\mathrm{i}}/2$(假设输入电源的负端电位为 0)。

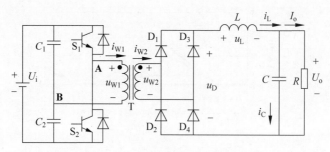

图 3.51　半桥型变换器的主电路图

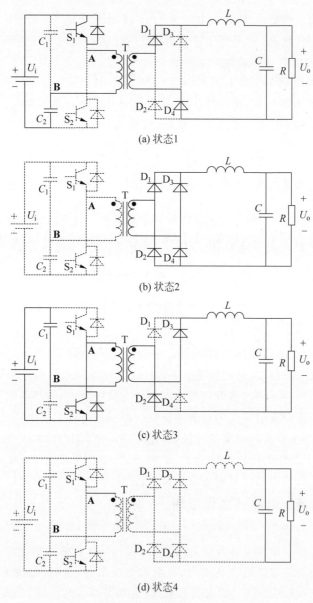

(a) 状态1

(b) 状态2

(c) 状态3

(d) 状态4

图 3.52　半桥型变换器电路的 4 个工作状态

开关管 S_1 导通时,变压器原边电压 u_{W1} 为正值,变压器铁心正向磁化,磁化电流从反向最大值向正向最大值变化,即铁心中磁通 Φ 从反向最大值向正向最大值变化。变压器副边电压 u_{W2} 为一正值,全桥整流电路中 D_1 和 D_4 导通,D_2 和 D_3 截止,电感电压和电流参考方向一致,电感电流 i_L 线性增加。该过程对应于图 3.52(a)。

当开关管 S_1 关断以后,S_2 导通之前,整流桥中的 4 个二极管($D_1 \sim D_4$)全部导通续流,电感承受反向电压,大小为输出电压,电感电流 i_L 线性下降。S_1 关断时刻,变压器原边中的励磁电流转移到变压器副边,保持励磁能量不变。因为变压器副边电压 u_{W2} 为 0,所以此时变压器铁心中的磁通 Φ 不变。该过程对应于图 3.52(b)。

开关管 S_2 导通时,变压器原边电压 u_{W1} 为负值,变压器铁心反向磁化,磁化电流从正向最大值向反向最大值变化,即铁心中磁通 Φ 从正向最大值向反向最大值变化。变压器副边电压 u_{W2} 为一负值,全桥整流电路中 D_2 和 D_3 导通,D_1 和 D_4 截止,电感电压和电流参考方向一致,电感电流 i_L 线性增加。该过程对应于图 3.52(c)。

当开关管 S_2 关断以后,S_1 导通之前,电路工作状态重复图 3.52(b)所示状态。

如果在开关管关断的时间内,电感电流下降到 0,那么电路中仅仅由存储在电容中的电能给负载提供能量,该过程对应于图 3.52(d)。

按照滤波电感 L 的电流 i_L 是否连续,可将电路分为 CCM 状态和 DCM 状态。CCM 状态在一个开关周期内依次经历的状态有:状态 1+状态 2+状态 3+状态 2;而 DCM 状态在一个开关周期内依次经历的状态有:状态 1+状态 2+状态 4+状态 3+状态 2+状态 4。

3.2.3.2 CCM 状态时的主要关系

半桥型变换器在 CCM 状态时电路中的主要波形如图 3.53 所示。

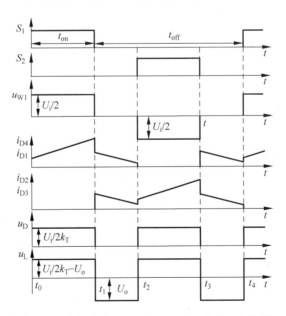

图 3.53 半桥型变换器在 CCM 状态时的工作波形

根据图 3.51 中所标注的电压和电流量的关系,由基尔霍夫电压电流定律得

$$\begin{cases} U_i = u_{S1} + u_{W1} + U_{C2} \\ U_i = U_{C1} - u_{W1} + u_{S2} \\ u_D = u_L + U_o \\ i_L = i_C + I_o \end{cases} \tag{3-90}$$

电路在正常工作状态下，两个输入滤波均分输入电压，即 $U_{C1} = U_{C2} = U_i/2$。

注意：因为半桥型电路有两个开关管，其占空比的定义与前面所讲的电路不同，

$$占空比\ D = \frac{t_{on}}{(t_{on} + t_{off})/2} = \frac{t_{on}}{T/2}$$

模态 1：$t_0 \sim t_1$

开关管 S_1 导通时（$t_0 \sim t_1$），$u_{S1} = 0$，$u_{S2} = U_i$，$u_{D1} = u_{D4} = 0$，根据式（3-90）可得 $u_{W1} = U_i/2$，则 $u_{W2} = U_i/2k_T$，$u_D = u_{W2} = U_i/2k_T$，因此 $u_L = U_i/2k_T - U_o$。二极管 D_2 和 D_3 截止，而二极管 D_1 和 D_4 与电感串联，因此在此阶段内，$i_{D1} = i_{D4} = i_L$，$i_{D1} = i_{D4} = 0$。电感电流与电感电压的方向一致，电感电流线性增加，增加量为

$$\Delta i_{L(+)} = \frac{(u_D - U_o)t_{on}}{L} = \frac{(U_i/2k_T - U_o)DT}{2L} \tag{3-91}$$

模态 2：$t_1 \sim t_2$

开关管 S_1 关断时刻（t_1），滤波电感电流保持原来方向继续流动，二极管 D_1 和 D_4 继续保持导通状态，则变压器副边中的电流也保持原来的流向；在变压器原边电路中的电流也应继续保持原来的流向，所以与开关管 S2 并联的二极管导通续流，变压器原边电压变负，即 $u_{W1} = -U_i/2$，这使得二极管 D_2 和 D_3 导通。由于 4 个整流二极管同时导通，将变压器副边的电压钳在 0 位，即 $u_{W2} = 0$，那么变压器原边的电压也变为 0，此时原边中无电流流过，二极管 D_2 和 D_3 中的电流快速增加到与二极管 D_1 和 D_4 中的电流相等，即此刻 $i_{D1} = i_{D2} = i_{D3} = i_{D4} = i_L/2$。因为以上过程是瞬时完成的，在图 3.53 所示的波形图中没有对应的具体过程。

开关管 S1 关断以后（$t_1 \sim t_2$），$u_{W1} = u_{W2} = 0$，$u_D = 0$，$u_L = -U_o$。4 个整流二极管同时导通续流，且两个支路均分电感电流 i_L。电感电流在该段时间内的下降量为

$$\Delta i_{L(-)} = -\frac{U_o(1-D)T}{2L} \tag{3-92}$$

模态 3：$t_2 \sim t_3$

开关管 S_2 导通时（$t_2 \sim t_3$），$u_{S1} = U_i$，$u_{S2} = 0$，$u_{D2} = u_{D3} = 0$，根据式（3-90）可得 $u_{W1} = -U_i/2$，则 $u_{W2} = -U_i/k_T$，$u_D = -u_{W2} = U_i/k_T$，因此 $u_L = U_i/k_T - U_o$。二极管 D_1 和 D_4 截止，二极管 D_2 和 D_3 与电感串联，因此在此阶段内，$i_{D2} = i_{D3} = i_L$，$i_{D1} = i_{D4} = 0$。电感电流与电感电压的方向一致，电感电流线性增加，增加量与式（3-91）大小相等。

模态 4：$t_3 \sim t_4$

t_3 时刻，开关管 S_2 关断，该过程电路的工作状况与状态 2 相同。

电路正常工作时，电感电流增加量等于电感电流下降量，即 $\Delta i_{L(+)} = |\Delta i_{L(-)}|$，可得

$$\frac{U_o}{U_i} = \frac{D}{2k_T} \tag{3-93}$$

半桥型电路中变压器副边的电路类似于前面所讲的降压型电路，但是对于电感电流和电容电流来说，一个开关周期内上下波动了两次，因此 LC 滤波器的输入电压的频率为电路

开关频率的两倍,根据前面推导输出电压波动值的推导过程得

$$\Delta U_{\circ} = \frac{(1-D)U_{\circ}}{8LC(2f)^2} = \frac{(1-D)U_{\circ}}{32LCf^2} \tag{3-94}$$

在 DCM 状态时,输入输出电压的关系以及 CCM 状态的临界条件可以按照前面降压型电路中的方法推导,本节就不再另作推导。

半桥型电路中变压器铁心在磁化曲线的第一和第三象限内来回磁化,因此变压器利用率高,可以广泛应用在数百瓦到数千瓦的开关电源中。而且与全桥型电路相比,半桥型电路所用开关器件少,成本相对较低。

3.2.3.3　MATLAB/Simulink 仿真验证

采用 MATLAB/Simulink 建立的 Half-bridge 变换器的模型如图 3.54 所示,模型中,$U_i = 100\text{V}$,变压器的变比为 $k_T = 1:4$,滤波电感 $L = 1\text{mH}$,滤波电容 $C = 220\mu\text{F}$,开关频率为 20kHz,负载电阻 $R = 100\Omega$。

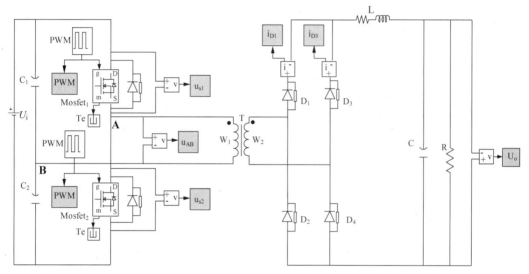

图 3.54　Half-bridge 变换器的 Simulink 模型

图 3.55 为 $D = 0.6$ 时的仿真波形,变换器工作于 CCM 状态;可以看出,开关管 S_1 或者 S_2 导通时,电感电流增加;两个开关管都关断时,电感电流下降,4 个整流二极管均续流,且两条续流支路均分电感电流 i_L。输出电压的波动值为 0.036V,与式(3-94)计算所得结果相等。

例 3.6　一个半桥型变换器,电路如图 3.51 所示,其输入电压为 100V,输出电压为 300V,输出电流额定值为 10A,电路工作的占空比为 0.6,滤波电感的大小为 0.5mH,电路中开关管的工作频率为 50kHz,问:

(1) 电路工作在 CCM 状态还是 DCM 状态?

(2) 变压器的变比是多少?

(3) 画出开关管 S_1 两端的电压波形,滤波电感两端电压波形 u_L 以及流过整流二极管 D_1 的电流波形。

解:(1) 对于电感电流是否连续可以按照推导出的具体公式进行判断,也可以按照

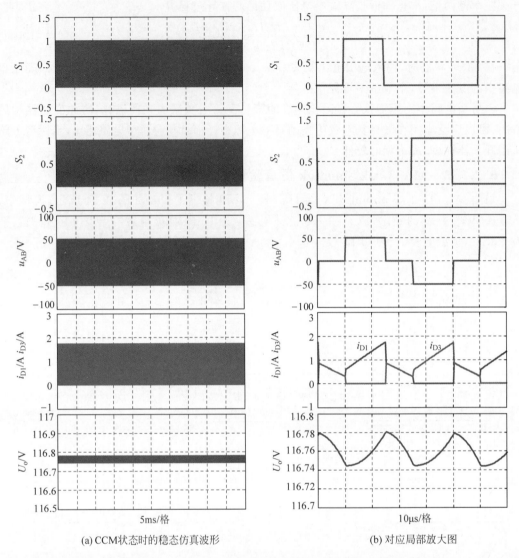

(a) CCM状态时的稳态仿真波形   (b) 对应局部放大图

图 3.55   Half-bridge 变换器在 CCM 状态时的仿真波形

图 3.5,判断电感电流增量的一半与输出电流的大小。

在开关管关断时,电感电流下降量为

$$|\Delta i_{L(-)}| = \frac{U_o(1-D)T}{2L} = \frac{300 \times 0.4 \times 20 \times 10^{-6}}{10^{-3}} = 2.4\text{A}$$

因为 $\Delta i_L/2 < I_o$,因此电路工作于 CCM 状态。

(2) 在 CCM 状态时,根据式(3-93),得

$$k_T = \frac{DU_i}{2U_o} = \frac{0.6 \times 100}{2 \times 300} = 0.1$$

(3) 根据前文所述,分别求得在各个状态中的电压电流值如图 3.56 所示。

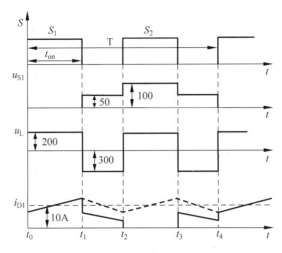

图 3.56 半桥型电路电压、电流波形

3.2.4 全桥型(Full-bridge)变换器

全桥型电路的结构与半桥型电路类似,其电路结构如图 3.57 所示。

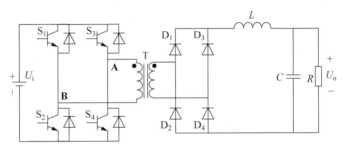

图 3.57 全桥型变换器的电路图

全桥型电路与半桥型电路的主要区别是:全桥型电路的前级是由 4 个开关管构成的全桥逆变器,而半桥型电路的前级是由两个均压电容和两个开关管构成的半桥逆变器。全桥型电路中,开关管 S_1 和 S_2 组成一个桥臂,S_3 和 S_4 组成另外一个桥臂,同一桥臂上的两个开关管不能同时导通。

全桥型电路常用的控制方法有:常规 PWM 控制和移相 PWM 控制。常规 PWM 控制方法是将对角的两个开关管分为一组,即 S_1 和 S_4 为一组,S_2 和 S_3 为另一组。同组开关管同时导通,两组的开关管不能同时导通,通过调节开关管的占空比来调节输出电压的大小。采用常规 PWM 控制方式时,全桥型电路的工作过程与上节所介绍的半桥型电路工作过程类似。移相 PWM 控制方法将两个桥臂分别称为超前桥臂和滞后桥臂,开关管全部采用 $180°$ 导通方式,开关管 S_1 导通超前 S_4 一个角度 θ,S_2 导通超前 S_3 同样的角度 θ,通过调节角度 θ 的大小就可以调节输出电压的大小。

图 3.57 给出的整流电路为一桥式整流电路,如果变压器副边带中心抽头,则也可以采用两个二极管构成的全波整流电路,下一节中所介绍的推挽型电路就是采用的全波整流电路。

半桥型电路和全桥型电路在输入电压相等时,半桥型电路中变压器原边承受的电压为全桥型电路原边电压的一半,因此,全桥型电路输出电压与输入电压之间的关系为

$$\frac{U_{\mathrm{o}}}{U_{\mathrm{i}}} = \frac{D}{k_{\mathrm{T}}} \tag{3-95}$$

即在相同占空比和相同输入电压的情况下,全桥型电路输出电压为半桥型电路输出电压的两倍。全桥型电路电压的波动公式、在电感 DCM 状态下的输出电压公式都可以按照其基本关系推导。

全桥型电路中的变压器铁心双向磁化,其铁心利用率高,因此全桥型电路常用于大功率输出的开关电源中,输出功率范围从几百瓦到几十千瓦,而且移相控制的全桥型电路适当增加一些无源元件,就可以实现开关管的软开关,可进一步增大电路的输出功率范围。

全桥型变换器的仿真情况非常类似于半桥型变换器,只有变压器原边电压 u_{AB} 幅值等于输入电压,而半桥型变换器的变压器原边电压 u_{AB} 幅值等于输入电压的一半,其余波形特征基本一致,这里不再赘述。

3.2.5 推挽型(Push-Pull)电路

推挽型变换器的主电路如图 3.58 所示,它由两个开关管 S_1 和 S_2、整流二极管 D_1 和 D_2、变压器 T 以及电感和电容构成的 LC 二阶低通滤波器组成。同全桥和半桥型电路一样,推挽型电路也是两级式的结构,第一级是两个开关管 S_1、S_2 和变压器构成了一个逆变器电路,第二级为二极管 D_1 和 D_2 构成的整流电路将交流电变换为直流电。注意:推挽型电路中的变压器结构和前面电路中的变压器不一致,它的原边带中心抽头,通过两个开关管的轮流导通在变压器原边的两个绕组上感应出交流电,因此变压器铁心在磁化曲线的第一和第三象限内来回磁化。一般情况下,变压器原边两个绕组的匝数相等,副边两个绕组的匝数也相等,匝数分别为 N_{W1} 和 N_{W2},令变压器变比 $k_{\mathrm{T}} = N_{\mathrm{W1}}/N_{\mathrm{W2}}$。

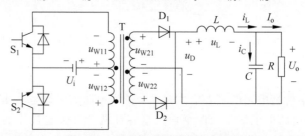

图 3.58　推挽型变换器的主电路图

3.2.5.1　推挽型电路的工作原理

推挽型电路中,开关管 S_1 和 S_2 都采用 PWM 控制方式进行控制,调节占空比就可以调节输出电压的大小。在电路工作过程中,电路经历的过程可能有 4 种,分别如图 3.59(a)、(b)、(c)和(d)所示。

开关管 S_1 导通时,变压器原边电压 u_{W11} 等于输入电压,变压器铁心正向磁化,磁化电流从反向最大值向正向最大值变化,即铁心中磁通 Φ 从反向最大值向正向最大值变化。变压器副边电压 u_{W21} 为一正值,二极管 D_1 导通,D_2 截止,变压器向滤波电感提供能量。因为电感电压和电流参考方向一致,电感电流 i_{L} 线性增加。该过程对应于图 3.59(a)。

当开关管 S_1 关断以后,并在 S_2 导通之前,全波整流电路中的两个二极管 D_1 和 D_2 都导通续流,电感承受反向输出电压,电感电流 i_{L} 线性下降。S_1 关断时刻,变压器原边中的励磁电流转移到变压器副边,并保持励磁能量不变。变压器副边电压被钳位在 0V,因此变压

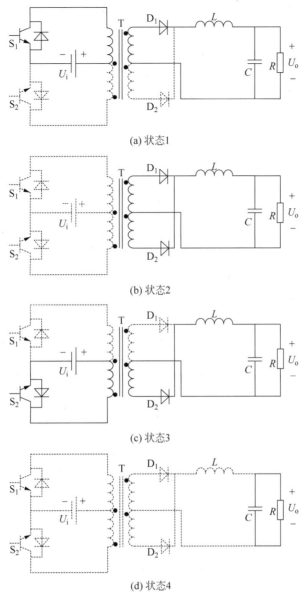

(a) 状态1

(b) 状态2

(c) 状态3

(d) 状态4

图 3.59　推挽变换器电路的 4 个工作状态

器原边电压也为 0V。因为变压器副边电压为 0,所以此时变压器铁心中的磁通 Φ 不变。励磁电流转移到变压器副边后,会引起两个整流二极管中电流微小的变化,其差值就等于变压器的励磁电流。该过程对应于图 3.59(b)。

开关管 S_2 导通时,变压器原边电压 u_{W12} 为负值,变压器铁心反向磁化,磁化电流从正向最大值向反向最大值变化,即铁心中磁通 Φ 从正向最大值向反向最大值变化。变压器副边电压 u_{W22} 为一正值,整流电路中 D_2 导通,D_1 截止,电感电压和电流参考方向一致,电感电流 i_L 线性增加。该过程对应于图 3.59(c)。

当开关管 S_2 关断以后,S_1 导通之前,电路工作状态重复图 3.59(b)所示状态。

如果在开关管关断时,电感电流下降到 0,即电感中存储的能量完全释放,则电路中仅

91

仅由存储在电容中的电能给负载提供能量,该过程对应于图 3.59(d)。

按照滤波电感 L 的电流 i_L 是否连续,可将电路分为 CCM 状态和 DCM 状态。CCM 状态在一个开关周期内依次经历的状态有:状态 1+状态 2+状态 3+状态 2;而电感 DCM 状态在一个开关周期内依次经历的状态有:状态 1+状态 2+状态 4+状态 3+状态 2+状态 4。

3.2.5.2　CCM 状态时的主要关系

推挽型变换器在 CCM 状态时电路的主要波形如图 3.60 所示。

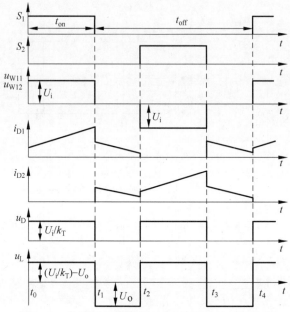

图 3.60　推挽型变换器在 CCM 状态时的工作波形

根据图 3.58 中所标注的电压和电流量的参考方向,由基尔霍夫电压电流定律得

$$\begin{cases} U_i = u_{S1} + u_{W11} \\ U_i = -u_{W12} + u_{S2} \\ u_D = u_L + U_o \\ u_{W21} = -u_{D1} + u_D \\ u_{W22} = -u_{D2} + u_D \\ i_L = i_C + I_o \end{cases} \tag{3-96}$$

推挽型电路的占空比定义与半桥型电路和全桥型电路一致。

模态 1:$t_0 \sim t_1$

开关管 S_1 导通时($t_0 \sim t_1$),$u_{S1} = 0$,$u_{W11} = u_{W12} = U_i$,则 $u_{S2} = 2U_i$;$u_{W21} = -u_{W22} = U_i/k_T$,$u_{D1} = 0$,根据式(3-96)可得 $u_D = u_{W21} = U_i/k_T$,因此 $u_L = U_i/k_T - U_o$。二极管 D_2 截止,二极管 D_1 与电感串联,因此在此阶段内,$i_{D1} = i_L$,$i_{D2} = 0$。电感电流和电感电压与参考方向一致,电感电流线性增加,增加量为

$$\Delta i_{L(+)} = \frac{(u_D - U_o)t_{on}}{L} = \frac{(U_i/k_T - U_o)DT}{2L} \tag{3-97}$$

模态 2:$t_1 \sim t_2$

开关管 S1 关断以后($t_1 \sim t_2$),$u_{W21} = u_{W22} = 0$,$u_D = 0$,$u_L = -U_o$。两个整流二极管同

时导通续流,且两个支路均分电感电流 i_L。电感电流在该段时间内的下降量为

$$\Delta i_{L(-)} = -\frac{U_o(1-D)T}{2L} \tag{3-98}$$

模态 3:$t_2 \sim t_3$

开关管 S_2 导通时($t_2 \sim t_3$),$u_{S2}=0$,$u_{S1}=2U_i$,$u_{D2}=0$,根据式(3-96)可得 $u_{W11}=-U_i$,则 $u_{W22}=-u_{W21}=U_i/k_T$,$u_D=-u_{W22}=U_i/k_T$,因此 $u_L=U_i/k_T-U_o$。二极管 D_1 截止,二极管 D_2 导通,且与电感串联,因此在此阶段内,$i_{D2}=i_L$,$i_{D1}=0$。电感电流与电感电压的方向一致,电感电流线性增加,增加量与式(3-97)大小相等。

模态 4:$t_3 \sim t_4$

t_3 时刻,开关管 S_2 关断,该过程电路的工作状况与状态 2 相同。

电路正常工作时,电感电流增加量等于电感电流下降量,即 $\Delta i_{L(+)}=|\Delta i_{L(-)}|$,可得

$$\frac{U_o}{U_i}=\frac{D}{k_T} \tag{3-99}$$

推挽型电路中变压器副边的电路类似于前面所讲的降压型电路,但是对于电感电流和电容电流来说,一个开关周期内上下波动了两次,因此 LC 滤波器输入电压的频率为电路开关频率的 2 倍,根据前面推导输出电压波动值的推导过程,可得与式(3-94)相同的表达式。

在电感 DCM 状态时,输入输出电压的关系以及 CCM 状态的临界条件可以按照前面降压型电路中的方法推导,本节不再另作推导。

推挽型电路相对于全桥型电路来讲,其逆变部分在工作时,顶多一个开关管投入工作,因此其损耗较少,这对于输入电压较低的应用场合比较合适。此外,因为推挽型电路中的两个开关管共地,因此推挽型电路的驱动电路相对半桥型电路和全桥型电路的驱动相对简单。

3.2.5.3 MATLAB/Simulink 仿真验证

采用 MATLAB/Simulink 建立的 Push-Pull 变换器的模型如图 3.61 所示,模型中,$U_i=100\text{V}$,变压器的变比为 $k_T=1:3$,滤波电感 $L=1\text{mH}$,滤波电容 $C=220\mu\text{F}$,开关频率为 20kHz,负载电阻 $R=10\Omega$。

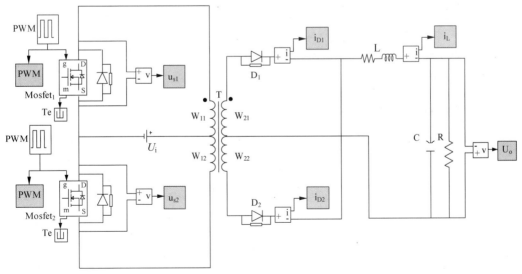

图 3.61 Push-Pull 变换器的 Simulink 模型

图 3.62 为 $D=0.6$ 时的仿真波形，变换器工作于 CCM 状态；可以看出，开关管 S_1 或者 S_2 导通时，电感电流增加；两个开关管都关断时，电感电流下降，两个整流二极管均续流，且两条续流支路均分电感电流 i_L。输出电压的波动值为 0.05V，与式(3-94)计算所得结果相等。

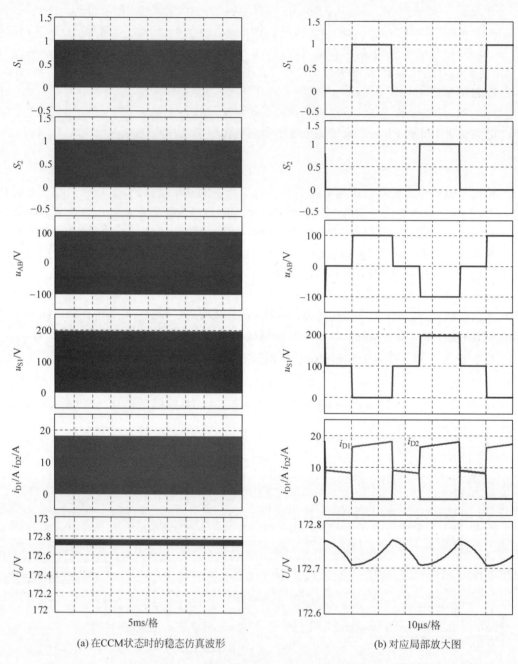

(a) 在CCM状态时的稳态仿真波形　　　(b) 对应局部放大图

图 3.62　Push-Pull 变换器在 CCM 状态时的仿真波形

习题

1. 开关电源基本非隔离型电路包括哪几种电路?

2. 开关电源基本隔离型电路包括哪几种电路?

3. 一个降压型电路,已知输入电压为 24V,输出电压为 12V,滤波电感为 0.2mH,开关管工作频率为 20kHz,电路工作在 CCM 状态,请问至少用多大的滤波电容才能保证输出电压纹波在 12 ± 0.005V 范围内?

4. 已知在一个降压型电路中,输入电压为 300V,采用 PWM 控制方式,其周期 $T_{\text{s}}=50\mu\text{s}$, $t_{\text{on}}=20\mu\text{s}$,滤波电感值极大,求输出电压为多少?

5. 在 Boost 电路中,已知输入电压 $U_{\text{i}}=50$V,L 和 C 很大,负载 $R=20\Omega$,采用脉冲宽度调制方式(PWM),当 $T_{\text{s}}=40\mu\text{s}$,当 $t_{\text{on}}=25\mu\text{s}$ 时,

(1) 计算输出电压 U_{O} 和输出平均电流值 I_{O};

(2) 画出在电感 CCM 状态时,电感电流 i_{L} 和开关管电压 u_{s} 的波形。

6. 一个 CUK 电路,输入电压为 100 ± 10V,输出电压为 160V,开关管工作频率为 50kHz,输出电流额定值为 5A,电感 L_1 极大,电感 L_2 感值为 1mH:

(1) 求占空比 D 的范围为多少? 在占空比最大时,判断电感 L_2 是否处于 CCM 状态;

(2) 画出占空比最大时电感 L_2 的耐压 u_{L2} 与二极管反向耐压 u_{d} 的波形,并在波形图上标注相应值的大小。

7. 说明单管正激型电路与降压型电路的区别和联系。

8. 单管正激型电路如图 3.43 所示,输入电压为 300V,要求输出电压为 100V,占空比 D 为 0.4,电路工作在 CCM 状态,如果变压器副边绕组 W2 的匝数为 80 匝,请问:

(1) 变压器原边绕组 W1 是多少匝?

(2) 变压器副边绕组 W3 最多为多少匝?

(3) 如果 W3 的匝数为 96 匝,请问开关管承受的最大电压为多少? 并画出此时二极管 D_2 和二极管 D_3 两端电压的波形,并标出大小。

9. 一反激型变换器,输入电压为 30V,变压器原边电感感值为 0.1mH,副边电感值为 0.4mH,电路工作频率为 50kHz,电路工作在 CCM 状态,要求输出电压为 24V,输出电流的额定值为 3A,则:

(1) 变压器原边电流的最大值和最小值分别是多少?

(2) 画出开关管上的电压 u_{s} 以及二极管上的反向耐压 u_{d},并标注相应的大小。

10. 说明反激型变换器与升降压型电路之间的区别与联系。

11. 一半桥型变换器,电路如图 3.63 所示,其输出电压为 300V,输入电压为 100V,输出电流额定值为 10A,电路工作的占空比为 0.6,滤波电感的大小为 0.5mH,电路中开关管的工作频率为 50kHz,问:

(1) 电路工作在 CCM 状态还是 DCM 状态?

(2) 电路中变压器的变比是多少?

(3) 画出开关管 S_1 两端的电压波形,滤波电感两端电压波形 u_{L} 以及流过整流二极管

VD$_1$ 的电流波形。

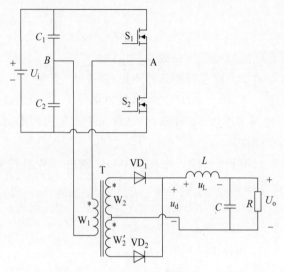

图 3-63 半桥型变换器

12. 一全桥型变换器,电路如图 3.64 所示,输入电压为 450V,输出电压为 270V,变压器的变比 $k_T = 0.8$,滤波电感的值为 1mH,电路工作在 CCM 状态,开关管的动作频率为 25kHz,则:

(1) 为了使电路输出电压波动在 ± 0.01V 范围内变化,滤波电容的大小应该为多少?

(2) 画出在变压器变比为 0.8 时,图中电压 u_{AB},二极管 VD$_1$ 承受的反向电压的波形,并标出其中具体数值。

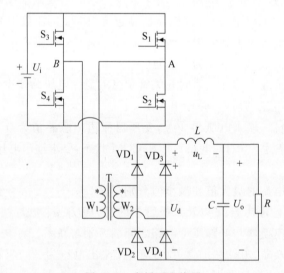

图 3-64 全桥型变换器

第4章

三电平变换器

第3章介绍了9种基本的变换器,其中开关器件承受的电压为输入/输出中的较大者或者数倍于输入/输出电压,而变换器的应用场合越来越多元化,高电压的应用场合对变换器的开关器件提出了很高要求,而目前全控型器件随着额定电压的增加其导通阻抗或导通压降随之增加,且最高开关频率受限。为了在较高电压场合下仍获得较高的变换器性能,20 世纪 80 年代以来,三电平(或多电平)变换器相继问世,使得开关器件的耐压等级降低,变换器的性能提高。此外,三电平变换器中,经开关器件变换后,可以得到变化幅度较低的方波电压,相同输出质量下,三电平变换器可以采用较小尺寸的滤波器。

本章首先详细介绍 Buck 三电平变换器,在此基础上推广到以其他基本变换器为基础构建的三电平变换器。

4.1 Buck 三电平变换器

常见的 Buck-TL 变换器有两种拓扑形式,分别为分压电容式 Buck-TL 变换器与飞跨电容式 Buck-TL 变换器,分别如图 4.1(a)、(b)所示。TL 变换器的一项重要功能就是降低变换器中的开关管耐压,而飞跨电容式 Buck-TL 变换器由于飞跨电容的电压建立需要一定的时间,因此在该电压建立过程中,变换器中的开关管与二极管的耐压大小仍然与普通的 Buck 变换器一样,这就失去了三电平变换器的一大优势。飞跨电容式 Buck-TL 变换器必须采用与普通 Buck 变换器同样电压等级,而采用数量更多的开关器件实现相同的功能,这明显是不经济的,因此本章主要介绍分压电容式 Buck-TL 变换器。

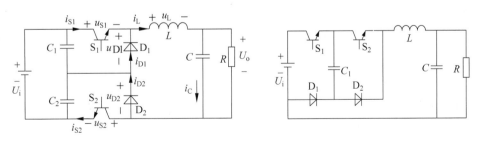

(a) 分压电容式Buck-TL变换器   (b) 飞跨电容式Buck-TL变换器

图 4.1 两种 Buck-TL 变换器的拓扑形式

4.1.1　Buck-TL 变换器的工作模式

图 4.1(a)所示的分压电容式 Buck-TL 变换器中,电容 C_1 与 C_2 均分输入电压 U_i,开关管 S_1 与 S_2 在开关周期内开通时间可以从 0 至整个周期变化,且驱动信号之间有 $180°$ 相位差,一个开关周期内,电路的工作状态分占空比 $D<0.5$ 与 $D>0.5$ 两种情况。

1. 两电平工作模式

在开关管的占空比小于 0.5 时,变换器工作在两电平模式,一个开关周期内变换器经历的状态可能有 4 个,分别如图 4.2(a)~(d)所示。占空比小于 0.5 时,开关管 S_1 与 S_2 不能同时导通。

S_1 导通时,电容 C_1 经 S_1、二极管 D_2 向后级 LC 滤波器与负载供电,电感电流线性增加,对应工作状态如图 4.2(a)所示;S_1 关断后,S_2 尚未开通,滤波电感电流 i_L 经二极管 D_1、D_2 续流,电感电流线性下降,对应工作状态如图 4.2(b)所示;S_2 导通时,电容 C_2 经 S_2、二极管 D_1 向后级 LC 滤波器与负载供电,电感电流线性增加,对应工作状态如图 4.2(c)所示;S_2 关断后,S_1 尚未开通,滤波电感电流 i_L 经二极管 D_1、D_2 续流,电感电流线性下降,对应工作状态如图 4.2(b)所示;此外,如果电感电流断续,在开关管 S_1 或 S_2 开通前,电感电流有一段时间保持为零,对应工作状态如图 4.2(d)所示。

如果电路正常工作时,仅仅出现其中的前 3 个工作状态,则变换器此时工作于 CCM 状态;如果电路在正常工作时,出现上述 4 个工作状态,则变换器此时工作于 DCM 状态。

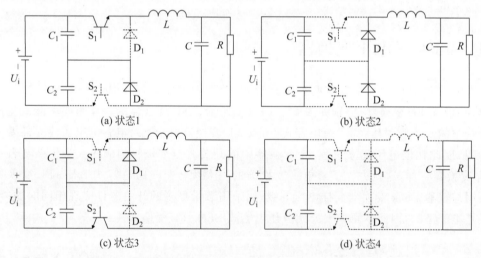

(a) 状态1　　　　　　　　　　　　　　　　(b) 状态2

(c) 状态3　　　　　　　　　　　　　　　　(d) 状态4

图 4.2　分压电容式 Buck-TL 变换器在两电平工作时的模态图

2. 三电平工作模式

在开关管的占空比大于 0.5 时,变换器工作在三电平模式,一个开关周期内变换器经历的状态可能有 4 个,分别如图 4.3(a)~(d)所示。占空比大于 0.5 时,开关管 S_1 与 S_2 会同时导通,且同时导通的时间段有 2 个。

S_1、S_2 同时导通时,输入电源 U_i 经 S_1、S_2 向后级 LC 滤波器与负载供电,电感电流线性增加,对应工作状态如图 4.3(a)所示;S_2 关断后,S_1 继续保持导通,电容 C_1 经 S_1、二极管 D_2 向后级 LC 滤波器与负载供电,电感电流线性下降,对应工作状态如图 4.3(b)所示;S_2 重新开通时,S_1 继续导通,输入电源 U_i 经 S_1、S_2 向后级 LC 滤波器与负载供电,电感电流线性增加,对应工作状态如图 4.3(a)所示;S_1 关断,S_2 继续保持导通,电容 C_2 经 S_2、二极管 D_1 向后级 LC 滤波器与负载供电,电感电流线性下降,对应工作状态如图 4.3(c)所示;此外,如果电感电流断续,在仅有开关管 S_1 或 S_2 导通阶段,电感电流有一段时间保持为零,对应工作状态如图 4.3(d)所示。

如果电路正常工作时,仅仅出现其中的前 3 个工作状态,则变换器此时工作于 CCM 状态;如果电路在正常工作时,出现上述 4 个工作状态,则变换器此时工作于 DCM 状态。

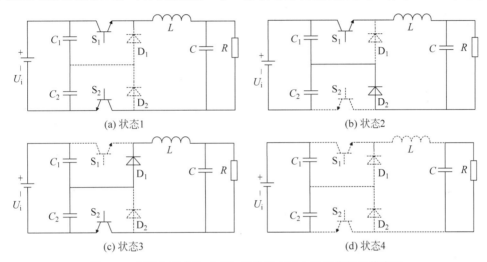

图 4.3　分压电容式 Buck-TL 变换器在三电平工作时的模态图

4.1.2　变换器在两电平工作模式($D<0.5$)时的数量关系

变换器在两电平工作模式时,一个开关周期内可能的主要波形如图 4.4(a)和图 4.4(b)所示。

图 4.4 中,t_{on} 代表开关管开通的时间,t_{off} 为开关管关断的时间,开关管的工作周期为 T,则 $T=t_{on}+t_{off}$ 定义两电平占空比 D_{2L}

$$D_{2L}=\frac{t_1-t_0}{t_4-t_0}=\frac{t_3-t_2}{t_4-t_0}=\frac{t_b-t_a}{t_g-t_a}=\frac{t_e-t_d}{t_g-t_a}=\frac{t_{on}}{T} \tag{4-1}$$

因此,$t_{on}=D_{2L}T$,$t_{off}=(1-D_{2L})T$。

根据图 4.1(a)中所标注的电压和电流量的关系,可由基尔霍夫电压、电流定律得

$$\begin{cases} U_{C1}=U_{C2}=0.5U_i \\ U_{C1}=u_{S1}+u_{D1} \\ U_{C2}=u_{S2}+u_{D2} \\ u_{D1}+u_{D2}=u_L+U_o \\ i_L=i_C+I_o \end{cases} \tag{4-2}$$

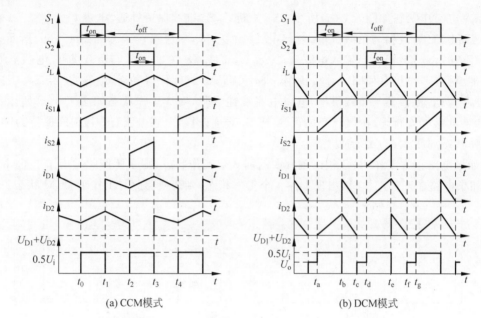

图 4.4　分压电容式 Buck-TL 变换器在两电平($D<0.5$)工作模式时的工作波形

1. CCM 状态

1）过程 1：$t_0 \sim t_1$

开关管 S_1 开通，二极管 D_2 导通，则 $u_{S1}=0$，$u_{D2}=0$，根据式（4-2）可得 $u_{S2}=0.5U_i$，$u_{D1}=0.5U_i$，$u_L=0.5U_i-U_o$。在该段时间内，电感电压保持不变，电感电流线性增加。根据电感电压和电感电流的基本关系式，得这一段时间内电感电流的增加量为

$$\Delta i_{L(+)}=\frac{(0.5U_i-U_o)t_{on}}{L}=\frac{(0.5U_i-U_o)D_{2L}T}{L} \tag{4-3}$$

2）过程 2：$t_1 \sim t_2$

在两个开关管均关断的时间内，$u_{D1}=u_{D2}=0$，根据式（4-2）可得 $u_{S1}=u_{S2}=0.5U_i$，$u_L=-U_o$。在该段时间内，电感电压保持不变，电感电流线性下降。该段时间持续为 $t_2-t_1=0.5(1-2D_{2L})T$，根据电感电压和电感电流的基本关系式，得这一段时间内电感电流的下降量为

$$\Delta i_{L(-)}=-\frac{U_o(t_2-t_1)}{L}=-\frac{U_o(1-2D_{2L})T}{2L} \tag{4-4}$$

3）过程 3：$t_2 \sim t_3$

开关管 S_2 开通，二极管 D_1 导通，则 $u_{S2}=0$，$u_{D1}=0$，根据式（4-2）可得 $u_{S1}=0.5U_i$，$u_{D2}=0.5U_i$，$u_L=0.5U_i-U_o$。在该段时间内，电感电流的增加量同式（4-3）。

4）过程 4：$t_3 \sim t_4$

该段时间内，变换器的运行情况以及电感电流的下降量与过程 2 相同。

电路在稳态工作时，电感电流的增加量必定等于下降量，因此 $\Delta i_{L(+)}=\mid\Delta i_{L(-)}\mid$，整理得

$$U_o=D_{2L}U_i \tag{4-5}$$

与第 3 章中分析 Buck 变换器输出电压波动值一样,三电平 Buck 变换器在两电平时的输出电压波动值可以采用相同的分析方法得到。

$$\Delta U_{\circ} = \frac{(1 - 2D_{2L})U_{\circ}}{32LCf^2} \tag{4-6}$$

与常规 Buck 变换器相比,相同开关频率与允许输出电压波动量的情况下,三电平 Buck 变换器的滤波电感与电容值只有常规 Buck 变换器的 1/4,甚至更少,如此可有效降低变换器的重量与尺寸。

2. DCM 状态

1)过程 1:$t_a \sim t_b$

该过程与 CCM 状态下的过程 1 运行情况一致,且电感电流上升量也一致,不过电感电流是从 0 开始上升。

2)过程 2:$t_b \sim t_c$

该过程与 CCM 状态下的过程 2 器件运行情况一致,且电感电流下降量也一致,只不过电感电流在开关管 S_2 开通之前已经下降到 0,令电感电流下降占空比为 ΔD_{2L},则

$$\Delta D_{2L} = \frac{t_c - t_b}{T} = \frac{t_f - t_e}{T} \tag{4-7}$$

电感电流下降量为

$$\Delta i_{L(-)} = -\frac{U_{\circ}(t_c - t_b)}{L} = -\frac{U_{\circ} \Delta D_{2L} T}{L} \tag{4-8}$$

3)过程 3:$t_c \sim t_d$

电感电流保持为 0,滤波电容向负载供电,开关管、二极管均无电压,各器件承受电压为 $u_L = 0, u_{S1} = u_{S2} = 0.5U_i - 0.5U_{\circ}, u_{D1} = u_{D2} = 0.5U_{\circ}$。

4)过程 4:$t_d \sim t_e$

该过程与 CCM 状态下的过程 3 器件运行情况一致,且电感电流上升量也一致,不过电感电流是从 0 开始上升。

5)过程 5:$t_e \sim t_f$

该过程与 CCM 状态下的过程 4 器件运行情况一致,且电感电流下降量也一致,电感电流的表达式同式(4-8)。

6)过程 6:$t_f \sim t_g$

该过程与过程 3 运行情况一致。

根据电感电流上升量与下降量相等的原则,得到下降占空比 ΔD_{2L} 为

$$\Delta D_{2L} = \frac{0.5U_i - U_{\circ}}{U_{\circ}} D_{2L} \tag{4-9}$$

根据电感电流的平均值等于负载电流,得

$$I_L = \frac{0.5(D_{2L} + \Delta D_{2L})T \Delta i_{L(+)}}{0.5T} = \frac{U_{\circ}}{R} = I_{\circ} \tag{4-10}$$

变换得

$$\left(\frac{U_i}{U_{\circ}}\right)^2 - 2\frac{U_i}{U_{\circ}} = \frac{4L}{D_{2L}^2 TR} \tag{4-11}$$

最终得输出电压

$$\left(\frac{U_i}{U_o}\right)^2 - 2\frac{U_i}{U_o} = \frac{4L}{D_{2L}^2 TR} \tag{4-12}$$

$$\frac{U_o}{U_i} = \frac{\sqrt{4K/D_{2L}^2 + 1} - 1}{4K/D_{2L}^2} \tag{4-13}$$

其中 $K = L/(TR)$。

3. 电感电流临界连续条件

电感电流临界连续时,电感电流变化量满足式(4-4),根据临界连续时的电感电流变化量 Δi_L 和输出电流 I_o 的关系,得

$$\frac{1}{R} = \frac{(1-2D_{2L})T}{4L} \tag{4-14}$$

电感电流临界连续或连续时,$0.5\Delta i_L \leqslant I_o$,则电感电流 CCM 的条件是

$$K = \frac{L}{RT} \geqslant \frac{1-2D_{2L}}{4} \quad \text{或} \quad \left(K = \frac{Lf}{R} \geqslant \frac{1-2D_{2L}}{4}\right) \tag{4-15}$$

可以看出,在电路占空比 D 固定的情况下,增加电路的工作频率、增大负载或者增大滤波电感的感值,都可以使电路从电感电流从断续状态变为连续状态。

4.1.3　变换器在三电平工作模式($D > 0.5$)时的数量关系

变换器在三电平工作模式时,一个开关周期内可能的主要波形如图 4.5(a)和图 4.5(b)所示。

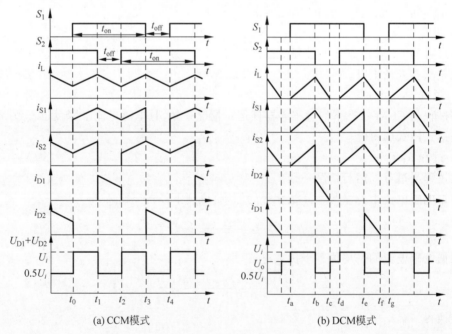

(a) CCM模式　　　　　　　　　(b) DCM模式

图 4.5　分压电容式 Buck-TL 变换器在三电平($D > 0.5$)工作模式时的工作波形

图 4.5 中, t_{on} 代表开关管开通的时间, t_{off} 为开关管关断的时间,开关管的工作周期为 T,则 $T = t_{on} + t_{off}$,定义三电平占空比 D_{3L}

$$D_{3L} = \frac{t_3 - t_0}{t_4 - t_0} = \frac{t_e - t_a}{t_g - t_a} = \frac{t_{on}}{T} \tag{4-16}$$

因此, $t_{on} = D_{3L}T$, $t_{off} = (1 - D_{3L})T$。

1. CCM 状态

1)过程 1: $t_0 \sim t_1$

开关管 S_1、S_2 导通,二极管 D_1、D_2 截止,则 $u_{S1} = u_{S2} = 0$,根据式(4-2)可得 $u_{D1} = u_{D2} = 0.5U_i$, $u_L = U_i - U_o$。该段时间持续为 $(t_1 - t_0) = 0.5(2D_{3L} - 1)T$,在该段时间内,电感电压保持不变,电感电流线性增加。根据电感电压和电感电流的基本关系式,得这一段时间内电感电流的增加量为

$$\Delta i_{L(+)} = \frac{(U_i - U_o)t_{on}}{L} = \frac{(U_i - U_o)(2D_{3L} - 1)T}{2L} \tag{4-17}$$

2)过程 2: $t_1 \sim t_2$

t_1 时刻,开关管 S_2 关断, S_1 继续保持导通,为形成续流回路,二极管 D_2 导通,则 $u_{S1} = u_{D2} = 0$,根据式(4-2)可得 $u_{S2} = u_{D1} = 0.5U_i$, $u_L = 0.5U_i - U_o$。该段时间持续为 $t_2 - t_1 = (1 - D_{3L})T$,由于在三电平工作模式下,输出电压大于 $0.5U_i$,因此电感电压保持为负值,电感电流线性下降。根据电感电压和电感电流的基本关系式,得这一段时间内电感电流的下降量为

$$\Delta i_{L(-)} = \frac{(0.5U_i - U_o)(t_2 - t_1)}{L} = \frac{(0.5U_i - U_o)(1 - D_{3L})T}{L} \tag{4-18}$$

3)过程 3: $t_2 \sim t_3$

开关管 S_2 开通, S_1 继续保持导通,电路运行情况与过程 1 相同。在该段时间内,电感电流的增加量同式(4-14)。

4)过程 4: $t_3 \sim t_4$

t_3 时刻,开关管 S_1 关断, S_2 继续保持导通,为形成续流回路,二极管 D_1 导通,则 $u_{S2} = u_{D1} = 0$,根据式(4-2)可得 $u_{S1} = u_{D2} = 0.5U_i$, $u_L = 0.5U_i - U_o$。电感电流下降量同式(4-15)。该段时间内,变换器的运行情况以及电感电流的下降量与过程 2 相同。

电路在稳态工作时,电感电流的增加量必定等于下降量,因此 $\Delta i_{L(+)} = |\Delta i_{L(-)}|$,整理得

$$U_o = D_{3L}U_i \tag{4-19}$$

可以发现,分压电容式 Buck-TL 变换器在三电平工作模式与两电平工作模式时的输出电压表达式一样。此外,对于输出侧电压波动的分析,分压电容式 Buck-TL 变换器在三电平工作模式与两电平工作模式时一样,即在三电平工作模式时输出电压波动值仍满足式(4-6)。

2. DCM 状态

1)过程 1: $t_a \sim t_b$

该过程与 CCM 状态下的过程 1 运行情况一致,且电感电流上升量的表达式即为

式(4-14),不过电感电流从 0 开始上升。

2）过程 2：$t_b \sim t_c$

该过程与 CCM 状态下的过程 2 器件运行情况一致，且电感电流下降量也一致，只不过电感电流在开关管 S_2 开通之前已经下降到 0，令电感电流下降占空比为 ΔD_{3L}，则

$$\Delta D_{3L} = \frac{t_c - t_b}{T} = \frac{t_f - t_e}{T} \tag{4-20}$$

电感电流下降量为

$$\Delta i_{L(-)} = \frac{(0.5U_i - U_o)(t_c - t_b)}{L} = \frac{(0.5U_i - U_o)\Delta D_{3L}T}{L} \tag{4-21}$$

3）过程 3：$t_c \sim t_d$

电感电流保持为 0，滤波电容向负载供电，开关管、二极管均无电压，各器件承受电压为 $u_L = 0$，$u_{S1} = u_{S2} = 0.5U_i - 0.5U_o$，$u_{D1} = u_{D2} = 0.5U_o$。

4）过程 4：$t_d \sim t_e$

该过程与 CCM 状态下的过程 3 器件运行情况一致，且电感电流上升量也一致，不过电感电流从 0 开始上升。

5）过程 5：$t_e \sim t_f$

该过程与 CCM 状态下的过程 4 器件运行情况一致，且电感电流下降量也一致，电感电流表达式同式(4-8)。

6）过程 6：$t_f \sim t_g$

该过程与过程 3 运行情况一致。

根据电感电流上升量与下降量相等的原则，得到下降占空比 ΔD 为

$$\Delta D_{3L} = \frac{U_i - U_o}{2U_o - U_i}(2D_{3L} - 1) \tag{4-22}$$

根据电感电流的平均值等于负载电流，得

$$I_L = \frac{0.5(D_{3L} - 0.5 + \Delta D_{3L})T\Delta i_{L(+)}}{0.5T} = \frac{U_o}{R} = I_o \tag{4-23}$$

变换得

$$\frac{8L}{(2D_{3L} - 1)^2 TR}\left(\frac{U_o}{U_i}\right)^2 + \left[1 - \frac{4L}{(2D_{3L} - 1)^2 TR}\right]\frac{U_o}{U_i} - 1 = 0 \tag{4-24}$$

最终得输出电压

$$\frac{U_o}{U_i} = \frac{\left[\dfrac{4K}{(2D_{3L} - 1)^2} - 1\right] + \sqrt{\left[\dfrac{4K}{(2D_{3L} - 1)^2} - 1\right]^2 + \dfrac{32K}{(2D_{3L} - 1)^2}}}{\dfrac{16K}{(2D_{3L} - 1)^2}} \tag{4-25}$$

其中 $K = L/(TR)$。

3. 电感电流临界连续条件

电感电流临界连续时，电感电流变化量满足式(4-4)，根据临界连续时的电感电流变化量 Δi_L 和输出电流 I_o 的关系，得

$$\frac{U_o}{R} = \frac{(U_o - 0.5U_i)(1 - D_{3L})T}{2L} = \frac{\left(U_o - 0.5\dfrac{U_o}{D_{3L}}\right)(1 - D_{3L})T}{2L} \tag{4-26}$$

电感电流临界连续或连续时,$0.5\Delta i_L \leqslant I_o$,则电感电流 CCM 的条件是

$$K = \frac{L}{RT} \geqslant \frac{(2D_{3L} - 1)(1 - D_{3L})}{4D_{3L}} \quad 或 \quad \left(K = \frac{Lf}{R} \geqslant \frac{(2D_{3L} - 1)(1 - D_{3L})}{4D_{3L}}\right) \tag{4-27}$$

可以看出,在电路占空比 D 固定的情况下,增加电路的工作频率、增大负载或者增大滤波电感的感值,都可以使电路从电感电流从断续状态变为连续状态。

根据式(4-5)、式(4-13)、式(4-19)、式(4-25)可以得到分压电容式 Buck-TL 变换器输出、输入电压比与占空比的关系曲线,如图 4.6 所示,图中的曲线部分代表变换器工作于 DCM 状态,而直线段代表变换器工作于 CCM 状态。可以看出:占空比小于 0.5 时,变换器工作于两电平状态,K 值的大小与 DCM 工作的范围相关,K 值越大,DCM 工作的范围越小,且变换器 DCM 工作的范围都是从 0 开始,当占空比大于某一值时,变换器工作于 CCM 状态,当 K 值足够大,则变换器在所有的占空比范围内均工作于 CCM 状态;占空比大于 0.5 时,变换器工作于三电平状态,同样地,变换器 DCM 工作的范围与 K 值相关,K 值越小,DCM 工作的范围越宽,与变换器工作于两电平时不一样,在某一 K 值时,中间的一段占空比范围内变换器工作于 DCM 状态,而在该范围的两侧区间,变换器工作于 CCM 状态;根据两电平与三电平运行状态的输出特性曲线,可以判断,变换器工作于三电平时,相对较小的 K 值可以使变换器运行于 CCM 状态,在变换器的设计时可以利用这一特性控制变换器的工作状态。

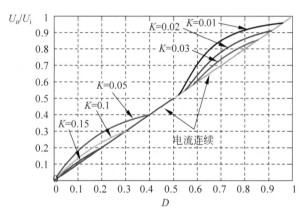

图 4.6 分压电容式 Buck-TL 变换器的输出特性

4.1.4 MATLAB/Simulink 仿真验证

图 4.7 为 Buck 三电平变换器的 Simulink 模型,模型中,$U_i = 100\text{V}$,$L = 1\text{mH}$(模拟电感线圈自带电阻 $1\text{m}\Omega$),$C = 100\mu\text{F}$,开关频率为 20kHz。为与常规 Buck 变换器的性能进行比较,模型中的参数与第 3 章中的 Buck 变换器模型采用的输入电压、滤波电感、滤波电容均一致。

图 4.8 为 Buck 三电平变换器在 $D = 0.3$,负载 $R = 20\Omega$ 时的仿真波形,此时 $K = 1$,根据图 4.6 中变换器工作于两电平时的数据判断得变换器工作于 CCM 状态,即 $D = 0.3$ 时,

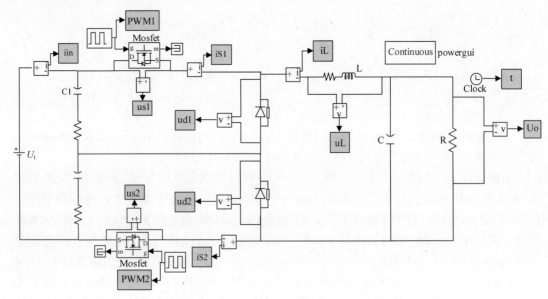

图 4.7　分压电容式 Buck-TL 变换器的 Simulink 模型

$K>0.15$ 的所有情况下变换器均工作于 CCM 状态。变换器的仿真工作波形与图 4.4 所分析的理论波形一致。

图 4.9 为 Buck 三电平变换器在 $D=0.7$，负载 $R=60\Omega$ 时的仿真波形，此时 $K=0.33$，根据图 4.6 中变换器工作于三电平时的数据判断得变换器工作于 CCM 状态，即 $D=0.7$ 时，$K=0.33$ 的所有情况下变换器均工作于 CCM 状态。变换器的仿真工作波形与图 4.5 所分析的理论波形一致。

图 4.10 和图 4.11 分别为 Buck 三电平变换器在 $D=0.3$，负载 $R=300\Omega(K=0.067)$ 以及在 $D=0.7$，负载 $R=600\Omega(K=0.033)$ 时的仿真波形。可以看出，在两种仿真情况下，变换器分别工作于两电平 DCM 状态与三电平 DCM 状态，与图 4.8 和图 4.9 相比，开关管、二极管承受反向电压(两个二极管承受的反压之和即为 LC 滤波器的输入电压)均出现一定宽度的缺口，其大小与输入、输出电压相关。

图 4.8～图 4.11 四种仿真情况下变换器的输出电压波动值分别为 0.0095V、0.0095V、0.0075V、0.01V，而第 3 章中 Buck 变换器在相同滤波器参数、相同开关频率下工作在 CCM 状态与 DCM 状态时输出电压的波动值分别为 0.08V 与 0.07V，可以看出，要得到相同的滤波效果，三电平变换器可以大大降低滤波器的参数，从而可以降低变换器的滤波器尺寸与重量，进而降低成本。

根据图 4.6，在两电平工作状态下($D<0.5$)，对于变换器的各元件参数确定的情况，即 K 值确定的情况下，占空比变大时，电路的工作状态只能从 DCM 状态向 CCM 状态变化；而在三电平工作状态下($D>0.5$)，占空比变大时，变换器的工作状态就不一样了，K 值确定时，仅在中间一段占空比范围内，变换器工作于 DCM 状态，而在两侧的范围内，变换器工作于 CCM 状态。图 4.12 为 3 种情况下，两电平工作状态时不同占空比对应的电感电流工作波形，在 $D=0.3$ 时，变换器正好工作于 CCM 状态，当 $D=0.2$ 与 $D=0.4$ 时，变换器分别工作于 DCM 状态与 CCM 状态，与图 4.6 中分析的结果一致。图 4.13 为 $D=0.55$、$D=0.7$、$D=0.9$ 时，在三电平工作状态时不同占空比对应的电感电流工作波形，在 $D=0.55$、

$D=0.9$ 时,变换器工作于 CCM 状态,而在 $D=0.7$ 时,变换器工作于 DCM 状态,仿真结果也与图 4.6 中分析的结果一致。

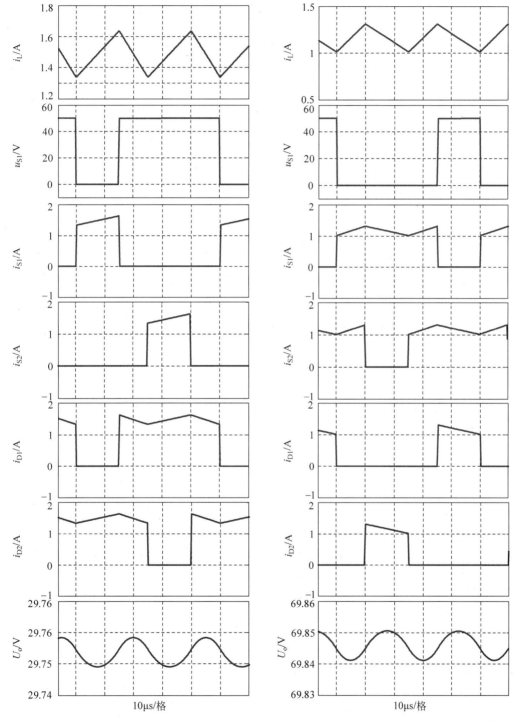

图 4.8 Buck-TL 变换器两电平 CCM 工作模式　　图 4.9 Buck-TL 变换器三电平 CCM 工作模式

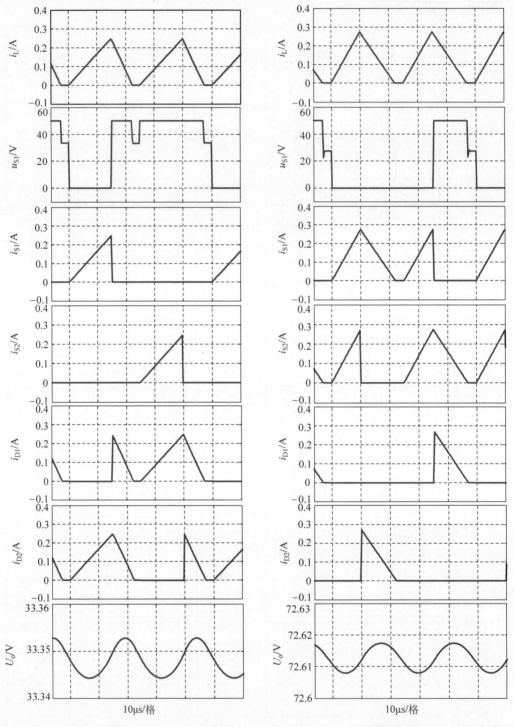

图 4.10 Buck-TL 变换器两电平 DCM 工作模式   图 4.11 Buck-TL 变换器三电平 DCM 工作模式

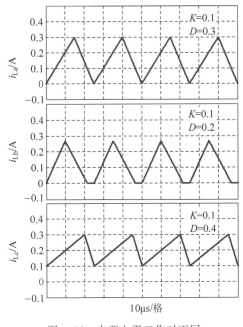
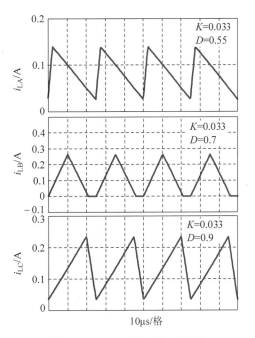

图 4.12 在两电平工作时不同
占空比的电感电流波形

图 4.13 在三电平工作时不同
占空比的电感电流波形

4.2 Boost、Buck-Boost、Cuk 三电平变换器

Boost、Buck-Boost、Cuk 三电平变换器,可以按照以下的步骤得到。

(1) 用两个串联的开关管代替原来基本型的一个开关管。

(2) 检查第 3 章中基本变换器的最大电压应力,查看基本型电路中是否有与此值相同的电压源,然后用两个等值电容串联起来,并联在此电压源两端作为钳位电压源。

(3) 钳位电压源的中点与串联开关管的中点用二极管相连。二极管方向的选定主要按开关管流入极与钳位电压源正极相连,或流出极与钳位电压源负极相连。

以上述方式就可以得到如图 4.14 所示的 Boost、Buck-Boost、Cuk 三电平变换器电路。

对图 4.14(a)所示的 Boost 三电平变换器,根据第 3 章 Boost 变换器的讲解,$u_S = U_o$,选 U_o 作为钳位电压源,流出极与钳位电压源相连,选二极管阴极接钳位电源的中点。

图 4.14(b)所示的 Buck-Boost 三电平变换器,根据第 3 章对 Buck/Boost 变换器的介绍,$u_S = U_o + U_i$,串联电容连接在 $U_o + U_i$ 的两端,流入极与钳位电源正极连接,选二极管阳极接钳位电源的中点。

图 4.14(c)所示的 Cuk 三电平变换器,根据第 3 章对 Buck/Boost 变换器的介绍,$u_S = U_o + U_i$,把原电路一个电容改成两个电容,流入极与钳位电压源正极相连,选二极管阳极接钳位电源的中点,就可以得到 Cuk 三电平变换器。

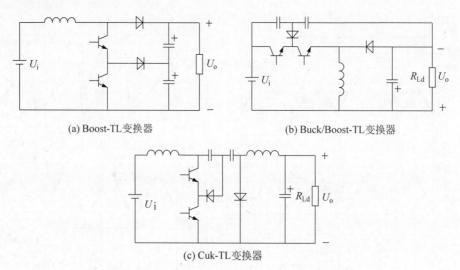

(a) Boost-TL变换器　　　　　　　　　(b) Buck/Boost-TL变换器

(c) Cuk-TL变换器

图 4.14　Boost、Buck-Boost、Cuk 三电平变换器

4.3　隔离式三电平变换器

采用 4.2 节介绍的非隔离式三电平变换器的转化方法和步骤,也可以推广到隔离式三电平变换器的转化。常用的隔离式基本型变换器有正激、反激、推挽、半桥、全桥等。下面以隔离式正激变换器为例来说明隔离式三电平变换器的转化。

4.3.1　隔离式正激变换器的三电平电路

隔离式正激变换器(带磁复位绕组)转化成三电平电路的过程如图 4.15 所示。采用 4.2 节给出的转化方法和步骤,可以得到如图 4.15(a)所示的隔离式正激三电平变换器。如果考虑一般正激变换器的 $N_{w1} = N_{w3}$,两个开关管总的电压应力为 $2U_i$,则一个开关管所受的电应力为 U_i,为此应取电源电压作为钳位电源。这样,钳位二极管 D_4 的阴极应连接钳位电源的中点,如图 4.15(a)所示。

为了对电路进行简化,首先将图 4.15(a)中上开关管移到原边绕组 W_1 的上侧,其他不变。这时两个开关管同时开通和关断,图中 W_1 为变压器原边绕组,W_3 为磁复位绕组。但是如果按排成下开关管先关断,上面的开关管滞后一段时间再关断时,由于钳位二极管 D_4 的连接方向,使电流 i_{w1} 成为环流。此环流从同名端流入,但电压为 0,这与图 4.15(b)中二极管 D_3 接通磁复位绕组 W_3 的同名端到 0 电平起磁复位作用相同。从而可以只留下二极管 D_3,把磁复位绕组 W_3 去掉,让工作绕组 W_1 同时起 W_3 的磁复位作用。这样就形成了经过简化的图 4.15(c)所示的电路,每个开关管上的电压应力只有 U_i。这种电路实质上是双管正激变换器。最近几年,它是研发的热点。研发的内容包括:采用频率高而耐压低的功率 MOSFET 管作为开关管;采用 4 个开关管(两串两并)双正激变换器三电平电路,使开关管的应力只有 $0.5U_i$;为了缩小体积,提高工作效率应采用软开关(ZVZCS)技术,这样也不会引起桥臂直通,次级串联谐振电感可以实现 ZVS。

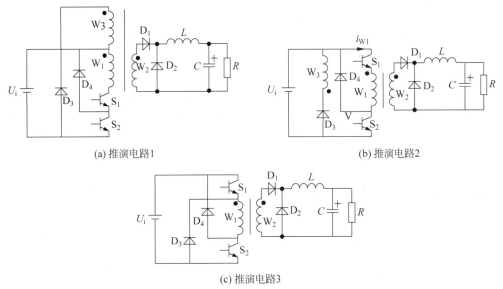

(a) 推演电路1　　　　　　　　　　　　　　　(b) 推演电路2

(c) 推演电路3

图 4.15　隔离式正激变换器的三电平变换器的推演过程

4.3.2　半桥、全桥式三电平变换器电路

在半桥式转换器电路中,两个开关管所承受的电压应力为 U_i,由于此电路常用于高压变换器中,为了降低电压应力,可以采用二极管钳位三电平逆变器电路,它有 4 个开关管,如图 4.16 所示。这时每个开关管所承受的电压应力为 $0.5U_i$。选择半桥分压电容上的电压(即 $0.5U_i$)作为钳位电压。但考虑到串联开关管的开关特性不一致,关断时,先关断的开关管承受的电压小于 $0.5U_i$,后关断的开关管承受的电压大于 $0.5U_i$,甚至为 U_i,为此加入了钳位二极管。二极管的方向按开关管流入极或流出极进行判断。对流入极,二极管 D_1 的阳极接向钳位电源中点;对流出极,二极管 D_2 的阴极接向钳位电源中点。按照同样的方法可以构成全桥式三电平变换器电路如图 4.17 所示。

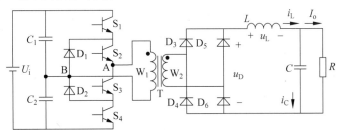

图 4.16　半桥式三电平变换器电路

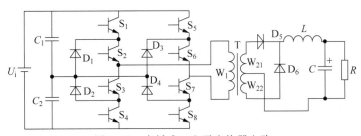

图 4.17　全桥式三电平变换器电路

下面重点介绍半桥式三电平变换器电路的工作原理。由图 4.16 可以看出,作用在变压器原边的电压可以是 $0.5U_i$,0,$-0.5U_i$,为保证三电平变换器正常工作,$S_1 \sim S_4$ 中最多只能有两个开关管处于开通状态,且(S_1,S_2,S_3,S_4)的开关状态与三电平输出电压之间的对应关系如表 4.1 所示,表中"1"代表开通状态,"0"代表关断状态。

表 4.1   开关状态与电压对照表

	S_1	S_2	S_3	S_4
$0.5U_i$	1	1	0	0
0	0	1	1	0
$-0.5U_i$	0	0	1	1

与表 4.1 相对应,最常见的开关管控制方式如图 4.18 所示,其中 S_1、S_4 状态互补,S_2、S_3 状态互补,通过调节开关管 S_1、S_4 以及 S_2、S_3 的导通重叠时间来调节作用于变压器原边的交流方波电压的宽度,从而实现输出电压的调节。由于变换器在变压器副边的部分与第 3 章所讲的半桥、全桥以及推挽电路类似,因此图 4.18 中没有给出变压器副边电路中器件的电压以及电流波形。一个开关周期内,半桥三电平变换器分 4 个工作模态,分别对应图 4.19(a)~(d)。

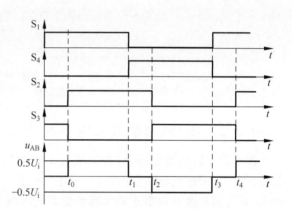

图 4.18   全桥式三电平变换器的工作波形

需要注意的是,钳位二极管 D_1 保证了在开关管 S_1、S_3 导通期间变压器原边电压被钳位在零;钳位二极管 D_2 保证了在开关管 S_2、S_4 导通期间变压器原边电压也被钳位在零。在变压器原边电压保持为零期间,即模态 2 与模态 4 期间,理想情况下,钳位二极管 D_1 与 D_2 中基本没有电流流过,但考虑到变压器的漏感在模态 1 与模态 3 结束时刻存在电流,因此,在二极管电压钳位期间,钳位二极管 D_1 与 D_2 中存在一定的钳位电流,且在模态 2 与模态 4 期间,流过二极管 D_1 与 D_2 的电流基本不变。

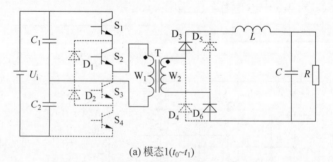

(a) 模态1($t_0 \sim t_1$)

图 4.19   半桥式三电平变换器的工作模态图

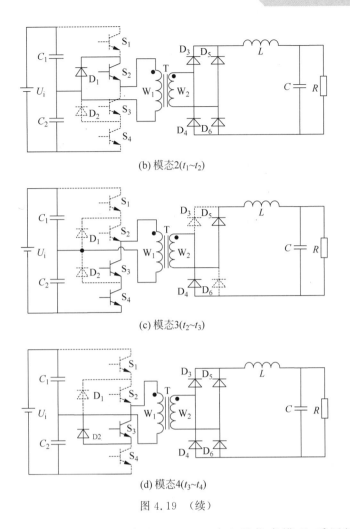

(b) 模态2($t_1 \sim t_2$)

(c) 模态3($t_2 \sim t_3$)

(d) 模态4($t_3 \sim t_4$)

图 4.19　（续）

图 4.20 为半桥式三电平变换器采用 Simulink 建立的仿真模型,采用的参数与第 3 章半桥式变换器仿真模型采用的参数一致,由仿真模型得到的仿真波如图 4.21 所示。可以看出,仿真波形与普通半桥变换器输出波形基本一样。与普通半桥变换器不同,半桥三电平变换器中开关管的电压应力为输入电压的一半,即 $0.5U_i$,因此,三电平半桥变换器可以应用在输入电压较高的场合。

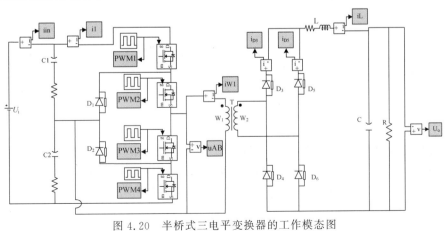

图 4.20　半桥式三电平变换器的工作模态图

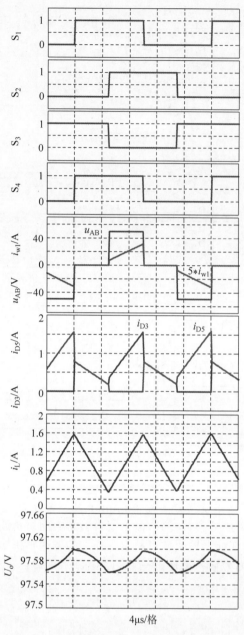

图 4.21　半桥式三电平变换器的工作模态图

习题

1. 与普通变换器相比,三电平变换器有哪些优点?

2. Buck 三电平变换器有几类? 名称分别是什么?

3. 基本的非隔离式三电平变换器与隔离式三电平变换器分别有哪些?

第5章

软开关技术

5.1 什么是软开关技术

在第 1 章介绍开关电源的发展趋势时,提到小型化、轻量化是今后开关电源的一个重要发展方向,提高开关电源的工作频率可以有效降低电感、电容以及变压器的体积与重量。虽然高频化有着诸多的优点,但功率管在开通、关断过程中会出现电压与电流的重叠过程,其开关示意图如图 5.1 所示,可以看出,功率管在开通与关断的过程中会分别产生开通损耗与关断损耗,随着开关频率的提高,开关过程中产生的开关损耗在开关电源额定功率中的占比逐渐增加,这将大大降低开关电源的效率。功率管在开关过程中产生的损耗将制约开关电源工作的上限频率,从而也制约了变换器的体积与重量的进一步减小。工作在硬开关状态下的功率管还会使变换器电路中产生极大的电压变化率与极大的电流变化率,会在变换器电路的寄生电感与电容中产生很大的电磁干扰(Electromagnetic Interference,EMI)。

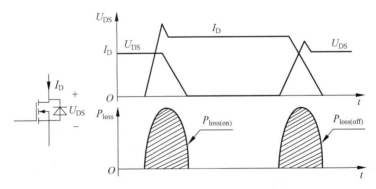

图 5.1 功率管开关时的电压电流波形

此外,硬开关工作的功率管还可能使器件的功率管轨迹超出功率管的安全工作区(Safety Operation Area,SOA),导致功率管的损坏。正常情况下,硬开关的功率管开关轨迹如图 5.2 中的曲线 1 与曲线 2 进行动作,可以看出,除开通、关断一次需要消耗较大的功率外,硬开关的开关轨迹离 SOA 很近,在一些特殊情况下,可能超出 SOA 的范围,从而损坏功率管。

　　如果通过外加器件与电路改变功率管的开关轨迹,在图5.2所示的轨迹图中沿着曲线3、曲线4进行开通或关断,则每次开通、关断所产生的损耗将大大降低,从而可以使开关电源在较高的开关频率下实现较高的效率,并且可以有效降低EMI。开关轨迹如图5.2中曲线3与曲线4的功率管,其电压与电流波形如图5.3所示。改变开关轨迹一般可采用两种方式,即如图5.3(a)所示的零电流开关以及如图5.3(b)所示的零电压开关。图5.3(a)中,在功率管开通后,通过外部器件减缓功率管中电流的上升速度,在功率管电压降

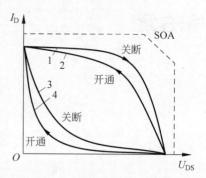

图5.2　功率管的开关轨迹

到0以后,电流才缓慢达到额定电流,这样,非零电压、电流重叠部分减少,可有效降低损耗;图5.3(a)中,在功率管关断之前,由外部电路将功率管的电流提前降到0,则功率管在关断过程中将不产生损耗;图5.3(b)中,在功率管开通前,由外部电路将功率管端电压降低到0,然后再开通功率管,则功率管的导通损耗为0;图5.3(b)中,在功率管关断后,由外部电路将功率管端电压缓慢升高,使电压电流的非零部分重叠时间变少,则功率管的关断损耗大大降低。

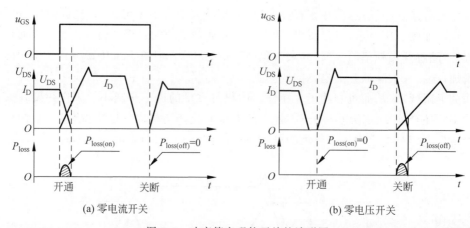

(a) 零电流开关　　　　　　　　　　　　(b) 零电压开关

图5.3　功率管实现软开关的波形图

　　根据图5.2可知,通过增加外部电路使开关轨迹向坐标轴靠近,即保证电压或电流中的一个量保持在较小的值,从而可以大大减少开关损耗。可以认为是外加电路"软化"了开关轨迹或者"**软化**"了开关过程。利用这种原理如果能设计出一种能量吸收、释放电路,使图5.2所示的开关轨迹尽可能地沿着电压轴或者电流轴变化,则开关损耗很小或接近于零。利用外部能量吸收、释放电路使功率管开关过程软化的技术,称为**软开关(soft switching)技术**。

　　所谓软开关,是指功率管的开通、关断过程中电压与电流为零,或至少一方为零,在开关过程中,没有出现电压与电流的同时非零部分交叠,如零电压开关(Zero Voltage Switching,ZVS),零电流开关(Zero Current Switching,ZCS)。通常情况下,将近似的ZVS或ZCS也称作软开关。

5.2 软开关技术的分类

自20世纪70年代以来,由国内外研究并得到推广应用的各种高频软开关技术分类如表5.1所示。

表5.1 软开关技术的发展历程

时　　　间	名　　　称	应　　　用
20世纪70年代	串联或并联谐振技术	半桥式或全桥式变换器
20世纪80年代初	有源钳位ZVS技术	主要是单端变换器
20世纪80年代中	准谐振或多谐振技术	单端或桥式变换器
20世纪80年代末	ZCS-PWM或ZVS-PWM技术	单端或桥式变换器
20世纪80年代末	移相全桥ZVS-PWM技术	全桥变换器250W以上
20世纪90年代初	ZCT-PWM或ZVT-PWM技术	单端或桥式变换器
20世纪90年代	广义软开关PWM技术	

20世纪末,软开关技术已在国内外多种PWM DC/DC变换器中广泛应用。例如,美国VICOR公司开发的DC/DC高频软开关变换器,48V/600W输出,效率达90%,功率密度达120W/in^3;日本Lambda公司采用有源钳位ZVS-PWM Fly-forward变换器及同步整流技术,可以使DC/DC变换器模块效率达90%。美国ETM公司开发的LCC谐振式ZCS开关电源,输出11kV/1.5kW,开关频率为100kHz,效率可达92%。20世纪末,我国自行开发的2kW输出通信用一次电源,应用移相全桥PWM软开关技术,模块效率可达93%,比用PWM技术的同类产品重量下降了40%。然而,要想实现兆赫级软开关电源的实用化,仅依靠电路的开发是很困难的,还必须依赖于半导体开关器件性能的改善,以及封装技术的提高等。

目前继续研究高频软开关技术及其应用仍有现实意义。例如,新型开关器件的出现及开关器件性能的改善,需要研究最佳软开关变换器电路,对于过去已开发而未得到应用的电路,在新的条件下,应用于高频软开关技术的可能性,也要重新评估。

PWM DC/DC变换器的软开关技术可以分为以下几类:

(1) 准谐振变换器(Quasi-Resonant Converters,QRCs)和多谐振变换器(Muli-Resonant Converters,MRCs)。这是软开关技术的一次飞跃,这种变换器的特点是谐振元件参与能量变换的某一阶段,而不是全程参加。准谐振变换器分为零电流开关准谐振变换器(Zero-Current-Switching Quasi-Resonant Converters, ZCS QRCs)和零电压开关准谐振变换器(Zero-Voltage-Switching Quasi-Resonant Converters, ZVS QRCs)。多谐振变换器一般实现功率管的零电压开关。这种变换器需要采用频率调制控制方法,不能采用PWM调制法。

(2) 全谐振变换器,也称为谐振变换器(Resonant Converters)。这种变换器实际上是负载谐振式变换器,按照元件的谐振方式,分为串联谐振变换器(Series Resonant Converters,SRCs)和并联谐振变换器(Parallel Resonant Convers,PRCs)两种。按负载与谐振电路的连接关系,谐振变换器也可以分为两种:一种是负载与谐振回路串联,称为串联负载(或串联输出)谐振变换器(Series Load Resonant Converters，SLRCs)；另一种是负载与谐振回路并联，称为并联负载（或并联输出）谐振变换器（Parallel Load Resonant Converters，PLRCs)。在谐振变换器中,谐振元件一直在谐振工作,参与电能变换的全过程。这种变换器与负载的关系很大,对负载的变化很敏感,一般采用频率调制法,不能实现PWM调制,因此应用较少。

（3）零开关 PWM 变换器(Zero Switching PWM Converters)。此种变换器可以分为零电压开关 PWM 变换器(Zero-Voltage-Switching PWM Converters)和零电流开关 PWM 变换器(Zero-Current-Switching PWM Converters)。这种变换器是在 QRCs 的基础上,加入一个辅助功率管来控制谐振元件的谐振过程,实现恒定频率控制,即实现 PWM 控制,与QRCs 不同的是,谐振元件的谐振工作时间与开关周期相比很短,一般为开关周期的 $1/10\sim$ $1/5$。

（4）零转换 PWM 变换器(Zero Transition Converters)。此种变换器可以分为零电压转换 PWM 变换器(Zero-Voltage-Transition PWM Converters，ZVT PWM Converters)和零电流转换 PWM 变换器（Zero-Current-Transition PWM Converters，ZCT PWM Converter)。这种变换器是软开关技术的又一个飞跃。它的特点是变换器工作在 PWM 方式下,辅助谐振电路只是在主功率管开关时工作一段时间以实现功率管的软开关,在其他时间停止工作,这样,辅助谐振电路的损耗会很小。

在 PWM DC/DC 变换器中应用的软开关技术,还包含无源无损软开关技术,即不附加有源器件,只采用电感电容和二极管构成的无源缓冲电路。

本章主要对常见的软开关电路进行介绍。

5.3　无源吸收电路

无源吸收电路的目的是通过电阻、电感、电容等无源器件改变功率管在开通、关断过程中的开关轨迹,以转移开关过程中产生的能量损耗至无源吸收电路中。一般情况下,所转移的能量通过无源吸收电路中的电阻消耗掉。无源吸收电路分关断吸收电路、开通吸收电路以及组合吸收电路。

5.3.1　RCD 关断吸收电路

为了限制功率管在由开通向关断过程中过快的电压上升速率,一般在功率管两端并联一个容值较小的电容,但是在功率管开通后存储在电容中的能量立刻将通过开通的功率管进行释放,给功率管造成瞬时的过流,因此,在功率管两侧直接并联电容的方法在实际情况中极少采用。目前应用较广的是 RCD 关断吸收电路,图 5.4 为应用于反激变换器中的RCD 关断吸收电路的例子,RCD 关断吸收电路可加在变压器原边两端,如图 5.4(a)所示,也可加在功率管两端,如图 5.4(b)所示,前者称为 RCD 钳位电路,后者称为 RCD 缓冲电路,也可将它们组合使用。

以图 5.4(a)所示的 RCD 钳位电路为例说明其工作原理:如果没有 RCD 钳位电路,在功率管关断之前,流过变压器原边的电流达到最大,在功率管 S 关断以后,变压器的励磁电流转移到变压器的副边,而漏感中存储的能量将对功率管 S 的结电容进行充电,导致功率管 S 端电压出现极大的尖峰,严重时会导致功率管损坏;增加 RCD 钳位电路以后,功率管关断后,当漏感能量对结电容充电使得功率管端电压升高到某一值以后,RCD 钳位电路中的二极管导通,使得功率管 S 的端电压被钳位在输入电压与钳位电容电压 U_c 之和,漏感中的能量经二极管转移到钳位电容中,从而功率管两端电压被钳位(限制)。被存储在吸收电容 C 中的能量只能通过电阻 R 消耗掉。

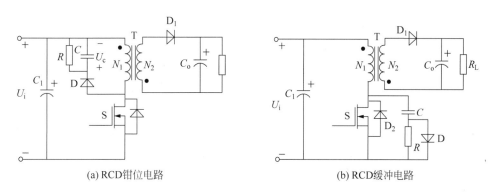

(a) RCD钳位电路   (b) RCD缓冲电路

图 5.4 RCD 吸收电路

为验证图 5.4(a)中 RCD 钳位电路对反激变换器中功率管电压尖峰的影响,采用 Saber 仿真软件建立了图 5.5 所示的仿真模型,图中设置变压器原边自感为 1mH,副边自感为 0.5mH,原边漏感为 $10\mu H$,开关频率为 20kHz,其余参数如仿真模型中所示,为验证 RCD 参数大小对功率管在关断时刻电压尖峰的影响,如图 5.6(a)、(b)、(c)所示的仿真波形分别对应无 RCD 钳位电路、$R=10k\Omega$、$R=1k\Omega$ 三种情况的仿真波形,可以看出三种情况下,无 RCD 钳位电路时,功率管电压尖峰最大,而 $R=1k\Omega$ 时,功率管电压尖峰最小;虽然较小的电阻值可以大大降低功率管的电压尖峰,从而可以采用额定电压更低、导通阻抗较小的功率管,但是较小阻值的吸收电阻将消耗更大的功率,将降低变换器的效率。由图 5.6(b) 和图 5.6(c)可以看出,吸收电阻 $R=10k\Omega$、$R=1k\Omega$ 时对应的吸收电容两端电压分别为 145V 与 60V,吸收电阻消耗的功率差接近两倍,因此在选取电阻时需要考虑功率损耗的因素。

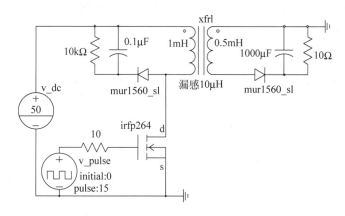

图 5.5 RCD 钳位电路 Saber 仿真模型

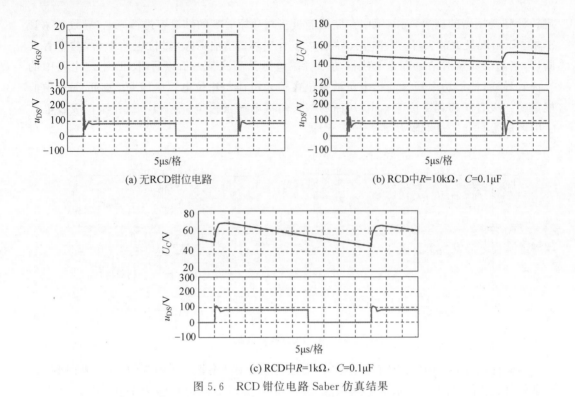

(a) 无RCD钳位电路

(b) RCD中R=10kΩ，C=0.1μF

(c) RCD中R=1kΩ，C=0.1μF

图 5.6　RCD 钳位电路 Saber 仿真结果

5.3.2　RLD 开通吸收电路

与 RCD 关断吸收电路相对偶的是串联 RLD 网络，所起的作用是阻止功率管在开通过程中过快的电流上升速率，一般情况下应用于 IGBT 功率管所构成的拓扑中，图 5.7 为基于 Buck 变换器的 RLD 开通吸收电路。在功率管关断后，与功率管相串联的 RLD 支路中，电感 L 的电流就经电阻 R、二极管 D 进行续流，直至电感 L 中的电流下降到 0 后结束该过程。

同样，为验证 RLD 开通吸收电路的功能，利用 Saber 建立了如图 5.8 所示的仿真模型，开关频率为 20kHz，其余参数见模型中的各项数据。从图 5.9 的仿真结果可以看出，增加 RLD 开通缓冲吸收电路以后，功率管开通后电流过冲得到了很好的抑制，此外，在功率管关断后，由于 RLD 吸收电路自身形成环路，对功率管的关断基本没有负面影响。

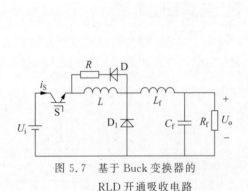

图 5.7　基于 Buck 变换器的
RLD 开通吸收电路

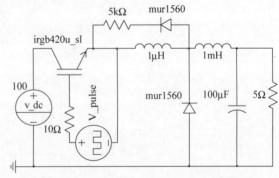

图 5.8　RLD 开通吸收电路 Saber 仿真模型

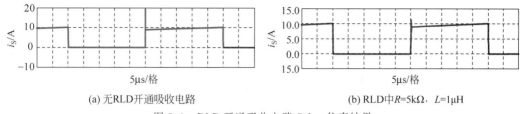

(a) 无RLD开通吸收电路　　　　　　(b) RLD中$R=5k\Omega$，$L=1\mu H$

图 5.9　RLD 开通吸收电路 Saber 仿真结果

5.4　零电压准谐振变换器

在变换器中引入准谐振变换器的概念是为了实现功率管的软开关,软开关的方式分零电流开关(ZCS)与零电压开关(ZVS),所以准谐振变换器分为零电流准谐振变换器(ZCS QRCs)与零电压准谐振变换器(ZVS QRCs)。在经典变换器中引入零电流谐振开关或引入零电压谐振开关都可形成准谐振变换器,本节将详细介绍一种以 Buck 变换器为基础的零电压准谐振变换器。

图 5.10 为基于 Buck 电路的零电压开关准谐振变换器,在传统的 Buck 变换器的基础上,引入零电压准谐振单元代替原来的功率管,准谐振单元中包含一个与功率管串联的谐振电感 L_r,以及一个与功率管并联的谐振电容 C_r。通常情况下,谐振电感 L_r 的感值远小于滤波电感 L,因此分析问题时,如果出现谐振电感 L_r 与滤波电感 L 串联,此时可以近似认为,谐振电感 L_r 上的电压近似为零。

5.4.1　零电压准谐振变换器的工作原理

图 5.11 为对应基于 Buck 电路的零电压开关准谐振变换器在一个开关周期内的工作波形,根据所示波形,一个开关周期内分 7 个阶段,其中第 2 阶段、第 3 阶段、第 4 阶段电路中电流流通回路一致,同属一个模态,因此零电压准谐振变换器一个开关管周期内分 5 个工作模态,对应的 5 个模态图分别如图 5.12(a)～(e)所示。

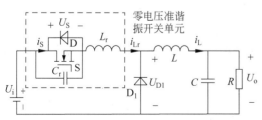

图 5.10　基于 Buck 电路的零电压开关准谐振变换器

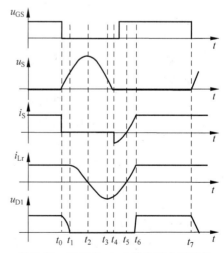

图 5.11　基于 Buck 电路的零电压开关
准谐振变换器的工作波形

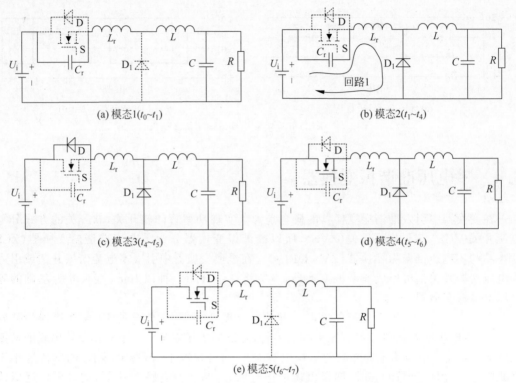

(a) 模态1($t_0 \sim t_1$)　　　　　　　　　(b) 模态2($t_1 \sim t_4$)

(c) 模态3($t_4 \sim t_5$)　　　　　　　　　(d) 模态4($t_5 \sim t_6$)

(e) 模态5($t_6 \sim t_7$)

图 5.12　基于 Buck 电路的零电压开关准谐振变换器模态图

1）模态 1：$t_0 \sim t_1$

t_0 时刻之前，功率管 S 导通，输入电源通过功率管 S 向输出侧提供能量，电感电流 i_L 线性增加。t_0 时刻，关断功率管 S，此时，谐振电感 L_r 与滤波电感 L 中的电流均为最大值。与传统 Buck 变换器在功率管关断后，续流二极管立刻导通不一样，零电压准谐振变换器中，在 t_0 之后，谐振电容 C_r 充电，其端电压 u_{Cr}（即 u_S）从零开始增加，因此功率管 S 实现零电压关断；续流二极管承受反向电压 $u_{D1} = U_i - u_{Cr(t)}$ 大于零，二极管在功率管关断后继续保持截止状态。当 $u_{Cr(t1)} = U_i$ 时，二极管 D_1 端电压 $u_{D1(t1)} = U_i - u_{Cr(t1)} = 0$。此阶段内，由于滤波电感 L 与谐振电感 L_r 串联，这一段时间内，电流 $i_L = i_{Lr}$，且近似不变，因此可以认为谐振电容 C_r 的端电压 u_{Cr} 是线性上升的。

2）模态 2：$t_1 \sim t_4$

t_1 时刻以后，谐振电感 C_r 继续被充电，其电压进一步增加，二极管 D_1 在 t_1 时刻以后开始导通。谐振电感 L_r 与谐振电容 C_r 通过图 5.12(b) 中的回路 1 开始谐振，谐振电流 i_{Lr} 逐渐减小，续流二极管 D_1 中的电流逐渐增加，t_2 时刻，谐振电感电流 $i_{Lr(t2)} = 0$，谐振电容电压 u_{Cr} 最大；t_2 时刻以后，谐振电容开始放电，u_{Cr} 也开始降低，电流 i_{Lr} 变负，续流二极管 D_1 不仅要承担滤波电感电流 i_L，还要承担负值的谐振电流 i_{Lr}。t_3 时刻，谐振电感电流 i_{Lr} 达到负向最大值；t_4 时刻，谐振电容电压 u_{Cr} 降低到零。

3）模态 3：$t_4 \sim t_5$

t_4 时刻后，谐振电容电压 u_{Cr} 有变负的趋势，因此与功率管并联的二极管 D 导通，因此选择在 t_4 时刻以后开通功率管 S，由于并联二极管 D 处于导通状态，因此功率管获得了零电压开通。在二极管 D 导通以后，存储在谐振电感中的能量迅速转移到输入电源中，谐振

电感电流 i_{Lr} 基本是线性上升的(绝对值减小)。t_5 时刻,谐振电感电流 i_{Lr} 由负变零。

4) 模态 4:$t_5 \sim t_6$

t_5 时刻后,电流 i_{Lr} 开始由负值变为正值,续流二极管 D_1 的电流 $i_{D1} = i_L - i_{Lr}$,随着电流 i_{Lr} 的增加,电流 i_{D1} 逐渐减小,t_6 时刻,二极管 D_1 截止。

5) 模态 5:$t_6 \sim t_7$

t_6 时刻后,变换器的运行状态与传统 Buck 变换器在功率管导通阶段的状态一样,电流 i_L 增加,电感储能,至功率管 S 再次关断,下一开关周期开始。

模态 1 近似等效为一个恒流源 I_L(由于滤波电感 L 值很大,近似认为电感电流 i_L 在整个周期内基本不变,等于 I_L)给谐振电容充电,通常情况下,认为持续时间很短。谐振过程发生在模态 2,电路中的函数关系如式(5-1)所示。

$$\begin{cases} L_r \dfrac{di_{Lr}}{dt} + u_{Cr} = U_i \\ C_r \dfrac{du_{Cr}}{dt} = i_{Lr} \end{cases} \quad u_{Cr(t1)} = U_i, \quad i_{Lr(t1)} = I_L, \quad t \in [t_1, t_4] \quad (5-1)$$

根据上述方程,可以求解得到谐振电容电压 u_{Cr} 在模态 1 中的表达式如式(5-2)所示。

$$u_{Cr}(t) = \sqrt{\dfrac{L_r}{C_r}} I_L \sin\omega_r(t - t_1) + U_i, \quad \omega_r = \sqrt{L_r C_r} \quad t \in [t_1, t_4] \quad (5-2)$$

谐振电容电压 u_{Cr} 等于功率管电压 u_s,因此功率管承受的峰值电压为

$$u_{S\_peak} = \sqrt{\dfrac{L_r}{C_r}} I_L + U_i \quad (5-3)$$

从图 5.11 所示的波形可以看出,谐振电容电压 u_{Cr} 必须能够到零,才能保证功率管的零电压开通,根据式(5-2),功率管的零电压开通条件为

$$\sqrt{\dfrac{L_r}{C_r}} I_L > U_i \quad (5-4)$$

根据式(5-4),开关管承受的电压峰值至少是两倍的输入电压 U_i。需要说明的是,零电压准谐振变换器具有功率管零电压开通与零电压关断的特点,但也存在如下缺点:

(1) 功率管承受电压至少是两倍的输入电压,相对传统 Buck 变换器而言,需要选择额定电压更高的功率管,这也意味着功率管的导通阻抗或者导通压降将变大,增加了导通损耗;

(2) 谐振过程中谐振电流有负值,这意味着有一部分已经流出输入电源的能量再次反馈到输入电源中,直接增加了功率管的电流应力,增加了损耗;

(3) 在电路外部参数变化时,必须保证开关管关断的时间不变,变化功率管的导通时间,即变频控制,才能实现输出电压的控制。

5.4.2 零电压准谐振变换器的仿真验证

根据 5.4.1 节中的分析,采用 Saber 建立了基于 Buck 电路的零电压开关准谐振变换器的仿真模型,如图 5.13 所示,各元件的型号与参数如图中所示。图 5.14(a)、(b)、(c)分别给出了负载电阻 $R = 10\Omega$、25Ω、100Ω 三种情况下开关管电压与电流、二极管电压、谐振电感电流的波形。可以看出由于功率管两端并联谐振电容,其端电压上升的速率得到了限制,因此三种情况下功率管均能实现零电压关断;但仅在 $R = 10\Omega$ 和 $R = 25\Omega$ 两种情况下,功率管能够实现零电压开通,从仿真波形可以看出,$R = 10\Omega$ 时功率管最大端电压为 300V,$R = 25\Omega$ 时功率管最大端电压为 210V,完全满足式(5-4)的功率管零电压开通的条件,但 $R = $

10Ω 时,功率管承受电压为输入电源的 3 倍,在设计时也需要注意避免,因为额定电压高的开关器件会导致较大的导通损耗;$R=100\Omega$ 时功率管最大端电压为 140V,未超过输入电压的两倍,因此功率管开通时,其端电压大于零,且存储在谐振电容中的能量通过开通的功率管瞬时释放,造成功率管开通时瞬时电流尖峰,如图 5.14(c)中所示,严重时会损坏功率管,因此选择谐振电容时,尽量选择容值较小的谐振电容。

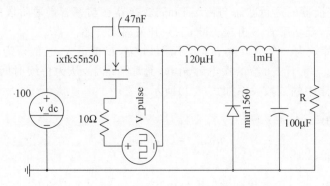

图 5.13　基于 Buck 电路的零电压开关准谐振变换器的 Saber 仿真模型

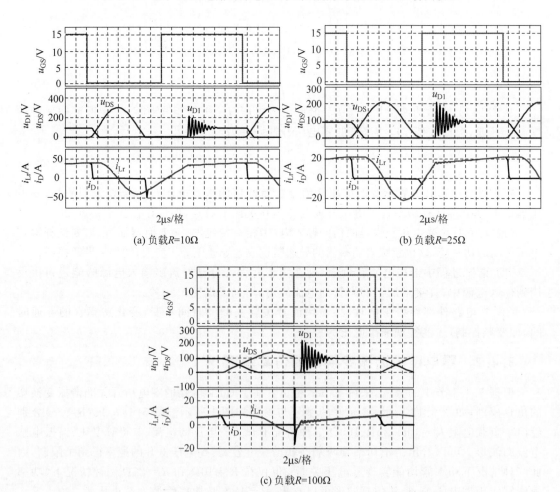

图 5.14　基于 Buck 电路的零电压开关准谐振变换器的 Saber 仿真结果

5.5 LC串联谐振变换器

与前面所讲的准谐振变换器相比,LC串联谐振变换器在开关周期中,实现了完整的谐振过程,并利用谐振过程中电压、电流特性,适时选择功率管关断时刻,使功率管实现软开关。基于全桥电路的LC串联谐振变换器如图5.15所示,其中,谐振电感L_r、谐振电容C_r与变压器的原边绕组串联。功率管$S_1 \sim S_4$的调制策略如下:S_1与S_4同时开通或关断,S_2与S_3同时开通或关断,两组功率管导通相差$180°$,两组功率管在一个开关周期内导通时间相等,且采用调频实现输出电压的稳定。作用于串联LC谐振电路的外部电压为:

$$u_{LC} = u_{AB} - u_{W1} = \begin{cases} U_i - k_T U_o & i_{Lr} > 0 \text{ 且 } S_1/S_4 \text{ 导通} \\ U_i + k_T U_o & i_{Lr} < 0 \text{ 且 } D_1/D_4 \text{ 导通} \\ -U_i + k_T U_o & i_{Lr} < 0 \text{ 且 } S_2/S_3 \text{ 导通} \\ -U_i - k_T U_o & i_{Lr} > 0 \text{ 且 } D_2/D_3 \text{ 导通} \end{cases} \tag{5-5}$$

其中,k_T为变压器原边、副边的匝数比。根据开关频率f_s与LC谐振频率f_r之间的关系,LC串联谐振变换器的工作方式可以分为3种,分别为① $f_s < 0.5 f_r$; ② $0.5 f_r < f_s < f_r$; ③ $f_s > 5 f_r$。首先定义谐振角频率$\omega_r = 2\pi f_r = 1/\sqrt{L_r C_r}$,谐振周期$T_r = 2\pi\sqrt{L_r C_r}$,谐振特征阻抗$Z_r = \sqrt{L_r/C_r}$,下面分别分析3种工作情况。

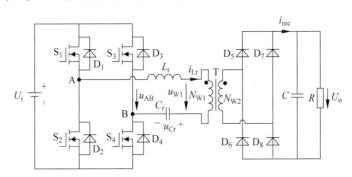

图 5.15 基于全桥电路的LC串联谐振变换器

5.5.1 $f_s < 0.5 f_r$ 时的工作原理

图5.16为开关频率f_s小于谐振频率f_r的一半时谐振变换器的主要工作波形。由f_s与f_r之间的关系可知,一个开关周期内,至少可以实现两次完整的谐振过程。根据图5.16,一个开关周期内变换器的工作过程可以分为6个模态。

1) 模态1:$t_0 \sim t_1$[图5.17(a)]

在t_0前,除了负载由滤波电容C供给能量外,变换器中其他支路没有电流。t_0时刻同时开通功率管S_1与S_4,谐振电路在外电压的作用下谐振电流i_{Lr}开始增加,即流过功率管S_1与S_4的电流缓慢增加,因此S_1与S_4实现了零电流开通。变压器副边二极管D_5和D_8导通,LC谐振电路电压$u_{LC} = U_i - U_o/k_T$,初始条件$u_{Cr}(t_0) = -2U_o/k_T$,$i_{Lr}(t_0) = 0$,可根据电感与电容的基本关系列写微分方程,求得谐振电容电压表达式与谐振电感电流表达式分

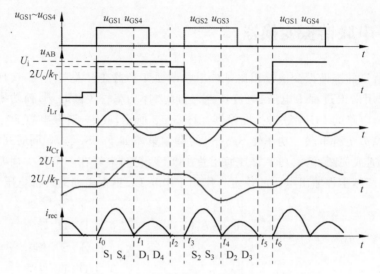

图 5.16　$f_s < 0.5f_r$ 时串联谐振变换器的主要工作波形

别为

$$u_{Cr}(t) = (U_i - U_o/k_T) - (U_i + U_o/k_T)\cos\omega_r(t - t_0) \quad t \in (t_0 \sim t_1) \tag{5-6}$$

$$i_{Lr}(t) = \frac{(U_i + U_o/k_T)}{Z_r}\sin\omega_r(t - t_0) \quad t \in (t_0 \sim t_1) \tag{5-7}$$

在 t_1 时刻，谐振电流 $i_{Lr}(t_1) = 0$，谐振电容电压 $u_{Cr}(t_1) = 2U_i$，谐振电路正好经过半个开关周期，因此模态 1 经历的时间为 $0.5T_r$。

2）**模态 2：$t_1 \sim t_2$**［**图 5.17(b)**］

t_1 时刻以后，开始后半个谐振周期，谐振过程继续进行，谐振电流变负，二极管 D_1 和 D_4 导通，因此功率管 S_1 与 S_4 的端电压等于 0，在经历了模态 1 的半个谐振周期且并联的二极管 D_1 和 D_4 导通后，可以关断功率管，S_1 与 S_4 实现了零电压、零电流关断。此阶段中，LC谐振电路电压 $u_{LC} = U_i + U_o/k_T$，根据 t_1 时刻谐振电流与谐振电容的初值，得到

$$u_{Cr}(t) = (U_i + U_o/k_T) + (U_i - U_o/k_T)\cos\omega_r(t - t_0) \quad t \in (t_0 \sim t_1) \tag{5-8}$$

$$i_{Lr}(t) = -\frac{(U_i - U_o/k_T)}{Z_r}\sin\omega_r(t - t_1) \quad t \in (t_1 \sim t_2) \tag{5-9}$$

在 t_2 时刻，谐振电流 $i_{Lr}(t_2) = 0$，谐振电容电压 $u_{Cr}(t_2) = 2U_o/k_T$，谐振电路正好又经过了半个开关周期，因此模态 2 经历的时间也为 $0.5T_r$。

3）**模态 3：$t_2 \sim t_3$**［**图 5.17(c)**］

t_2 时刻，功率管 S_2 与 S_3 尚未开通，功率管 S_1 与 S_4 已经关断，因此 t_2 时刻以后，在变换器中，除了负载由滤波电容 C 供给能量外，变换器中其他支路没有电流，该模态一直持续到功率管 S_2 与 S_3 开通为止。

模态 4～模态 6［分别对应图 5.17(d)、图 5.17(e)、图 5.17(c)］与前 3 个模态是对称关系，可以分别写出谐振电路中的电压与电流关系，此处不再赘述。

LC 谐振变换器工作在这种方式下，模态 1、模态 2、模态 4、模态 5 固定，功率管的关断时间发生在模态 2 与模态 5 的过程中，通过调节模态 3 与模态 6 的时间，就可以调节输出电压的大小，这就是变频控制。

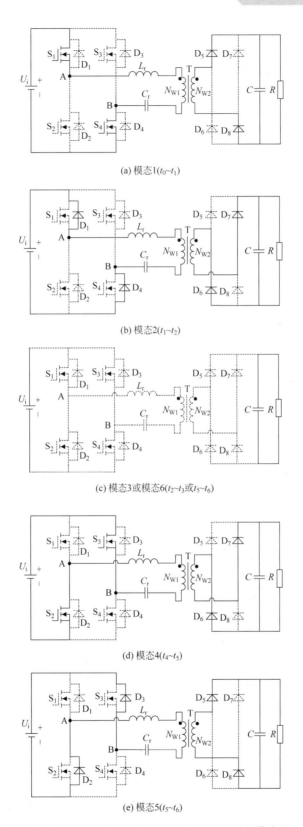

(a) 模态1($t_0\sim t_1$)

(b) 模态2($t_1\sim t_2$)

(c) 模态3或模态6($t_2\sim t_3$或$t_5\sim t_6$)

(d) 模态4($t_4\sim t_5$)

(e) 模态5($t_5\sim t_6$)

图5.17 LC串联谐振变换器在$f_s<0.5f_r$时的模态图

5.5.2　$0.5f_r < f_s < f_r$ 时的工作原理

图 5.18 为开关频率 f_s 在 $(0.5f_r, f_r)$ 区间内时谐振变换器的主要工作波形。由 f_s 与 f_r 之间的关系可知,在半个开关周期内不足以提供至少 1 个完整谐振过程的时间,因此谐振电压、谐振电流波形是不规则的正弦波形。根据图 5.18,一个开关周期内变换器的工作过程可以分为 4 个模态。

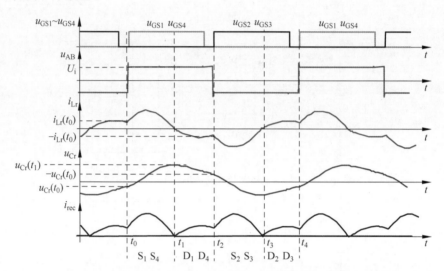

图 5.18　$0.5f_r < f_s < f_r$ 时串联谐振变换器的主要工作波形

1) 模态 1：$t_0 \sim t_1$[图 5.17(a)]

在 t_0 前,谐振电流大于零,其值为 $i_{Lr}(t_0)$,谐振电容电压小于零,其值为 $u_{Cr}(t_0)$,全桥电路二极管 D_2、D_3 导通。t_0 时刻,开通功率管 S_1、S_4,二极管 D_2、D_3 立刻截止并承受反向电压,因此存在较大的反向恢复损耗;在功率管 S_1、S_4 中,除了需要流过谐振电流 i_{Lr} 以外,还会流过二极管的反向恢复电流,在功率管 S_1、S_4 的开通过程中产生了很大的电流尖峰,因此功率管 S_1、S_4 中会产生很大的开通损耗,功率管 S_1、S_4 的开通属于硬开通。

根据 LC 谐振电路电压 $u_{LC} = U_i - U_o/k_T$ 以及谐振电容、谐振电压的初始条件,得

$$u_{Cr}(t) = (U_i - U_o/k_T) - [U_i - U_o/k_T - u_{Cr}(t_0)]\cos\omega_r(t - t_0) +$$
$$Z_r i_{Lr}(t_0) i_{Lr}(t_0)\sin\omega_r(t - t_0) \quad t \in (t_0 \sim t_1) \tag{5-10}$$

$$i_{Lr}(t) = i_{Lr}(t_0)\cos\omega_r(t - t_0) + \frac{(U_i - U_o/k_T - u_{Cr}(t_0))}{Z_r}\sin\omega_r(t - t_0) \quad t \in (t_0 \sim t_1) \tag{5-11}$$

t_1 时刻,谐振电流降到零,本模态结束。

2) 模态 2：$t_1 \sim t_2$[图 5.17(b)]

t_1 时刻以后,谐振电流由正变负,二极管 D_1、D_4 开始导通,将功率管 S_1、S_4 端电压钳位在零,在谐振电流为负的这段时间内,关断功率管 S_1、S_4,实现 S_1、S_4 的零电压/零电流关断。该模态持续到功率管 S_2、S_3 导通时刻。

根据 LC 谐振电路电压 $u_{LC} = U_i + U_o/k_T$ 以及谐振电容、谐振电压的初始条件 $i_{Lr}(t_1) = 0$,$u_{Cr}(t_1)$ 得

$$u_{Cr}(t) = (U_i + U_o/k_T) - [U_i + U_o/k_T - u_{Cr}(t_1)]\cos\omega_r(t - t_1) \quad t \in (t_1 \sim t_2) \tag{5-12}$$

$$i_{Lr}(t) = \frac{(U_i + U_o/k_T - u_{Cr}(t_1))}{Z_r}\sin\omega_r(t - t_1) \quad t \in (t_1 \sim t_2) \tag{5-13}$$

t_2 时刻,开通功率管 S_2、S_3,该模态结束。二极管 D_1、D_4 立刻截止并承受反向电压,因此存在较大的反向恢复损耗;在功率管 S_2、S_3 中,除了需要流过谐振电流 i_{Lr} 以外,还会流过二极管的反向恢复电流,在功率管 S_2、S_3 的开通过程中产生了很大的电流尖峰,因此功率管 S_2、S_3 中会产生很大的开通损耗,功率管 S_2、S_3 的开通属于硬开通。

模态 3 和模态 4(分别对应图 5.17(d)和图 5.17(e))与前两个模态是对称关系,可以分别写出谐振电路中的电压与电流关系,此处不再赘述。

通过变频控制实现谐振电流峰值大小,就可以实现从输入端向输出端输送能量,即实现对输出电压大小的调节。

5.5.3 $f_s > f_r$ 时的工作原理

图 5.19 为开关频率 f_s 大于谐振频率 f_r 时谐振变换器的主要工作波形,谐振电流继续工作在电流连续方式。根据图 5.19,一个开关周期内变换器的工作过程可以分为 4 个模态。

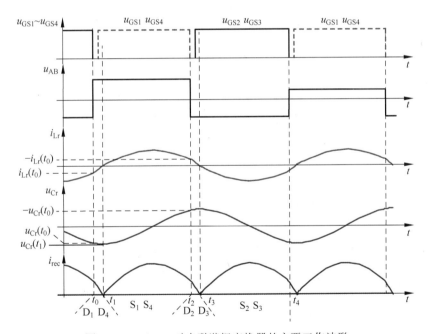

图 5.19 $f_s > f_r$ 时串联谐振变换器的主要工作波形

1) 模态 1: $t_0 \sim t_1$ (**图 5.17(b)**)

在 t_0 时刻前,谐振电流小于零,其值为 $i_{Lr}(t_0)$,谐振电容电压小于零,其值为 $u_{Cr}(t_0)$,全桥电路中功率管 S_2、S_3 导通。t_0 时刻,关断功率管 S_2、S_3,二极管 D_1、D_4 立刻导通,因此功率管 S_2、S_3 属于硬关断。在二极管 D_1、D_4 导通以后,开通功率管 S_1、S_4 可实现功率管的零电压/零电流开通。

根据 LC 谐振电路电压 $u_{LC}=U_i+U_o/k_T$ 以及谐振电容、谐振电压的初始条件,得

$$u_{Cr}(t)=(U_i+U_o/k_T)-[U_i+U_o/k_T-u_{Cr}(t_0)]\cos\omega_r(t-t_0)+$$
$$Z_r i_{Lr}(t_0)i_{Lr}(t_0)\sin\omega_r(t-t_0) \quad t\in(t_0\sim t_1) \tag{5-14}$$

$$i_{Lr}(t)=i_{Lr}(t_0)\cos\omega_r(t-t_0)+\frac{(U_i+U_o/k_T-u_{Cr}(t_0))}{Z_r}\sin\omega_r(t-t_0) \quad t\in(t_0\sim t_1) \tag{5-15}$$

t_1 时刻,谐振电流上升到零,本模态结束。

2) 模态 2: $t_1\sim t_2$[图 5.17(a)]

t_1 时刻以后,谐振电流由负变正,功率管 S_1、S_4 流过电流。在本模态内,谐振电容电压由负变正。

根据 LC 谐振电路电压 $u_{LC}=U_i-U_o/k_T$ 以及谐振电容、谐振电压的初始条件 $i_{Lr}(t_1)=0$,$u_{Cr}(t_1)$ 得

$$u_{Cr}(t)=(U_i-U_o/k_T)-[U_i-U_o/k_T-u_{Cr}(t_1)]\cos\omega_r(t-t_1) \quad t\in(t_1\sim t_2) \tag{5-16}$$

$$i_{Lr}(t)=\frac{(U_i-U_o/k_T-u_{Cr}(t_1))}{Z_r}\sin\omega_r(t-t_1) \quad t\in(t_1\sim t_2) \tag{5-17}$$

t_2 时刻,关断功率管 S_1、S_4,同功率管 S_2、S_3 一样,功率管 S_1、S_4 实现硬关断。

模态 3 和模态 4(分别对应图 5.17(d) 和图 5.17(e))与前两个模态是对称关系,可以分别写出谐振电路中的电压与电流关系,此处不再赘述。

有一点必须注意:LC 串联谐振变换器输出电压折算到原边的值必定是小于输入电压的。

5.5.4　LC 串联谐振变换器的仿真验证

为验证 LC 串联谐振变换器在上述 3 种工作情况下的运行情况,建立了如图 5.20 所示的 Saber 仿真模型。仿真模型中的器件型号与参数如图中所示,图中谐振频率 $f_r=48\text{kHz}$,变压器的变比为 1∶2。下面通过改变驱动信号的参数、改变负载电阻值实现不同情况下的仿真。

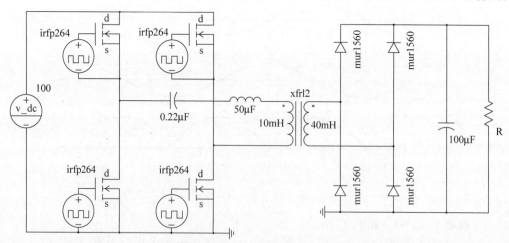

图 5.20　基于全桥电路的 LC 串联谐振变换器 Saber 仿真模型

图 5.21 为开关频率小于 $24\text{kHz}(0.5f_r)$ 时,不同负载情况下的 Saber 仿真结果。图 5.21(a) 为负载 $R=15\Omega$,$f_s=20\text{kHz}$ 时的仿真结果,可以看出,谐振电压、谐振电流波形

与图 5.16 所示的理论波形相同。谐振电容的最大电压为输入电压的两倍（200V）；在谐振电流为零的阶段，谐振电压为输出电压折算到原边值的两倍（120V）。

在图 5.21(a)仿真参数的基础上，仅将负载电阻值变为 300Ω，仿真结果如图 5.21(b)所示。可以看出，输出的谐振电压、谐振电流波形与理论值不再一致，其原因是线路中的寄生参数、开关管、二极管以及变压器的线路阻抗造成的损耗，使得谐振电流变为零时，谐振电容电压小于输入电压的两倍（200V），使谐振网络反向谐振的条件消失，因此该情况下，半个开关周期内仅能实现半个谐振过程。

如果将图 5.21(b)仿真结果对应的仿真参数仅将其中的开关周期改为 6.7 kHz，仿真结果如图 5.21(c)所示。则在半个开关周期内，将恢复完整的谐振过程，其原因是，随着开关频率下降，开关周期超过谐振时长，所以谐振元件可以实现完整周期的谐振过程，开关频率下降以后，输出电压也下降，作用于谐振单元的电压降变大，即式(5-5)中右侧的第一项变大，使得谐振一次向输出侧的电压传输的能量变大，直至满足在谐振单元前半个周期谐振结束后，谐振电压的最大值达到输入电压的两倍，谐振负半周继续谐振的条件。

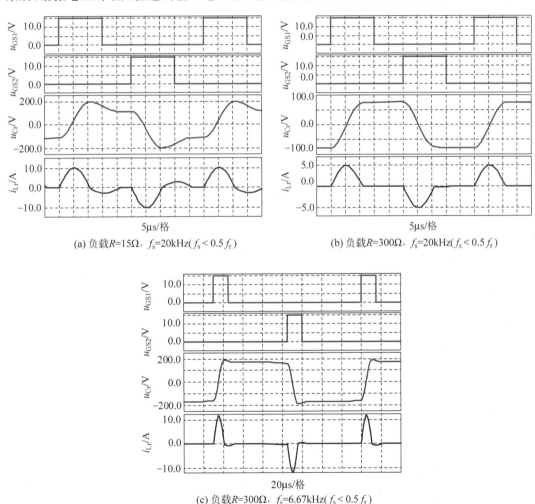

(a) 负载R=15Ω，f_s=20kHz($f_s < 0.5 f_r$)

(b) 负载R=300Ω，f_s=20kHz($f_s < 0.5 f_r$)

(c) 负载R=300Ω，f_s=6.67kHz($f_s < 0.5 f_r$)

图 5.21　LC 串联谐振变换器在 $f_s < 0.5 f_r$ 时的 Saber 仿真结果

图 5.22 为开关频率在 30kHz($0.5f_r < f_s < f_r$) 时,不同负载情况下的 Saber 仿真结果。图 5.22(a) 为负载 $R = 30\Omega$ 时的仿真结果,可以看出,谐振电压、谐振电流波形与图 5.18 所示的理论波形相同。同图 5.21 所示的情况类似,在轻载时($R = 300\Omega$),在半个开关周期内只能保证半个谐振过程。

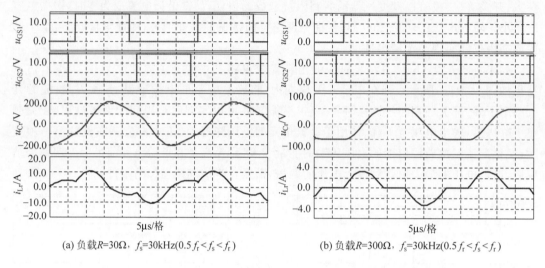

(a) 负载R=30Ω,f_s=30kHz($0.5f_r < f_s < f_r$)   (b) 负载R=300Ω,f_s=30kHz($0.5f_r < f_s < f_r$)

图 5.22 LC 串联谐振变换器在 $0.5f_r < f_s < f_r$ 时的 Saber 仿真结果

图 5.23 为开关频率在 62.5kHz($f_s > f_r$) 时,不同负载情况下的 Saber 仿真结果。图 5.23(a) 为负载 $R = 30\Omega$ 时的仿真结果,可以看出,谐振电压、谐振电流波形与图 5.19 所示的理论波形相同。同图 5.21 和图 5.22 所示的情况类似,在轻载时($R = 300\Omega$),由于过小的谐振电流,半个开关周期结束时,不能保证谐振电流为正值,因此与图 5.19 所示的理论波形存在一定的差异。

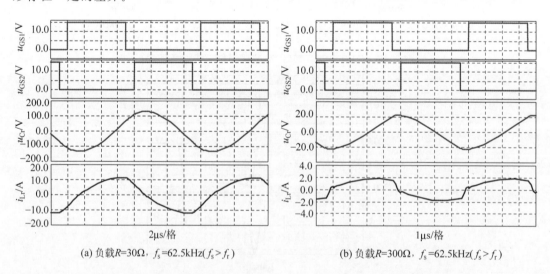

(a) 负载R=30Ω,f_s=62.5kHz($f_s > f_r$)   (b) 负载R=300Ω,f_s=62.5kHz($f_s > f_r$)

图 5.23 LC 串联谐振变换器在 $f_s > f_r$ 时的 Saber 仿真结果

5.6 LC并联谐振变换器

另一种在开关周期内实现完整谐振过程的是 LC 并联谐振变换器,其谐振电容 C_r 并联在变压器的原边绕组,谐振电感 L_r 连接在全桥电路的交流侧,谐振电容 C_r 相当于一个电压源,因此在变换器的输出滤波电容之前还必须采用电感缓冲两个电容之间的电压差,其具体电路拓扑如图 5.24 所示。功率管 $S_1 \sim S_4$ 的调制策略与图 5.15 所示 LC 串联谐振变换器的调制策略一样,也就是说,图 5.24 中的电压 u_{AB} 为一方波电压;变压器原边绕组与谐振电容并联,因此整流电路输出电压 u_D 为谐振电压的绝对值,这与传统的桥式变换器的整流器输出电压为方波电压不一样,因此滤波电容电流 I_L 不再呈现线性上升与线性下降的过程,而是斜率变化的升降过程。

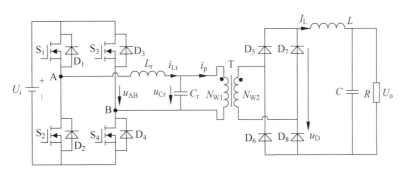

图 5.24 基于全桥电路的 LC 并联谐振变换器

滤波电感值一般都较大,可以将电流 I_L 看成是一电流源,将 LC 并联谐振看成是一个整体,其输入是电压源 u_{AB},其输出是电流源为 i_p,其大小等于 I_L/k_T,则 LC 并联谐振单元的输入电压、输出电流与变换器中的特征量之间的关系为

$$u_{AB} = \begin{cases} U_i & S_1/S_4 \text{ 或 } D_1/D_4 \text{ 导通} \\ -U_i & S_2/S_3 \text{ 或 } D_2/D_3 \text{ 导通} \end{cases} \quad (5\text{-}18)$$

$$i_p = \begin{cases} I_L/k_T & u_{Cr} > 0 \\ -I_L/k_T & u_{Cr} < 0 \end{cases} \quad (5\text{-}19)$$

其中,k_T 为变压器原边、副边的匝数比。根据开关频率 f_s 与 LC 谐振频率 f_r 之间的关系,LC 串联谐振变换器的工作方式可以分为 3 种,分别为① $f_s < 0.5 f_r$;② $0.5 f_r < f_s < f_r$;③ $f_s > 0.5 f_r$。定义谐振角频率 $\omega_r = 2\pi f_r = 1/\sqrt{L_r C_r}$,谐振周期 $T_r = 2\pi \sqrt{L_r C_r}$,谐振特征阻抗 $Z_r = \sqrt{L_r/C_r}$,下面分别分析 3 种工作情况。

5.6.1 $f_s < 0.5 f_r$ 时的工作原理

图 5.25 为开关频率 f_s 小于谐振频率 f_r 的一半时谐振变换器的主要工作波形。由于 f_s 与 f_r 之间的关系可知,一个开关周期内,至少可以实现两次完整的谐振过程。根据图 5.25 所示,一个开关周期内变换器的工作过程可以分为 6 个模态。

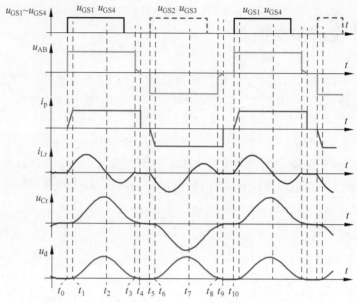

图 5.25 $f_s < 0.5 f_r$ 时并联谐振变换器的主要工作波形

1) 模态 1：$t_0 \sim t_1$ [图 5.26(a)]

在 t_0 前，电感电流 I_L 通过 4 个整流二极管 $D_5 \sim D_8$ 进行续流，谐振电容电压被整流二极管钳位在零，负载由滤波电容 C 向其供电。t_0 时刻，开通功率管 S_1 与 S_4，谐振电感电流 i_{Lr}（该模态下即等于谐振单元输出电流 i_p）缓慢增加，因此开关管 S_1 与 S_4 实现零电流开通；在 $i_{Lr} < I_L / k_T$ 阶段，整流二极管 $D_5 \sim D_8$ 继续导通，不过流过 D_5、D_8 电流逐渐增加，流过 D_6、D_7 电流逐渐减小；t_1 时刻，$i_{Lr} = I_L / k_T$ 时，D_6、D_7 关断，模态 1 结束。

2) 模态 2：$t_1 \sim t_3$ [图 5.26(b) 和图 5.26(c)]

t_1 时刻以后，$i_{Lr} > I_L / k_T$，谐振过程开始。谐振电流的初始值 $i_{Lr}(t_1) = I_L / k_T$，$u_{cr}(t_1) = 0$，再根据式(5-17)和式(5-18)中谐振单元的输入电压、输出电流的关系，得到谐振电流 i_{Lr} 与谐振电压 u_{Cr} 的表达式。

$$u_{Cr}(t) = U_i [1 - \cos \omega_r (t - t_1)] \quad t \in (t_1 \sim t_3) \tag{5-20}$$

$$i_{Lr}(t) = I_L / k_T + \frac{U_i}{Z_r} \sin \omega_r (t - t_1) \quad t \in (t_1 \sim t_3) \tag{5-21}$$

t_2 时刻，谐振电流 i_{Lr} 为零；t_2 时刻以后，谐振电流变负，功率管 S_1 与 S_4 的反并二极管 D_1 与 D_4 导通，在谐振电流 i_{Lr} 为负的阶段关断开关管 S_1 与 S_4 可实现零电压零电流关断；变压器副边整流侧电路工作状态不变，谐振电压逐渐变小，直至 t_3 时刻，谐振电流 i_{Lr} 由负变零，该模态结束。

3) 模态 3：$t_3 \sim t_4$ [图 5.26(d)]

t_3 时刻以后，功率管 $S_1 \sim S_4$ 中均没有电流，谐振电流 i_{Lr} 保持为零，因此谐振电感的端电压为零，前级功率管 $S_1 \sim S_4$ 的输出电压 u_{AB} 等于谐振电容电压 u_{Cr}，该模态内谐振电压 u_{Cr} 仍大于零，谐振电容中存储的能量经整流二极管 D_5、D_8 向负载侧释放，变压器副边的整流电路仍保持与模态 2 一样的状态。t_4 时刻，$u_{Cr} = 0$，该模态结束。

4) 模态 4：$t_4 \sim t_5$ [图 5.26(e)]

t_4 时刻以后，变压器原边不再向副边提供能量，因此，整流二极管 $D_5 \sim D_8$ 全部导通进行续流。t_5 时刻,功率管 S_2、S_3 导通,负半周期开始。

$t_5 \sim t_{10}$ 时间段为负半开关周期的工作过程,其工作波形与正半周期对称,对应的模态工作电路如图 5.26(f)~(j)所示,这里不再赘述。

LC 并联谐振变换器工作在这种方式下,改变模态 4、模态 8 持续的时间,就可以调节输出电压的大小,这就是变频控制。

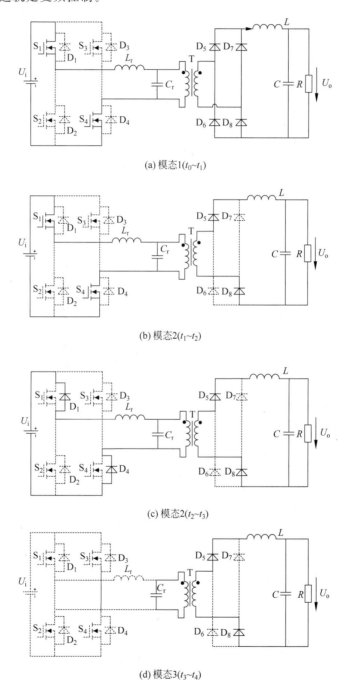

(a) 模态1($t_0 \sim t_1$)

(b) 模态2($t_1 \sim t_2$)

(c) 模态2($t_2 \sim t_3$)

(d) 模态3($t_3 \sim t_4$)

图 5.26　LC 并联谐振变换器在 $f_s < 0.5 f_r$ 时的模态图

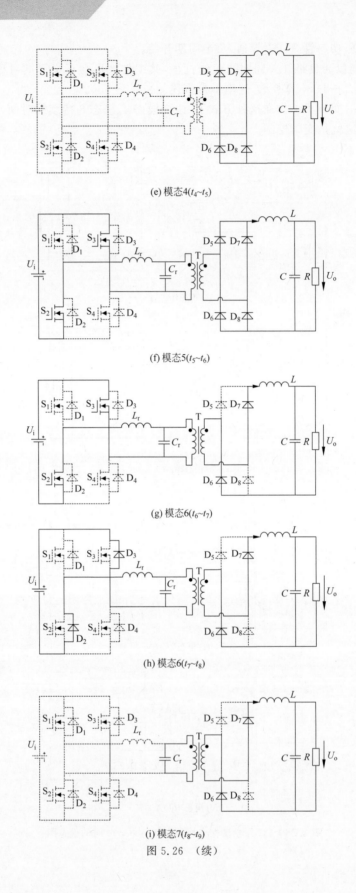

(e) 模态4($t_4 \sim t_5$)

(f) 模态5($t_5 \sim t_6$)

(g) 模态6($t_6 \sim t_7$)

(h) 模态6($t_7 \sim t_8$)

(i) 模态7($t_8 \sim t_9$)

图 5.26 （续）

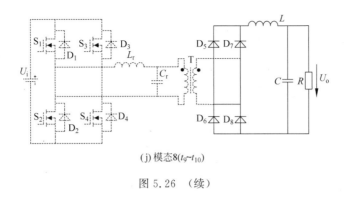

(j) 模态8($t_9 \sim t_{10}$)

图 5.26 （续）

5.6.2　$0.5f_r < f_s < f_r$、$f_s > f_r$ 时的工作原理

当 LC 并联谐振变换器的开关频率工作在 $0.5f_r < f_s < f_r$ 与 $f_s > f_r$ 时，由于半个开关周期的时间小于一个完整的谐振过程，因此这两种情况下谐振变换器的工作模态中，LC 谐振单元始终处于谐振状态，两种情况下谐振变换器在一个开关周期内均有 6 个开关模态，分别如图 5.27 和图 5.28 所示，对应的工作模态、工作时间、对应模态的工作元件如表 5.2 所示，这里不再对每个模态具体的工作原理进行解释。需要注意的是，在开关频率 $f_s < 0.5f_r$ 时，功率管 $S_1 \sim S_4$ 总能实现零电压/零电流开通与零电压关断；但是在开关频率 $0.5f_r < f_s < f_r$ 范围内时，功率管可以实现零电压/零电流关断，但开通过程属于硬开关，存在功率损耗；在开关频率 $f_s > f_r$ 时，功率管可以实现零电压/零电流开通，但关断属硬关断，存在功率损耗。

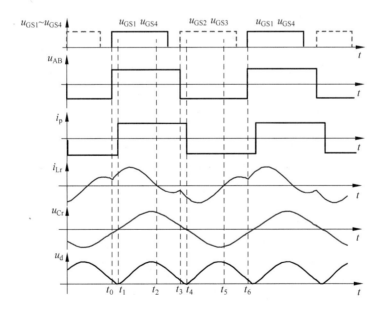

图 5.27　$0.5f_r < f_s < f_r$ 时变换器的主要工作波形图

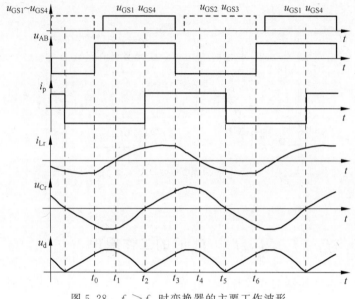

图 5.28　$f_s > f_r$ 时变换器的主要工作波形

表 5.2　$0.5f_r < f_s < f_r$、$f_s > f_r$ 时模态说明

	$0.5f_r < f_s < f_r$			$f_s > f_r$	
模态 1	$t_0 \sim t_1$	S_1/S_4、D_6/D_7 导通	模态 1	$t_0 \sim t_1$	D_1/D_4、D_6/D_7 导通
模态 2	$t_1 \sim t_2$	S_1/S_4、D_6/D_7 导通	模态 2	$t_1 \sim t_2$	S_1/S_4、D_6/D_7 导通
模态 3	$t_2 \sim t_3$	D_1/D_4、D_5/D_8 导通	模态 3	$t_2 \sim t_3$	S_1/S_4、D_5/D_8 导通
模态 4	$t_3 \sim t_4$	S_2/S_3、D_5/D_8 导通	模态 4	$t_3 \sim t_4$	D_2/D_3、D_5/D_8 导通
模态 5	$t_4 \sim t_5$	S_2/S_3、D_6/D_7 导通	模态 5	$t_4 \sim t_5$	S_2/S_3、D_5/D_8 导通
模态 6	$t_5 \sim t_6$	D_2/D_3、D_6/D_7 导通	模态 6	$t_5 \sim t_6$	S_2/S_3、D_6/D_7 导通

5.6.3　LC 并联谐振变换器的仿真验证

为验证 LC 并联谐振变换器在上述 3 种工作情况下的运行情况,建立了如图 5.29 所示的 Saber 仿真模型。仿真模型中的器件型号与参数如图中所示,图中谐振频率 $f_r = 48\text{kHz}$,变压器的变比为 1:2。通过改变谐振变换器的工作频率、改变负载电阻值可实现不同情况下的仿真。

图 5.30(a)为开关频率等于 20kHz($f_s < 0.5f_r$)、负载电阻 $R = 60\Omega$ 时,Saber 仿真模型得到的仿真结果,可以看出,谐振电压、谐振电流波形与图 5.25 所示的理论波形相同。开关管在关断时刻之前,与其并联的二极管就已经导通,因此开关管实现零电压零电流关断;且开关管开通后流过的电流总是慢慢增加,所以开关管实现零电流开通。

在图 5.30(a)仿真参数的基础上,仅将开关频率变为 29.4kHz($0.5f_r < f_s < f_r$),仿真结果如图 5.30(b)所示。可以看出,仿真波形与图 5.27 所示的理论分析波形一致,此时谐振电容的电压峰值等于输入电压的 2 倍,即 200V。此外,开关管 S_1 与 S_4 开通之前,谐振电流为正值,对应电流流过 S_2、S_3 的体二极管,因此开关管 S_1 与 S_4 的开通过程属于硬开通;而各开关管的关断前,对应体二极管的流过电流,因此开关管实现零电压关断。

图 5.30(c)为开关频率等于 55.5kHz($f_s > f_r$)、负载电阻 $R = 60\Omega$ 时,Saber 仿真模型得到的仿真结果,可以看出,谐振电流的正负情况正好与图 5.30(b)所示的开关频率在 $0.5f_r < f_s < f_r$

范围内的情况相反,因此开关管实现了零电压/零电流开通,但关断属硬关断,存在功率损耗。

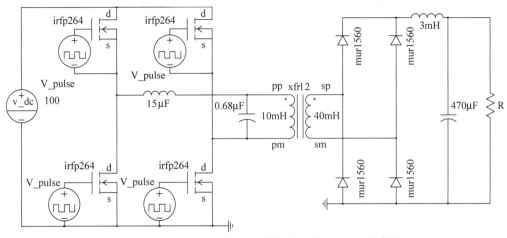

图 5.29 基于全桥电路的 LC 串联谐振变换器 Saber 仿真模型

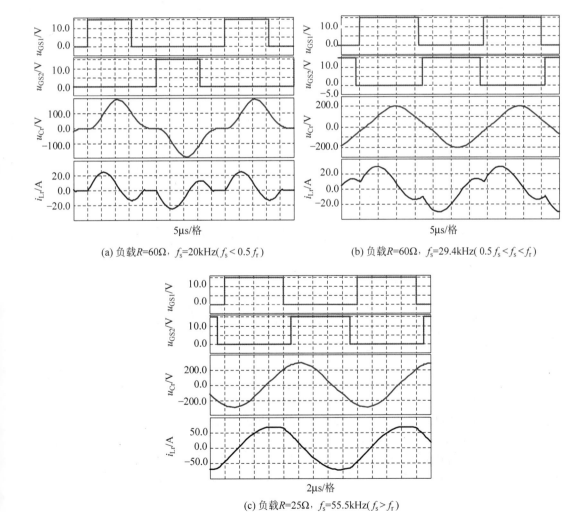

(a) 负载R=60Ω,f_s=20kHz($f_s < 0.5 f_r$)

(b) 负载R=60Ω,f_s=29.4kHz($0.5 f_s < f_s < f_r$)

(c) 负载R=25Ω,f_s=55.5kHz($f_s > f_r$)

图 5.30 LC 并联谐振变换器在 3 种频率范围内时的 Saber 仿真结果

5.7 LLC 谐振变换器

LLC 谐振变换器在传统串联 LC 谐振变换器和并联 LC 谐振变换器的基础上进行了改进,它既具有 LC 串联谐振变换器谐振电容所起到的隔直作用和谐振网络电流随负载轻重而变化,轻载时效率较高的优点,同时又兼具了 LC 并联谐振变换器可以工作在空载条件下,对滤波电容的电流脉动要求小的特点,是一种比较理想的谐振变换器拓扑。但由于它在传统串联谐振变换器的基础上增加了一个谐振元件,电路特性变得更为复杂。本节以半桥式 LLC 谐振变换器为例进行分析。

5.7.1 LLC 谐振变换器的工作原理

图 5.31 为半桥 LLC 谐振变换器的电路结构,图中 LLC 谐振单元的输入侧电路是由开关管 S_1、S_2 构成的半桥逆变电路,其输出电压 u_A 是带有直流分量 $0.5U_i$ 的矩形波,该直流分量由谐振电容 C_r 承担,即谐振电容 C_r 也具有隔直功能;谐振电感 L_r 与 L_m 分别与变压器的原边绕组串联与并联,在实际的变换器中,可以采用变压器的漏感与自感分别实现;图 5.31 中的变压器后级采用全波整流电路,较适合在低输出电压场合;图中的半桥逆变电路(全波整流电路)也可以被其他形式的逆变电路或整流电路代替,如全桥逆变电路(全桥整流电路或倍压整流电路),具体采用哪种电路视变换器的输入、输出参数以及应用场合而定。

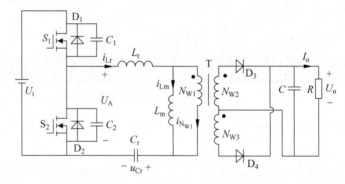

图 5.31　半桥 LLC 谐振变换器

LLC 谐振变换器电路有两个谐振频率,一个是谐振电感 L_r 和谐振电容 C_r 的谐振频率 f_r,另一个是谐振电感 L_r 与 L_m 串联后和谐振电容 C_r 的谐振频率 f_m,两个谐振频率分别为

$$\begin{cases} f_r = \dfrac{1}{2\pi\sqrt{L_r C_r}} \\ f_m = \dfrac{1}{2\pi\sqrt{(L_r + L_m)C_r}} \end{cases} \tag{5-22}$$

在传统的 LC 串联谐振变换器中,为了实现原边开关管的 ZVS,开关频率必须高于谐振单元的谐振频率,即在桥式逆变器的输出侧来看,谐振单元与负载呈感性。根据式(5-22)中的两个谐振频率,LLC 谐振变换器的工作频率可以在 $f_s > f_r$ 范围,也可以工作在 $f_m < f_s < f_r$ 范围内,它们对应的工作原理与工作特性存在一定的区别,下面分别分析上述两种情况。

1. $f_m < f_s < f_r$

图 5.32 为半桥 LLC 谐振变换器在 $f_m < f_s < f_r$ 时工作波形,一个开关周期内可以分

为 8 个工作模态，下面分别对几个模态进行分析。

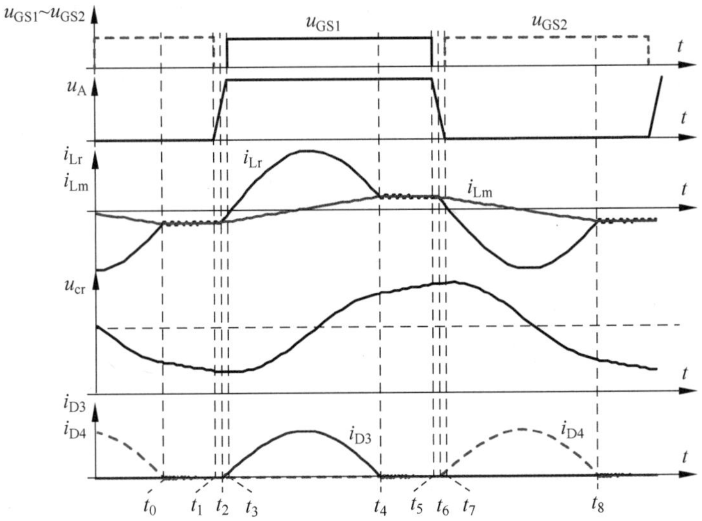

图 5.32　半桥 LLC 谐振变换器在 $f_m < f_s < f_r$ 时工作波形

1) 模态 1：$t_0 \sim t_1$［图 5.33(a)］

在 t_0 前，开关管 S_2 导通，谐振电流 i_{Lr} 与 i_{Lm} 均为负值，且 $|i_{Lr}| > |i_{Lm}|$，此时，谐振电感 L_m 电压被导通的整流二极管 D_4 钳位在 $-k_T U_o$。因此谐振电感 L_m 不参与谐振。

t_0 时刻，$i_{Lr} = i_{Lm}$，且均为负值，整流二极管 D_4 截止，谐振电感 L_m、L_r 以及谐振电容 C_r 经开关管 S_2 形成谐振回路，由于谐振电感 L_m 的感值较大，因此谐振周期较大，谐振电流 i_{Lr} 在这一阶段时间内变化不明显。

t_1 时刻，开关管 S_2 关断，该模态结束。

2) 模态 2：$t_1 \sim t_2$［图 5.33(b)］

t_1 时刻，开关管 S_2 关断，由于开关管 S_1、S_2 的寄生电容 C_1、C_2 较小，因此该阶段分析时认为谐振电流 i_{Lr} 给 C_1 线性放电，给 C_2 线性充电，在该过程中，开关管 S_1 的端电压逐渐下降，开关管 S_2 的端电压逐渐上升。因此，开关管 S_2 实现了零电压关断。在 t_2 时刻，电压 $u_A(t_2) = u_{Cr}(t_2)$。

3) 模态 3：$t_2 \sim t_3$［图 5.33(c)］

t_2 时刻以后，u_A 继续增加，则作用在谐振电感 L_m 的电压大于零，即变压器原边电压大于零，因此变压器副边的整流二极管 D_3 导通。此后，谐振电感 L_m 的端电压被钳位在 $k_T U_o$，其中 k_T 为变压器原边、副边之间的匝数比。因此电流 i_{Lm} 在该段时间内线性增加；谐振电感 L_r 与谐振电容 C_r 构成的电路继续对 C_1 放电，给 C_2 充电，当 t_3 时刻，$u_A = U_i$，该模态结束。

4) 模态 4：$t_3 \sim t_4$［图 5.33(d)］

t_3 时刻以后，二极管 D_1 导通。因此在 t_3 时刻以后，并且在谐振电流 i_{Lr} 为负值的阶段（即二极管 D_1 保持导通阶段）开通开关管 S_1 可实现零电压/零电流开通。该模态中，谐振电感 L_r 与谐振电容 C_r 谐振，谐振电感 L_m 的端电压仍被钳位在 $k_T U_o$，因此作用在谐振单元上的电压为 $0.5U_i - k_T U_o$。流过二极管 D_3 的电流等于 $k_T(i_{Lr} - i_{Lm})$。

t_4 时刻，$i_{Lr} = i_{Lm}$，整流二极管 D_3 的电流变零后截止，基本无反向恢复损耗，该模态结束。

后半周期的模态图分别如图 5.33(e)~(h) 所示，与前半周期对称，这里不再赘述。

从 LLC 谐振变换器的工作原理可以看出,开关管 S_1、S_2 均可以实现零电压/零电流开通与零电压关断,此外整流二极管的开通与关断均发生在零电流时刻,因此其开通、关断过程的损耗也很小。

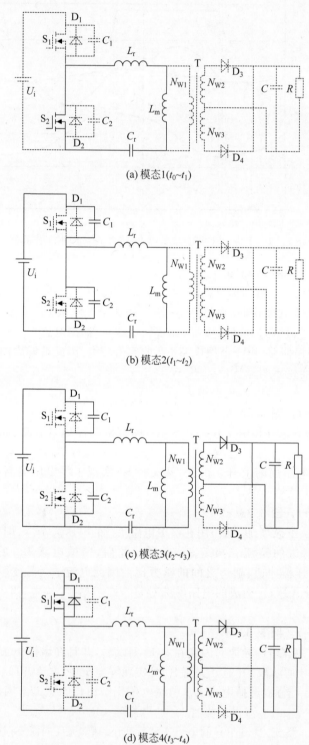

(a) 模态1($t_0 \sim t_1$)

(b) 模态2($t_1 \sim t_2$)

(c) 模态3($t_2 \sim t_3$)

(d) 模态4($t_3 \sim t_4$)

图 5.33　LLC 谐振变换器在 $f_m < f_s < f_r$ 时的模态图

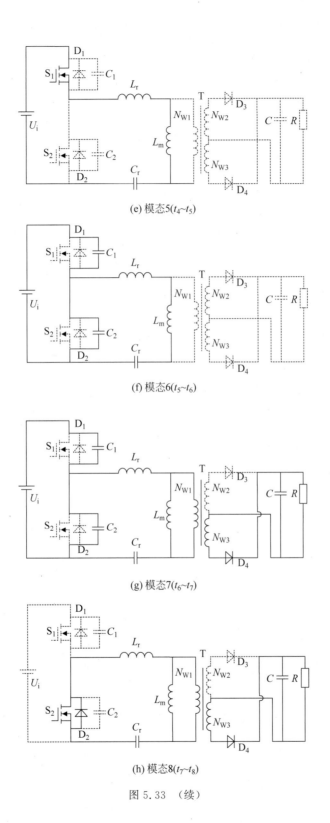

(e) 模态5($t_4 \sim t_5$)

(f) 模态6($t_5 \sim t_6$)

(g) 模态7($t_6 \sim t_7$)

(h) 模态8($t_7 \sim t_8$)

图 5.33 （续）

2. $f_s > f_r$

在开关频率 $f_s > f_r$ 时,变换器谐振电感 L_m 的端电压一直被整流二极管 D3 或 D4 钳位,其端电压值为 $|k_T U_o|$,由于谐振电感 L_m 不参与谐振,因此 LLC 谐振变换器在 $f_s > f_r$ 时的工作原理类似于 LC 串联谐振变换器在开关频率大于谐振频率时的情况。由于在介绍 LC 串联谐振变换器 $f_s > f_r$ 的时候忽略了开关管的寄生电容,在一个开关周期内仅有 4 个工作模态。本节考虑 LLC 谐振变换器在 $f_s > f_r$ 时,开关管的寄生电容,具体的工作波形与模态图分别如图 5.34 和图 5.35 所示。

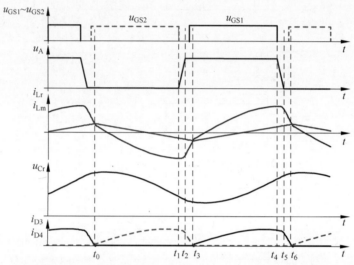

图 5.34　半桥 LLC 谐振变换器在 $f_s > f_r$ 时的工作波形

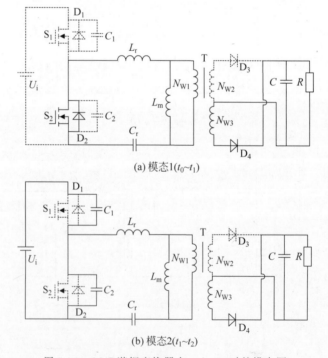

图 5.35　LLC 谐振变换器在 $f_s > f_r$ 时的模态图

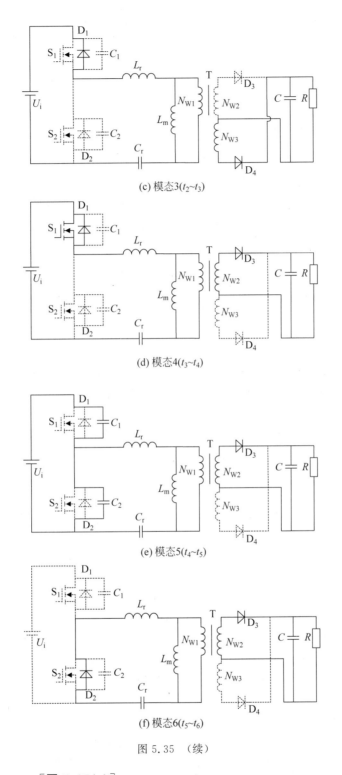

(c) 模态3(t_2~t_3)

(d) 模态4(t_3~t_4)

(e) 模态5(t_4~t_5)

(f) 模态6(t_5~t_6)

图 5.35 （续）

1）模态 1：t_0~t_1［图 5.35(a)］

t_0 时刻前，$i_{Lr} > i_{Lm}$，变压器原边电流 $i_{N_{W1}} = i_{Lr} - i_{Lm}$，为一正值，因此变压器副边的整流管 D_3 导通。由于开关管 S_1 关断、S_2 导通，且谐振电流 i_{Lr} 是一个正值，因此二极管 D_2 处于导通状态。

t_0 时刻，$i_{Lr}=i_{Lm}$，且均为正值，整流二极管 D_3 截止，此后谐振电流 i_{Lr} 继续减小，电流 $i_{N_{W1}}$ 变负，对应的整流二极管 D_4 导通。此后谐振电感 L_r 与谐振电容 C_r 继续谐振，作用于谐振单元上的电压为 $-0.5U_i+k_T U_o$。当谐振电流 i_{Lr} 由正变负以后，二极管 D_2 关断。该阶段中，谐振电感电压被钳位在 $-k_T U_o$，因此电流 i_{Lm} 开始线性下降。

t_1 时刻，开关管 S_2 关断，该模态结束。

2）**模态 2：$t_1 \sim t_2$[图 5.35(b)]**

t_1 时刻，开关管 S_2 关断，由于开关管 S_1、S_2 的寄生电容 C_1、C_2 较小，因此该阶段分析时认为谐振电流 i_{Lr} 给 C_1 线性放电，给 C_2 线性充电，在该过程中，开关管 S_1 的端电压逐渐下降，开关管 S_2 的端电压逐渐上升。因此，开关管 S_2 实现了零电压关断。在 t_2 时刻，电压 $u_A(t_2)=U_i$。

3）**模态 3：$t_2 \sim t_3$[图 5.35(c)]**

t_2 时刻以后，二极管 D_1 导通，开关管 S_1 的端电压为零，因此在 t_2 时刻以后，可以开通开关管 S_1，且可实现开关管 S_1 的零电压/零电流开通。该模态一直持续到 t_3 时刻 $i_{Lr}=i_{Lm}$ 结束。

t_3 时刻以后，$i_{Lr}>i_{Lm}$，整流二极管 D_4 截止，整流二极管 D_3 开通。

后半周期的模态图分别如图 5.35(d)～(f)所示，与前半周期对称，这里不再赘述。

同样的，LLC 谐振变换器在 $f_s>f_r$ 时，开关管 S_1、S_2 均可以实现零电压/零电流开通与零电压关断，整流二极管的开通与关断均发生在零电流时刻，因此整个变换器功率器件的开关损耗很小。

当 $f_s<f_m$ 时，谐振单元与负载呈现容性，这对变换器的效率提升不利，因此，设计 LLC 变换器时通常避免工作在此区域。

5.7.2 LLC 谐振变换器的输出特性

从图 5.32 和图 5.34 可以看出，谐振变换器输入电压 u_A 中的直流分量等于 $0.5U_i$，其基波分量为

$$u_{A\_f}(t)=\frac{2}{\pi}U_i\sin(2\pi f_s t) \tag{5-23}$$

为了对谐振变换器进行稳态分析，采用基频分量法（First Harmonic Approximation）进行分析。假设谐振电流 i_{Lr} 也是一个正弦函数

$$i_{Lr}(t)=\sqrt{2}I_{Lr}\sin(2\pi f_s t-\varphi) \tag{5-24}$$

其中，I_{Lr} 为谐振电流 i_{Lr} 的有效值，φ 为谐振电流与电压 u_A 之间的相位差。

整流二极管流过准正弦电流，并且当电流到零时翻转；因此整流电路的输入电压是幅值为 U_o 的方波，电流与电压同相，对应的基波电压与电流分别为

$$u_{o\_rec}(t)=\frac{4}{\pi}U_o\sin(2\pi f_s t-\gamma) \tag{5-25}$$

$$i_{o\_rec}(t)=\sqrt{2}I_{o\_rec}\sin(2\pi f_s t-\gamma) \tag{5-26}$$

其中，I_{o_rec} 为整流电流 i_{o_rec} 的有效值，γ 为整流电流与整流输入电压 u_{o_rec} 之间的相位差。

因此可以得到输出平均电流 I_o 为

$$I_o=\frac{2}{T_S}\int_0^{0.5T_s}\left|i_{o\_rec}(t)\right|\mathrm{d}t=\frac{2\sqrt{2}}{\pi}I_{o\_rec}=\frac{P_o}{U_o}=\frac{U_o}{R} \tag{5-27}$$

其中，T_s 为开关周期，P_o 为变换器输出功率。由于整流电压与整流电流同相，因此整流电路＋输出滤波对谐振网络就相当于等效电阻 R_{o_ac}

$$R_{o\_ac} = \frac{u_{o\_rec}(t)}{i_{rec}(t)} = \frac{U_{o\_rec}}{I_{rec}} = \frac{8U_o^2}{\pi^2 P_o} = \frac{8}{\pi^2}R \tag{5-28}$$

为了讨论方便，把等效负载折算到变压器原边，得到：

$$R_{ac} = n^2 R_{o\_ac} \tag{5-29}$$

根据图 5.36 所示的 LLC 谐振变单元的交流等效电路可以得到谐振网络的传递函数为

$$
\begin{aligned}
H(s) &= \frac{n\, u_{o\_rec}(s)}{u_{A\_f}(s)} = \frac{R_{ac} \parallel sL_m}{\frac{1}{sC_r} + sL_r + (R_{ac} \parallel sL_m)} \\
&= \frac{-L_m C_r R_{ac} \omega^2}{-j\omega^3 L_r C_r L_m - \omega^2 C_r R_{ac}(L_r + L_m) + j\omega L_m + R_{ac}}
\end{aligned} \tag{5-30}
$$

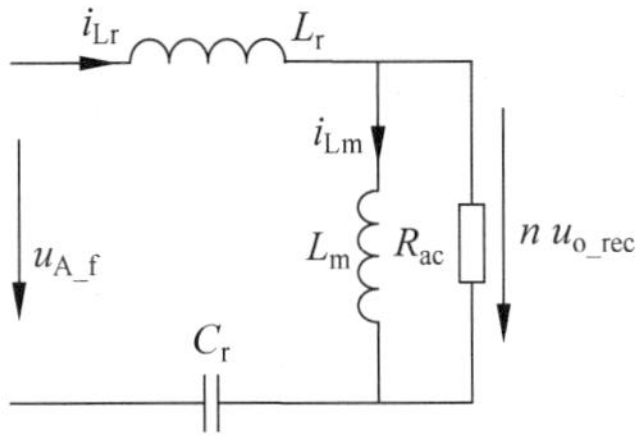

图 5.36 LLC 谐振变单元的交流等效电路

根据式(5-30)得到直流增益为

$$M_{dc} = \frac{U_o}{U_i} = \frac{\pi u_{o\_rec}(s)}{2\sqrt{2}} \frac{\sqrt{2}}{\pi u_{A\_f}(s)} = \frac{1}{2n} \mid H(j\omega) \mid \tag{5-31}$$

定义电感系数：$\lambda = (L_r/L_m)$，归一化频率 $f_n = (f_s/f_r)$，电路品质因数 $Q = Z_o/R_{ac} = Z_o/(n^2 R_{o\_ac}) = Z_o P_o/(n^2 U_o^2)$，其中阻抗特性 $Z_o = \sqrt{L_r/C_r} = 2\pi f_r L_r = 1/(2\pi f_r C_r)$，对式(5-30)进行变换，得

$$M_{dc} = \frac{U_o}{U_i} = \frac{1}{2n} \left| \frac{1}{1 + \lambda\left(1 - \frac{1}{f_n^2}\right) + j\left(f_n - \frac{1}{f_n}\right)Q} \right| = \frac{1}{2n} \frac{1}{\sqrt{\left(1 + \lambda - \frac{\lambda}{f_n^2}\right)^2 + Q^2\left(f_n - \frac{1}{f_n}\right)^2}} \tag{5-32}$$

定义归一化的电压增益 M 为

$$M = 2n\frac{U_o}{U_i} = \mid H(j\omega)\mid = \frac{1}{\sqrt{\left(1 + \lambda - \frac{\lambda}{f_n^2}\right)^2 + Q^2\left(f_n - \frac{1}{f_n}\right)^2}} \tag{5-33}$$

由式(5-33)可以得到 LLC 谐振变换器直流增益曲线如图 5.37 所示。图中的直流增益曲线是在 $\lambda = 0.2$ 的情况下变化品质因数 Q 值得到的。从图中可以看出，每条增益曲线都是随频率的增加先增加再减小，所以每条曲线都会在某个频率处有个拐点，并且拐点频率随着负载减轻不断减小，但不会一直趋近于零。因此，在 LLC 变换器控制时，如果输入电压在较大的范围内变化，通过改变变换器的工作频率就可以实现输出电压的稳定。

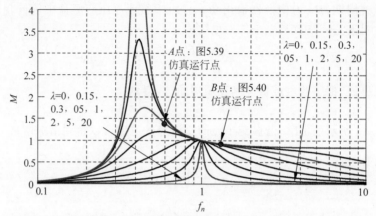

图 5.37　LLC 谐振变单元的输出电压随开关频率变化曲线($\lambda=0.2$)

5.7.3　LLC 谐振变换器的仿真验证

为验证 LLC 并联谐振变换器在上述 3 种工作情况下的运行情况,建立了如图 5.38 所示的 Saber 仿真模型。仿真模型中的器件型号与参数如图中所示,图中谐振频率 $f_r=$ 50kHz,$f_m=17.5$kHz,变压器的变比为 4∶1∶1。

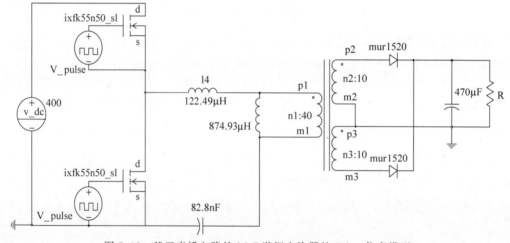

图 5.38　基于半桥电路的 LLC 谐振变换器的 Saber 仿真模型

图 5.39 为开关频率等于 30kHz($f_m<f_s<f_r$)、设定死区时间 0.7μs,负载电阻 $R=$ 9.875Ω 时 Saber 仿真模型得到的仿真结果,从前面的分析可以得到变换器的品质因数 $Q=$ 0.3,变换器的输出电压 $U_o=64.9$V,可以求得归一化的电压增益 $M=1.298$($8\times$ 64.9/400),与图 5.37 中的 A 点对应。可以看出,谐振变换器的仿真波形与图 5.32 所示的理论波形相同,图中仅给出了开关管 S_2 的端电压与电流波形,在关管 S_2 导通之前,其体二极管 D_2 已经导通,且流过其的电流从零慢慢上升,因此开关管 S_2 实现零电压/零电流开通;为方便观测开关管 S_2 的关断过程,图中对其进行了局部放大,可以看到,开关管的端电压缓慢地上升的过程,与电流的重叠部分很小,虽然开关管的电流维持一段很小的电流值,该电流是对开关管的寄生电容进行充电的电流,因此对开关管来说是实现了零电压关断;变压

器副边的整流二极管 D_3 与 D_4 电流均能在零电流处导通与关断,因此整流二极管的反向恢复损耗很小。

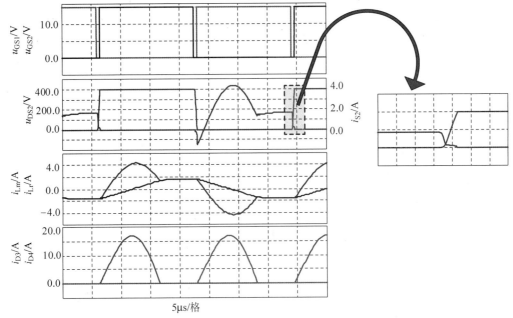

图 5.39 LLC 谐振变换器在 $f_m < f_s < f_r$ 时的 Saber 仿真结果

图 5.40 为开关频率等于 55.5kHz($f_m < f_s < f_r$)、设定死区时间 0.7μs,负载电阻 $R = 9.875\Omega$ 时 Saber 仿真模型得到的仿真结果,其品质因数 $Q = 0.3$,变换器的输出电压 $U_o = 47.9$V,可以求得归一化的电压增益 $M = 0.958(8 \times 47.9/400)$,与图 5.37 中的 B 点对应。可以看出,谐振变换器的仿真波形与图 5.34 所示的理论波形相同,开关管与二极管的电压电流分析类似图 5.39,这里不再分析。

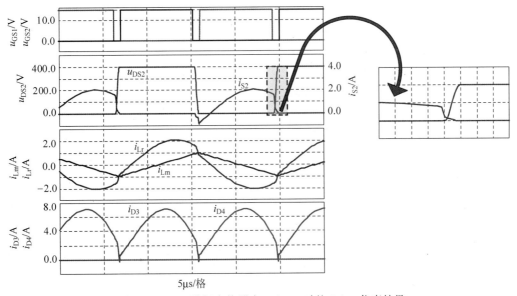

图 5.40 LLC 谐振变换器在 $f_s > f_r$ 时的 Saber 仿真结果

5.8 移相全桥零电压开关 PWM 变换器

前面几节所讲的几类谐振变换器均是通过改变变换器工作的开关频率来实现输出电压的调节,变频控制对变换器中的磁性元件以及滤波器的设计提出了较高的要求,如果设计不合理,很可能使变换器中的磁心饱和运行或者纹波水平超出规定。本节介绍的移相全桥零电压开关 PWM 变换器如图 5.41 所示,其开关频率固定,利用增加的谐振电感 L_r 与开关管的输出电容($C_1 \sim C_4$)发生谐振实现开关管的零电压开关。图 5.41 中,$D_1 \sim D_4$ 为对应开关管的体二极管,$D_5 \sim D_8$ 构成桥式整流器,输出侧采用 LC 二阶低通滤波器进行滤波。

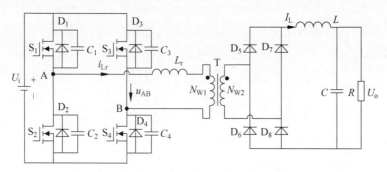

图 5.41 移相全桥零电压开关 PWM 变换器

5.8.1 移相全桥零电压开关 PWM 变换器的工作原理

移相全桥零电压开关 PWM 变换器在一个开关周期内的理论波形如图 5.42 所示,一个开关周期内变换器分 12 个工作模态,图 5.43 给出了各模态的等效电路。变换器中,通常滤波电感 L 折算到原边的值要远远大于谐振电感 L_r 的大小。从图 5.42 中可以看出,开关管 S_1、S_2 驱动信号超前 S_4、S_3 驱动信号一个相位角,因此通常将开关管 S_1、S_2 组成的桥臂称为超前桥臂,开关管 S_3、S_4 组成的桥臂称为滞后桥臂。

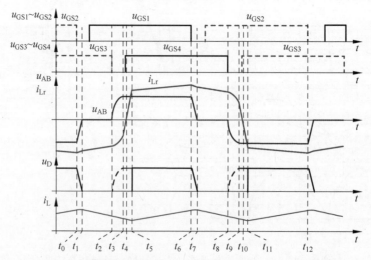

图 5.42 移相全桥零电压开关 PWM 变换器的主要工作波形

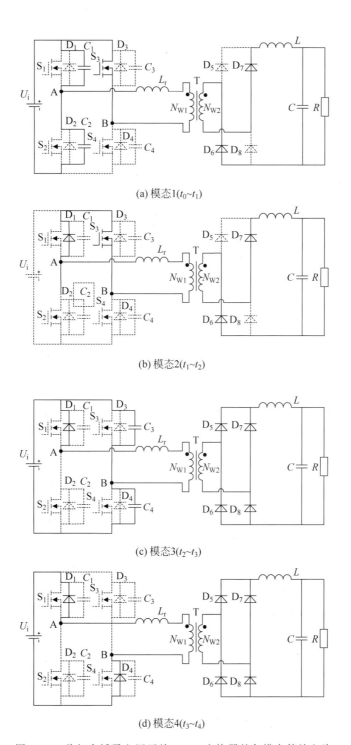

(a) 模态1($t_0 \sim t_1$)

(b) 模态2($t_1 \sim t_2$)

(c) 模态3($t_2 \sim t_3$)

(d) 模态4($t_3 \sim t_4$)

图5.43　移相全桥零电压开关PWM变换器的各模态等效电路

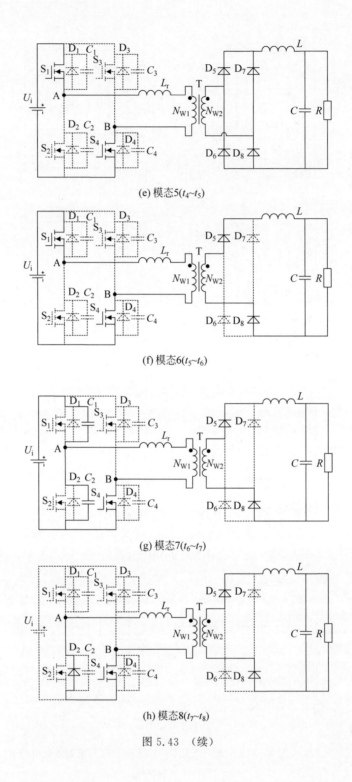

(e) 模态5(t_4~t_5)

(f) 模态6(t_5~t_6)

(g) 模态7(t_6~t_7)

(h) 模态8(t_7~t_8)

图 5.43 （续）

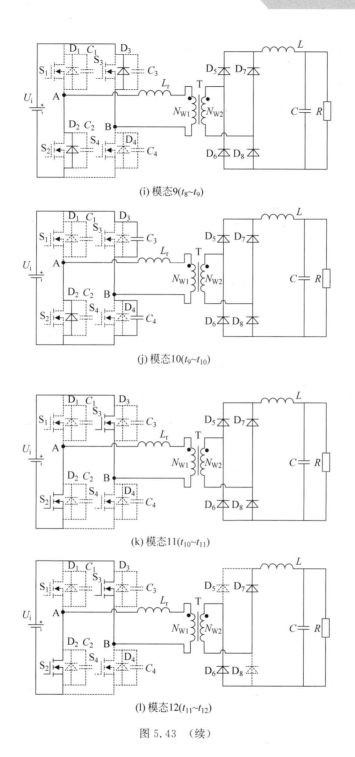

(i) 模态9($t_8 \sim t_9$)

(j) 模态10($t_9 \sim t_{10}$)

(k) 模态11($t_{10} \sim t_{11}$)

(l) 模态12($t_{11} \sim t_{12}$)

图 5.43 （续）

1) 模态 1：$t_0 \sim t_1$[图 5.43(a)]

t_0 时刻前，开关管 S_2、S_3 导通，电流 i_{Lr} 为负值，变压器副边整流二极管 D_6、D_7 处于导通状态。滤波电感电流线性增加。

t_0 时刻，关断开关管 S_2，电感 L_r 与 L 串联共同对电容 C_1 放电、C_2 充电，由于 L 值很大,该段时间内,近似认为开关管 S_1 端电压线性下降、S_2 端电压线性上升,因此电压 u_{AB} 线性下降,至 t_1 时刻,$u_{AB}=0$。作用于滤波电感的端电压 $u_L=(u_{AB}/k_T)-U_o$,因此该模态内,电压 u_L 先正后负,对应的电流 i_L 也先上升后下降,不过该段时间较短,且 L 值较大,电流 i_L 的变化不明显。

2)模态 2:$t_1\sim t_2$ [图 5.43(b)]

t_1 时刻,$u_{AB}=0$。t_1 时刻后,二极管 D_1 导通,因此,在 t_1 时刻后,开关管 S_1 可以实现零电压开通。该模态中,电感 L_r 与 L 仍为串联关系,滤波电感端电压 $u_L=-U_o$,因此电流 i_L 线性下降,电流 $i_{Lr}=k_T i_L$。t_2 时刻,关断开关管 S_3。

3)模态 3:$t_2\sim t_3$ [图 5.43(c)]

t_2 时刻,关断开关管 S_3 以后,电流 i_{Lr} 对电容 C_4 放电、C_3 充电,电压 u_{AB} 变为负值,电流 i_{Lr} 减小的幅度比电流 i_L 大,因此变压器原边的电流不足以提供全部的副边电流 i_L,则整流二极管 D_5、D_8 导通,而整流二极管 D_6、D_7 继续导通,电流 i_{D5}、i_{D8} 逐渐增大,电流 i_{D6}、i_{D7} 逐渐减小。此时,变压器原副边电压等于 0,电感 L_r 与电容 C_3、C_4 发生谐振。滤波电感电压与前一模态相同,即 $u_L=-U_o$。因此电流 i_L 仍线性下降。当 t_3 时刻,$u_{AB}=-U_i$ 时,该模态结束。由于开关管 S_3 的端电压上升是伴随着谐振过程,谐振过程结束,S_3 的端电压上升到 U_i,因此开关管 S_3 实现零电压关断。

4)模态 4:$t_3\sim t_4$ [图 5.43(d)]

当 t_3 时刻,$u_{AB}=-U_i$,此后二极管 D_4 导通,电感 L_r 中存储的能量通过二极管 D_1、D_4 回馈到输入电源,电流 i_{Lr} 可以在较短的时间内下降到零。t_4 时刻,$i_{Lr}=0$,此时变压器副边的整流电路中,4 个整流管流过的电流相等。在 t_3 时刻以后 D_4 导通至 $i_{Lr}=0$ 的这一段时间内开通 S_4 可实现 S_4 的零电压导通。

5)模态 5:$t_4\sim t_5$ [图 5.43(e)]

t_4 时刻以后,$i_{Lr}>0$,变压器原边侧电路中的电流从二极管 D_1、D_4 换流到开关管 S_1、S_4,开关管在 t_4 时刻获得零电压开通。电感 L_r 的端电压 $u_{Lr}=U_i$,对应电流 i_{Lr} 线性增加,因此整流电路中的电流关系为 $i_{D5}=i_{D8}>i_{D6}=i_{D7}$。$t_5$ 时刻,$i_{Lr}=i_L/k_T$,整流二极管 D_6、D_7 关断,D_5、D_8 完全承担滤波电感电流 i_L。

6)模态 6:$t_5\sim t_6$ [图 5.43(f)]

t_5 时刻以后,电感 L_r 与 L 又变成串联关系,即 $i_{Lr}=i_L/k_T$;滤波电感电压 $u_L=(u_{AB}/k_T)-U_o$,电流 i_L 在该模态内线性上升。t_6 时刻,关断开关管 S_1。

$t_6\sim t_{12}$ 时刻,变换器的工作模态与前 6 个模态对称,这里不再赘述。

5.8.2 移相全桥零电压开关 PWM 变换器的仿真验证

为验证移相全桥零电压开关 PWM 变换器的运行情况,建立了如图 5.44 所示的 Saber 仿真模型。仿真模型中的器件型号与参数如图中所示,开关频率为 $50kHz$,超前开关管 S_1、S_2 驱动信号超前滞后开关管 S_4、S_3 驱动信号 $2.5\mu s$,则变换器的占空比 $D=0.75$;变压器变比 $k_T=4$,负载电阻 $R=10\Omega$。

图 5.45 为 Saber 仿真模型得到的仿真结果,图中仅给出了超前桥臂开关管 S_2、滞后桥臂开关管 S_4 的电压电流波形,同一桥臂上的另一个开关管的运行波形相同,仅在相位上存

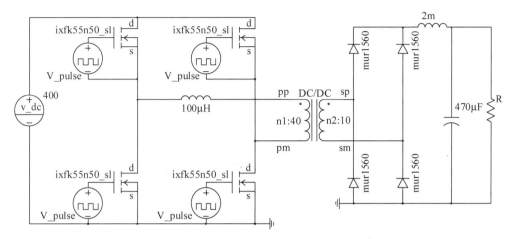

图 5.44　移相全桥零电压开关 PWM 变换器 Saber 仿真模型

在 $180°$ 的相位差。可以看出开关管 S_2、S_4 在导通前均是并联的体二极管 D_2、D_4 先导通,待其端电压为零以后再开通,且由于电流上升速度受制于电流 i_{Lr} 的上升速度,因此所有的开关管 $S_1 \sim S_4$ 均可实现零电压/零电流导通。在开关管的关断时刻,由于开关管的体电容限制了端电压的上升速度,因此开关管都可以实现零电压关断。从整流电路的输出波形 u_D 可以看到,其高电压的宽度小于变压器原边电路中开关管 S_1、S_4(或 S_2、S_3)导通重叠的时间,究其原因是整流二极管的换流时间受制于变压器原边电路中的电流 i_{Lr} 的方向改变的时间,即对应于图 5.42 在 $t_2 \sim t_5$、$t_8 \sim t_{11}$ 内的两段时间,在这两段时间内,4 个整流二极管均处于导通状态,因此电压 u_D 在这两段时间内为零。此外 u_D 的端电压存在很大的尖峰,需要额定电压更高、导通压降也更高的二极管,这增加了电路中的损耗。

5.8.3　移相全桥零电压开关 PWM 变换器的优点和缺点

虽然移相全桥零电压 PWM 变换器能够实现所有开关管的零电压开通与零电流关断,但该变换器与前面几节介绍的谐振变换器,特别是与 LLC 谐振变换器相比,存在着不少的缺点,具体如下。

1. 轻载时难以实现零电压开关

超前桥臂和滞后桥臂开关管实现 ZVS 的条件不同。两个桥臂上的开关管实现 ZVS 都需要相应的并联电容能量释放为零,二极管自然导通。超前桥臂中的开关管关断以后,是电感 L_r 与 L 串联共同对电容 C_1、C_2 进行充放电;滞后桥臂中的开关管关断以后,是电感 L_r 单独对电容 C_3、C_4 进行充放电,而电感 L_r 相对于电感 L 的值要小很多,所以在轻载情况下 L_r 中的能量不能保证完全对 C_3、C_4 进行一个充放电过程,因此在轻载情况下,滞后桥臂中的开关管不易实现零电压开关。此外,在轻载时,电感 L_r 或 L 对开关管体电容进行充放电的过程变慢,在死区时间内若不能完成对体电容的充放电,则零电压开关也不能实现。

2. 副边占空比丢失

副边占空比丢失是移相全桥变换器中的一个重要的现象,所谓副边占空比丢失,就是说

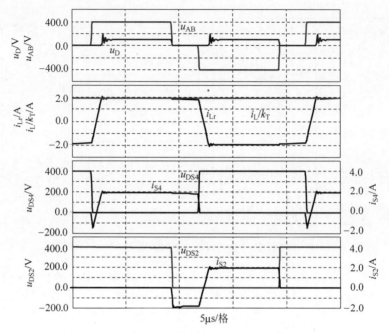

图 5.45　移相全桥零电压开关 PWM 变换器 Saber 仿真结果

副边的占空比 D_s 小于原边的占空比 D_p，即：$D_s < D_p$，其差值就是副边占空比丢失 D_{loss}；副边占空比丢失的原因是：存在原边电流从正向（或负向）变化到负向（或正向）负载电流的时间，即对应于图 5.42 在 $t_2 \sim t_5$、$t_8 \sim t_{11}$ 内的两段时间，在这两段时间内，4 个整流二极管均处于导通状态，因此电压 u_D 在这两段时间内为零。D_{loss} 使 D_s 减少，为了得到所要求的输出电压，就必须减小原副边的匝数比。而匝数比的减少，带来两个问题：①原边电流增加，开关管电流峰值也要增加，通态损耗加大；②副边整流桥的耐压值要增加。为了减少 D_{loss}，可以采用饱和电感的办法，就是将谐振电感 L_r 改为饱和电感，但是不能完全消除占空比丢失。

3. 副边整流二极管存在反向恢复问题

反向恢复现象是二极管使用时必须注意的问题。根据移相全桥零电压开关 PWM 变换器由于占空比丢失的原因，谐振电感 L_r 不能太大，因此为使输出电压交流分量较小，副边滤波电路必须有一定滤波电感 L_f 的存在。在电压 u_{AB} 反向时，导通的整流二极管电流不能立即降为零，必然存在 4 个整流二极管同时导通续流的过程（$t_2 \sim t_5$、$t_8 \sim t_{11}$）。此时由导通向关断过程转换的二极管存在反向恢复问题，整流电压 u_D 出现振荡，二极管反向电压出现尖峰，如图 5.45 中的仿真波形 u_D 存在着较大的电压尖峰。这种由整流二极管反向恢复问题而引起的损耗严重限制了直流电源效率的提高。

4. 输入电压和变换器转换效率的矛盾

在输入电压保证能输出满载电压的前提下，当输入电压 U_i 较低时，占空比大，原边环流能量较小（即在 $u_{AB} = 0$ 阶段流过开关管的电流），变换器效率较高；当输入电压 U_i 较高时，占空比小,原边环流持续时间变长,且换流又不能转移到输出侧,仅在变压器原边电路流通,因此变换器效率较低。为取得较高的效率,移相全桥零电压 PWM 变换器通常设计在输入电压较低,占空比较大时工作。出现输入电压掉电时,负载能量只能由直流母线电容提供,短时间内输入电压很快降低。这时要维持输出电压恒定,要求占空比更大,电路失去超调能力,使输出电压很快降低。因此输入电压和变换效率的这种关系,对于有掉电维持时间限制的开关电源是不适合的。

习题

1. 什么是软开关技术?
2. 软开关技术如何分类?
3. 零电压准谐振变换器有哪些缺点?
4. LLC 谐振变换器在开关频率通常工作在什么范围内,为什么?
5. 移相全桥零电压开关 PWM 变换器有哪些缺点?

第6章

开关电源的控制方式

开关电源的控制方式可以分为电压控制方式和电流控制方式,这两种控制方式都有电压反馈和电压调节器,所不同的是电压控制方式中只有一个电压调节环,而电流控制方式中,除了电压调节环以外,还包含一个电流调节环。

电压型 PWM 控制是 20 世纪 60 年代后期开关稳压电源刚刚开始发展时所采用的第一种控制方式。该方法与一些必要的过电流保护电路相结合,至今仍然在工业界广泛应用。

20 世纪 70 年代后期开始出现了电流控制方式,其基本思想是在输出电压闭环控制系统中,引入了直接或间接的电流反馈控制。电流闭环控制的引入给开关电源的控制性能带来了一次革命性的飞跃。目前,电流控制方式主要有峰值电流控制方式、平均值电流控制方式、滞环电流控制方式以及电荷控制方式。

6.1　电压控制方式

6.1.1　电压控制方式的基本原理

以降压型电路为例,图 6.1 给出了电压控制方式(型)开关电源的基本原理和波形。通过采样电阻 R_1 和 R_2 分压得到反馈电压 u_f,电压环的基准电压 u^* 经反向后得到 $-u^*$(图 6.1 中未给出反相器),图 6.1(a)中电压调节器的功能包含加法器和 PI 调节;电压调节器的输出为调制波信号 u_r,该信号输入到比较器的正输入端,而比较器的负输入端为三角载波信号 u_c,调制波和三角载波比较后得到控制开关管的 PWM 信号 u_S,其生成过程如图 6.1(b)所示。

当输入电压突然变小或负载阻抗突然变小,在开关管占空比还没有来得及变化时,由于电路中各部分都存在阻抗(导线阻抗,开关管的导通阻抗,电感自身的阻抗),因此输出电压会有一定程度的降低,此时反馈电压 u_f 随之降低,通过电压环 PI 调节器使调制波电压 u_r 升高,PWM 信号 u_S 的占空比随之增大,调节输出电压上升,从而抵消由于外界因素引起的输出电压下降。反之,如果输入电压突然变大或负载阻抗突然变大,输出电压也可以保持恒定。

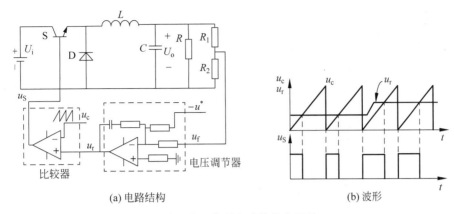

| (a) 电路结构 | (b) 波形 |

图 6.1 电压控制方式的基本原理

6.1.2 电压控制型开关电源的仿真

6.1.2.1 MATLAB/Simulink 仿真

在 Simulink 中有现成的 PI 调节器模块,只需设置其比例参数和积分参数即可。图 6.2 为采用 Simulink 建立的电压控制方式的降压型电路。电路的参数如表 6.1 所列。

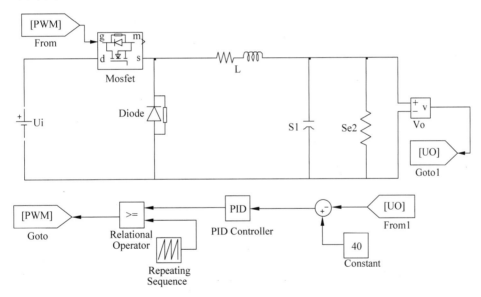

图 6.2 电压控制型开关电源 Simulink 仿真模型

表 6.1 仿真参数表

参 数	取 值	参 数	取 值
输入电感/L(mH)	2	负载电阻 R_L(Ω)	10→5
电感内阻/R(Ω)	0.05	电压环调节器参数	2+1000/s
输出滤波电容/C(μF)	100	三角载波	12V 50kHz
输入电压 U_i(V)	100	基准电压值(V)	40

仿真时,在0.1s处负载电阻发生突变,由10Ω突变为5Ω,图6.3给出了输出电压、调制信号、负载电流以及电感电流的仿真波形,可以看出,电压控制型开关电源能稳定运行。在外界条件发生变化时(仿真时为负载变化),调制信号发生振荡,并随时间变化衰减,最终趋于稳定。系统的其他量,如输出电压、输出电流、电感电流随调制信号的变化而变化,最终都能趋于稳定。

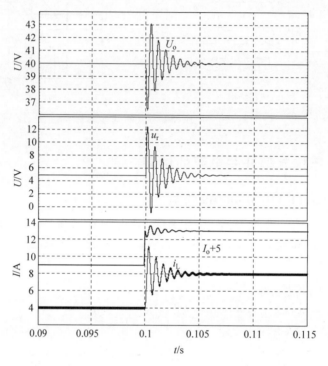

图6.3　电压控制型开关电源 Simulink 仿真波形

6.1.2.2　Saber 仿真

现实中,PI调节器、加法器等电路一般都采用运算放大器和分立的电阻、电容元件构成,而在 Simulink 中,没有现成的运算放大器模块,自己构建再封装非常麻烦。而 Saber 仿真软件提供了非常多的元件库,市场上可以购买到的器件在元件库里基本都可以找到。图6.4 和图6.5 分别是采用 Saber 仿真软件构建的电压控制型降压电路的仿真模型和仿真波形。主电路参数如表6.1所列,控制电路参数如图6.4所示。仿真模型的构建基本与图6.1(a)一致,为将开关电源输出电压引入控制电路以及将 PWM 信号用来驱动开关管,在仿真模型中使用了电压控制电压源,即图中的 VCVS 模块,设置其变比都为1。从图6.5的仿真波形可以看出,电压控制型开关电源在启动时也存在波动,但最终能趋于稳定。

6.1.3　电压控制型开关电源的优点和缺点

当输入电压突然变小或负载阻抗突然变小,因为主电路有较大的输出电容 C 及电感 L 相移延时作用,输出电压的变小也延迟滞后。输出电压变小的信息还要经过电压误差放大器的补偿电路延时滞后,才能传至 PWM 比较器将脉冲宽度展宽。这两个延时滞后作用是动态响应慢的主要原因。为提高电压控制型开关电源的动态响应,通常的方法是增加电压

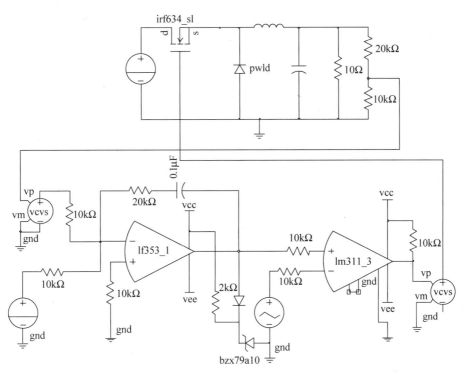

图 6.4　电压控制型开关电源 Saber 仿真模型

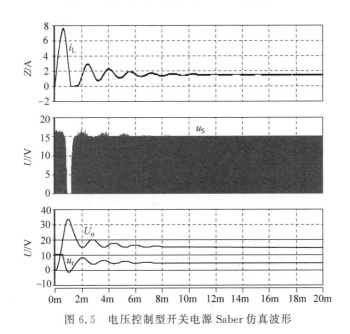

图 6.5　电压控制型开关电源 Saber 仿真波形

控制闭环的比例和积分参数,但是过大的比例和积分参数会降低系统的稳定余量,由此可以看出,电压控制型开关电源的稳定性和动态特性矛盾非常突出。

1. 电压型 PWM 控制的优点

(1) 单一反馈电压闭环设计、调试比较容易;

（2）对输出负载的变化有较好的响应调节；

（3）PWM 三角波幅值较大，脉冲宽度调节时具有较好的抗噪声裕量；

（4）对于多路输出电源，它们之间的交互调节效应较好。

2. 电压型 PWM 控制的缺点

（1）对输入电压的变化动态响应较慢；

（2）补偿网络设计本来就较为复杂，闭环增益随输入电压变化而变化，使其更为复杂；

（3）输出 LC 滤波器给控制环增加了双极点，在补偿设计误差放大器时，需要将主极点低频衰减，或者增加一个零点进行补偿。

加快电压型 PWM 控制瞬态响应速度的方法通常是增加电压误差放大器的带宽，保证具有一定的高频增益。但是这样容易受高频开关噪声干扰影响，需要在主电路及反馈控制电路上采取措施进行抑制或同相位衰减平滑处理。

6.2　峰值电流控制方式

6.2.1　峰值电流控制方式的基本原理

以降压型电路为例，图 6.6 给出了峰值电流控制方式型开关电源的基本原理和波形。通过采样电阻 R_1 和 R_2 分压得到反馈电压 u_f，电压环的基准电压 u^* 经反向后得到 $-u^*$（图 6.6 中未给出反相器）；电压调节器的输出为调制波信号 u_r，该信号即为电感电流峰值的基准信号；将电感电流信号 i_L 与调制波信号分别输入到比较器的负输入端和正输入端，比较器的输出端接 RS 触发器的复位端，而 RS 触发器的置位端接固定频率的时钟信号；RS 触发器输出控制开关管通断的 PWM 信号。对应于图 6.6(a) 的波形如图 6.6(b) 所示。

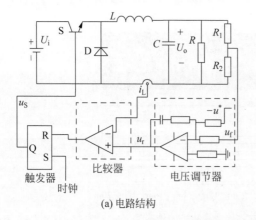 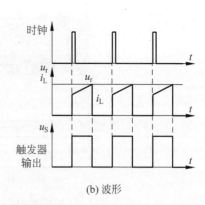

(a) 电路结构　　　　　　　　　　　　(b) 波形

图 6.6　峰值电流控制方式的基本原理

开关电源稳态工作时，调制波信号 u_r 基本稳定，在开关管导通时，电感电流线性增加，当电感电流信号大于 u_r 时，比较器输出高电平，RS 触发器复位，则开关管关断，电感电流线性下降；等到时钟信号下一高电平到来时刻，RS 触发器被置位，则开关管导通，如此循环。

峰值电流型控制开关电源的稳压仍是由电压调节器实现的，这与电压控制型开关电源原理一致。

与峰值电流控制方式相对应,存在谷值电流控制方式,其基本原理类似于峰值电流控制,所不同在于峰值电流控制方式利用电感电流峰值来关闭开关管,而谷值电流控制方式采用电感电流谷值来开通开关管。

6.2.2 峰值电流控制型开关电源的仿真

6.2.2.1 MATLAB/Simulink 仿真

图 6.7 为采用 Simulink 所建立的峰值电流控制方式的降压型电路。电路的参数与表 6.1 一致。图 6.7 中,由于 Simulink 中的 RS 触发器输入的应为数字信号,所以应该将时钟信号经过逻辑运算比较器将其转换为数字信号,再将数字信号送入 RS 触发器。

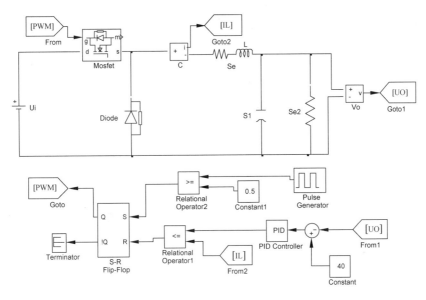

图 6.7 峰值电流控制型开关电源 Simulink 仿真模型

仿真时,在 0.1s 处负载电阻发生突变,由 10Ω 突变为 5Ω,图 6.8 给出了输出电压、调制信号以及电感电流的仿真波形,可以看出,采用峰值电流控制方式的开关电源在负载发生突变时未出现振荡,在电压跌落后的一段时间内输出电压逐渐增大,最终稳定在和基准值同样大小处。电路稳态工作时,电感电流信号与调制波信号相比较,一旦电流信号大于调制波信号,开关管就关断,电感电流立刻下降,因此从图 6.8 中可以看出,电感电流信号不会超出调制信号的大小。

6.2.2.2 Saber 仿真

在 Saber 软件中,可以采用类似于图 6.7 的方法来构建峰值电流控制型开关电源的仿真模型。但在实际的情况下,人们更倾向于采用集成控制 PWM 芯片来实现峰值电流控制。UC3842 和 UC3846 就是峰值电流控制芯片的典型代表,下面首先介绍其中的一种芯片 UC3842。

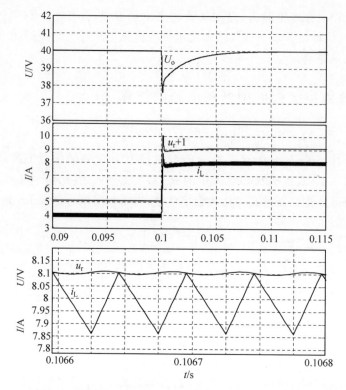

图 6.8　峰值电流控制型开关电源 Simulink 仿真波形

1. UC3842 控制芯片

英国 Unitrode 公司生产的电流型集成电路芯片 UC3842 为单端输出式脉宽调制器。这款芯片只有 8 个引脚,外电路接线简单,所用元器件少,并且性能优越,成本低廉,驱动电平非常适合于驱动 MOS 场效应管。UC3842 的最大占空比可达 100%,其启动/关闭电压阈值分别为 16V/10V。该集成电路芯片主要用于构成正激型和反激型开关电源的控制电路。

2. UC3842 控制芯片内部方框图

UC3842 芯片的内部方框图如图 6.9 所示。引脚 8 为内部供外用的基准电压,带载能力为 50mA;引脚 7 为芯片工作电压,变化范围为 8~34V,具有过压保护和欠压锁定功能;引脚 4 接 R_T、C_T,确定锯齿波频率;引脚 5 接地;引脚 2 为电压反馈;引脚 3 为电流检测;引脚 1 为误差放大器补偿端;通过 E/A 误差放大器构成电压电流闭环;引脚 6 为推挽输出端,可提供大电流图腾柱输出,输出电流达到 1A。

3. UC3842 芯片的功能

1）过电压保护和欠电压锁定

当工作电压 V_{CC} 大于 34V 时,稳压管稳压,使内部电路在小于 34V 下可靠工作;而当

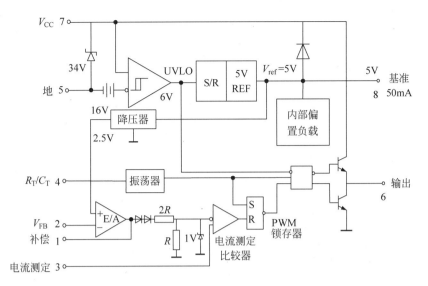

图 6.9　UC3842 芯片的内部方框图

欠压时,有锁定功能。在输入电压小于开启电压阈值时,整个电路耗电 1mA,降压电阻功耗很小。一般设置自馈电的感应绕组,当开关电源正常工作后,转由自馈电供给 UC3842,电流将升至 15mA,在此之前可设置储能电容,推动建立电压。

2)振荡频率的设置

如图 6.10 所示,UC3842 芯片引脚 8 和引脚 4 的振荡器工作频率 f 和死区时间 t_D 为

$$f = \frac{1.72}{R_T \times C_T} \tag{6-1}$$

$$t_D = 300 C_T \tag{6-2}$$

其中,R_T 的单位为 kΩ,C_T 的单位为 μF。

3)误差放大器的补偿

UC3842 的误差放大器同相输入端接在内部 +2.5V 基准电压上,反相输入端与外部控制信号相连,其输出端可外接 RC 网络,然后接到反相输入端,在使用过程中,可通过改变 R、C 的取值来改变放大器的闭环增益和频率响应。图 6.11 所示的误差放大器补偿网络可以稳定这种电流控制型 PWM。

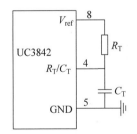

图 6.10　振荡器频率的设置

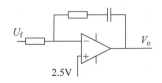

图 6.11　误差放大器的补偿网络

4)电流检测和限制

对于正激型、反激型和升压型电路这类电流检测电路,如图 6.12 所示。正常运行时,检

测电阻 R_s 的峰值电压由内部误差放大器控制,满足

$$I_s = \frac{V_c - 1.4\text{V}}{3R_s} \tag{6-3}$$

式中,V_c 为误差放大器输出电压,I_s 为检测电流。UC3842 内部电流测定比较器反向输入端箝位电压为 1V。在 R_s 和引脚 3 之间,常用 R、C 组成一个小滤波器,用于抑制功率管开通时产生的电流尖峰,其时间常数近似等于电流尖峰持续时间(通常为几百纳秒)。

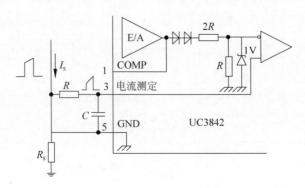

图 6.12　电流检测和滤波

5)图腾柱输出

UC3842 的输出级为图腾柱式输出电路,输出晶体管的平均电流为 $\pm 200\text{mA}$,最大峰值电流可达 $\pm 1\text{A}$,由于电路有峰值电流自我限制的功能,所以不必串入电流限制电阻。

6)内部锁存器

UC3842 内部设置有 PWM 锁存器,加入锁存器可以保证在每个振荡周期仅输出一个控制脉冲,防止噪声干扰和功率管的损坏。

7)驱动电路

UC3842 的输出能提供足够的漏电流和灌电流,非常适合驱动 N 沟道 MOS 功率晶体管,图 6.13(a)为直接驱动 N 沟道 MOS 功率管的电路,此时 UC3842 和 MOSFET 之间不必进行隔离。若需隔离可采用图 6.13(b)所示的隔离式 MOSFET 的驱动电路,图 6.13(c)是直接驱动双极型功率三极管的电路形式,C_1,R_2 是加速电路,其作用是加速功率管的关闭,由电阻 R_1、R_2 确定输出偏置电流。

8)关闭技术

UC3842 提供了两种关闭技术,如图 6.14 所示。第一种是将引脚 3 电压升高超过 1V,引起过流保护开关关闭电路输出;第二种是将引脚 1 电压降到 1V 以下,使 PWM 比较器输出高电压,PWM 锁存器复位,关闭输出,直到下一个时钟脉冲到来,将 PWM 锁存器置位,电路才能重新启动。

9)免除噪声的其他办法

免除噪声的重要方法就是设法滤除芯片供电端 V_{cc} 的高频信号和参考电源 V_{ref} 的高频叠加信号。基本方法是从这两端分别对地接一瓷介电容,在布线时应特别注意,不能有电感的成分介入,以免产生干扰,引起电路工作不稳定。

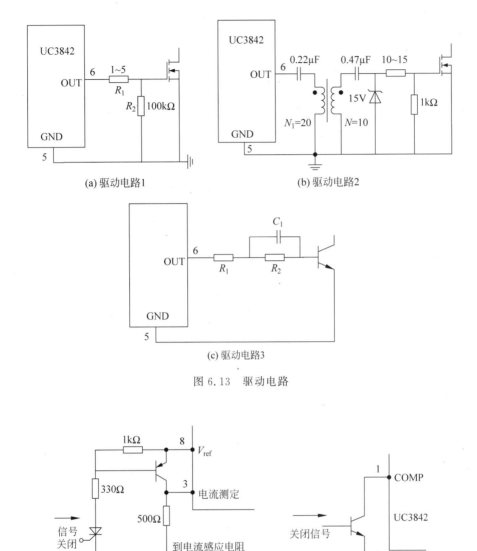

(a) 驱动电路1　　　　　　　　(b) 驱动电路2

(c) 驱动电路3

图 6.13　驱动电路

(a) 关闭方法1　　　　　　　　(b) 关闭方法2

图 6.14　UC3842 的关闭技术

4. 采用 UC3842 构成的 Saber 仿真模型

图 6.15 和图 6.16 分别是采用 UC3842PWM 芯片构成的峰值电流控制型开关电源的
Saber 仿真模型和仿真波形。主电路参数和控制电路参数如图中所示。峰值电流控制型开
关电源需要检测电感电流,图中采用电流控制电压源(CCVS)来实现此功能。将图 6.16 与
图 6.5 相比较,可以看出,峰值电流控制型开关电源的输出电压的稳定过程时间较短,且比
电压控制型式开关电源平缓。设置电压控制电压源(CCVS)的变比为 1,电流控制电压源
(VCVS)的变比为 0.02。

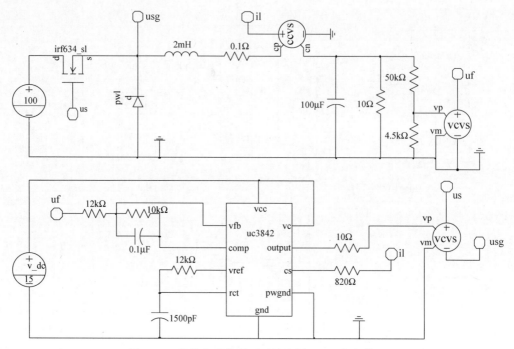

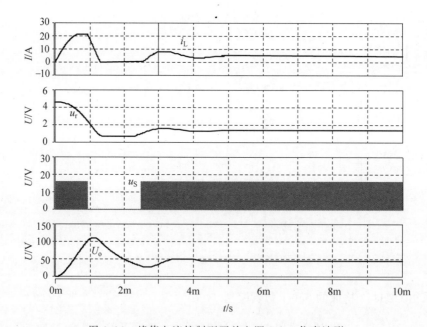

图 6.15　峰值电流控制型开关电源 Saber 仿真模型

图 6.16　峰值电流控制型开关电源 Saber 仿真波形

6.2.3　峰值电流控制型开关电源的优点和缺点

峰值电流型 PWM 控制是双闭环控制系统,电压外环的输出作为电流内环的基准值。电压内环是按照周期开通开关管,当电流超过基准值时关断开关管。变换器具有电流源输出特性,而电压外环控制输出电压的大小。在闭环控制中,电流内环只负责电感电流的动态变化,因而电压外环仅需控制输出电压,不必控制 LC 储能电路。因此,峰值电流型 PWM 控制具有比电压型控制变换器大得多的带宽。

1. 峰值电流型 PWM 控制的优点

(1) 暂态闭环响应较快,对输入电压的变化和输出负载的变化的瞬态响应也较快;

(2) 控制环易于设计;

(3) 调整输出电压方便;

(4) 具有瞬时峰值电流限流功能,即内在固有的逐个脉冲限流功能;

(5) 具有自动均流并联功能。

2. 峰值电流型 PWM 控制的缺点

(1) 峰值电流与平均电流的误差难以校正;

(2) 抗噪声性差,容易发生次谐波振荡。将电感电流直接与电流给定信号相比较,但电感电流中通常含有一些开关过程中产生的噪声信号,容易造成比较器的误动作,使电感电流发生不规则的波动。

(3) 对多路输出电源的交互调节性能不好。

(4) 只能用于个别电路拓扑。

(5) 在电路工作在占空比大于 0.5 的情况下,一般需要增加斜率补偿环节,这增加了控制电路的复杂程度。

6.3 平均值电流控制方式

平均电流型 PWM 控制(Average Current-mode Control PWM)的概念产生于 20 世纪 70 年代后期。平均电流型 PWM 控制集成电路出现于 20 世纪 90 年代初期,成熟于 20 世纪 90 年代后期,在高电流变化率的低电压大电流高速 CPU 专用开关电源中得到广泛应用。

6.3.1 平均值电流控制方式的基本原理

以降压型电路为例,图 6.17 给出了平均值电流控制方式(型)开关电源的基本原理和波形。图 6.17(a)中,通过采样电阻 R_1 和 R_2 分压,然后经反相器得到反馈电压$-u_f$,u^* 为电压环的基准电压;电压调节器的输出作为电感电流内环的基准值 i^*;电流调节器包含加法器功能和 PI 调节器功能;电流调节器的输出信号为调制波 u_r;驱动开关管的 PWM 信号生成过程与电压控制型 PWM 信号生成过程相同。对应于图 6.17(a)的波形如图 6.17(b)所示。

开关电源稳态工作时,电流基准值 i^* 基本稳定,在开关管导通时,电感电流线性增加,因此调制波信号 u_r 下降,在载波信号与调制波信号相交时,PWM 信号输出低电平,开关管关断;开关管关断以后,电感电流线性下降,则调制波信号又线性上升,在三角载波信号下一个周期到来时刻,开关管再次导通,如此循环。

平均值电流型控制开关电源的稳压仍是用电压调节器实现的,只不过在平均值电流控制中,电压环间接调节电感电流的基准值来调节输出电压的大小。

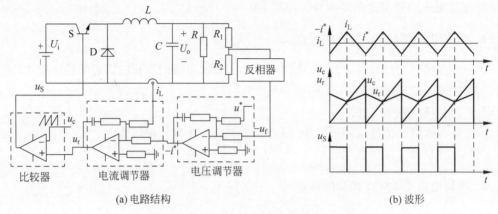

(a) 电路结构

(b) 波形

图 6.17 平均值电流控制方式的基本原理

6.3.2 平均值电流控制型开关电源的仿真

6.3.2.1 MATLAB/Simulink 仿真

图 6.18 为采用 Simulink 所建立的平均值电流控制方式的降压型电路。电路的参数与表 6.1 一致,增加的电流内环 PI 调节参数为 $4+100/s$。

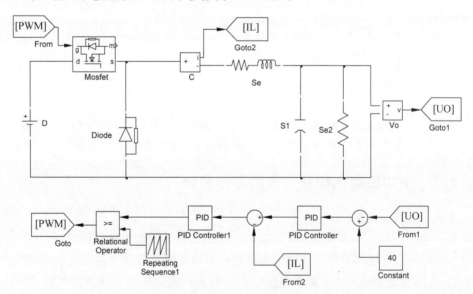

图 6.18 平均值电流控制型开关电源 Simulink 仿真模型

仿真时,在 0.1s 处负载电阻发生突变,由 10Ω 突变为 5Ω,图 6.19 给出了输出电压、调制信号、电感电流以及输出电流的仿真波形,可以看出,平均值电流控制型开关电源在负载发生突变时未出现振荡,在电压跌落后的一段时间内输出电压逐渐增大,最终稳定在和基准值同样大小处;此外,其电压恢复的时间约为 4ms,比峰值电流控制的动态特性要快(峰值电流控制型开关电源的恢复时间约为 6ms）。

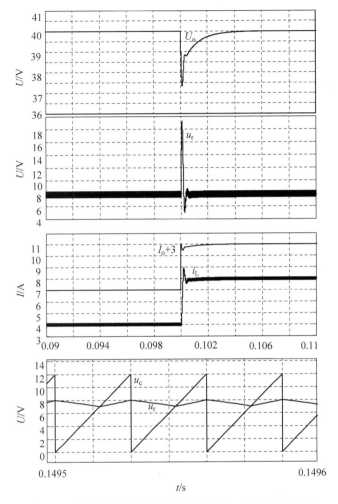

图 6.19　平均值电流控制型开关电源 Simulink 仿真波形

6.3.2.2　Saber 仿真

在 Saber 软件中，可以采用电阻、电容、运放以及比较器这类分立元件来构建平均值电流控制型开关电源的仿真模型。但在实际的情况下，人们更倾向于采用集成控制 PWM 芯片来实现平均值电流控制。SG3525 是常用的实现电压、电流双闭环的集成 PWM 控制芯片。

1. SG3525 控制芯片

SG3525 是美国硅通用半导体公司（Silicon General）的第二代集成电路脉冲宽度调制器，由双极型工艺制成模拟与数字混合式集成电路，内部包含了双端输出开关电源所必需的各种基本电路，并且利用高频变压器实现电网隔离，能省掉笨重的工频变压器。SG3525 是一种性能优良，功能齐全、通用性强的单片集成 PWM 控制器。它具有简单、可靠、使用方便灵活等特点，大大简化了脉宽调制器的设计及调试。SG3525 用于驱动 N 沟道功率 MOSFET。其产品一经推出就受到广泛好评。SG3525 系列 PWM 控制器分为军品、工业品、民品三个等级。

1) SG3525 控制芯片内部方框图

SG3525 芯片的内部方框图如图 6.20 所示。SG3525 的主要电气特性包括：

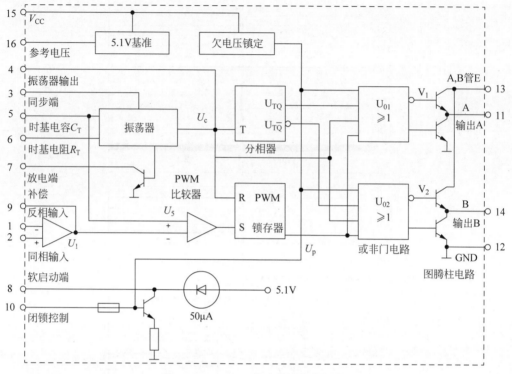

图 6.20　SG3525 芯片的内部方框图

(1) 8～35V 工作电压；

(2) 内部软启动；

(3) 5.1V 参考电压,微调至±1%；

(4) 逐个脉冲封锁；

(5) 100Hz～500kHz 的振荡器频率范围；

(6) 带滞后的输入欠压锁定；

(7) 分离的振荡器同步端；锁存脉冲宽度调制器(PWM)为防止多脉冲；

(8) 可调整的死区时间控制；

(9) 双路推挽输出驱动器。

2) SG3525 各引脚功能

(1) 引脚 1(Inv.input)：误差放大器反向输入端。在闭环系统中,该引脚接反馈信号。在开环系统中,该端与补偿信号输入端(引脚 9)相连,可构成跟随器。

(2) 引脚 2(Noninv.input)：误差放大器同向输入端。在闭环系统和开环系统中,该端接给定信号。根据需要,在该端与补偿信号输入端(引脚 9)之间接入不同类型的反馈网络,可以构成比例、比例积分和积分等类型的调节器。

(3) 引脚 3(Sync)：振荡器外接同步信号输入端。该端接外部同步脉冲信号可实现与外电路同步。

（4）引脚4（OSC. Output）：振荡器输出端。

（5）引脚5（CT）：振荡器定时电容接入端。

（6）引脚6（RT）：振荡器定时电阻接入端。

（7）引脚7（Discharge）：振荡器放电端。该端与引脚5之间外接一只放电电阻，构成放电回路。

（8）引脚8（Soft-Start）：软启动电容接入端。该端通常接一只软启动电容。

（9）引脚9（Compensation）：PWM比较器补偿信号输入端。在该端与引脚2之间接入不同类型的反馈网络，可以构成比例、比例积分和积分等类型调节器。

（10）引脚10（Shutdown）：外部关断信号输入端。该端接高电平时控制器输出被禁止。该端可与保护电路相连，以实现故障保护。

（11）引脚11（Output A）：输出端A。引脚11和引脚14是两路互补输出端。

（12）引脚12（Ground）：信号地。

（13）引脚13（V_c）：输出级偏置电压接入端。

（14）引脚14（V_{cc}）：偏置电源接入端。

（15）引脚15（V_{ref}）：基准电源输出端。该端可输出一温度稳定性极好的基准电压。

3）SG3525芯片功能介绍

（1）欠电压锁定和限流关断电路。

为了防止在欠电压状态下（U小于8V）有效地使输出保持在关断状态，电路中设置了欠电压封锁电路。当U大于7.5V时，欠电压封锁电路就开始工作，其上限值为8V，但在电路达到8V前，电路各部分已进入正常工作状态，而当从8V下降到7.5V时锁定电路又开始恢复工作，其中有0.5V的回差电压，用于消除钳位电路在阈值点处的振荡。在锁定电路工作期间，输出一高电平，加至组合逻辑门电路的输入端，以封锁PWM脉冲信号。SG3525没有电流限制放大器，它采用封锁控制电路进行限流控制，其中包括逐个脉冲的电流限制和输出电流的限流控制，只要将信号加于引脚10就能实现限流控制。另外，引脚10也可用于各种程序控制。

（2）振荡电路。

SG3525的外围振荡电路如图6.21所示。时基电容 C_T 的放电电路与充电电源分开，单独设立引脚7，C_T 的放电通过外接电阻 R_D 来实现，改变 R_D 即可改变 C_T 的放电时间常数，从而也改变了死区时间，而 C_T 的充电由 R_T 规定的内部电流源决定。振荡器的振荡频率为

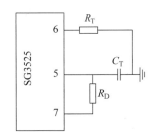

$$f = \frac{1}{C_T(0.67R_T + 1.3R_D)} \qquad (6\text{-}4)$$

图6.21 SG3525外围振荡电路

（3）输出电路的改进。

SG3525输出级采用了图腾柱输出电路，它能使输出管更快地关断。如图6.20所示，V_1 由达林顿管组成，最大驱动能力为100mA。V_2 作为开关器件，在其导通时可以迅速把外接MOS管栅极上的电荷从它的集电极泄放至地，最大吸收电流为50mA。由图6.20结构框图可见，SG3525主要由基准稳压源、振荡器、误差放大器、PWM比较器和锁存器、分相

器、或非门电路和图腾输出电路等几大部分组成。振荡器通过外接时基电容和电阻产生锯齿波振荡,同时产生时钟脉冲信号,该信号的脉冲宽度与锯齿波的下降沿相对应。时钟脉冲作为由 T 触发器组成的分相器的触发信号,用来产生误差为 $180°$ 的一对方波信号。误差放大器是一个双级差分放大器,经差分放大的信号 U_1 与振荡器输出的锯齿波电压 U_5 加至 PWM 比较器的正、负输入端,比较器输出的调制信号经锁存后作为或非门电路的输入信号 U_P,或非门在正常情况下具有三路输入:即分相器的输出信号 U_{TQ} 和 $\bar{U}_{TQ}$、PWM 调制信号 U_P 和时钟信号 U_C,或非门电路的输出 U_{01} 和 U_{02},即为图腾柱电路的驱动信号。

(4) 软启动功能的实现。

欠电压锁定电路输出端高电压传到引脚 10 对应晶体管的基极,晶体管导通,为引脚 8 外接电容提供放电的途径,外接电容经晶体管放电到零电压后,限制了比较器 PWM 脉冲电压输出,该电压上升为恒定的逻辑高电平。在外接电容重新充电之前,输出保持封锁。欠电压消失后,欠电压锁定功能使欠电压锁定电路输出端恢复低电压正常值,外接电容由 $50\mu A$ 电流源缓慢充电,对 PWM 脉冲宽度产生影响,其结果是输出脉冲由窄缓慢变宽,外接充电结束后,输出脉冲宽度才不受影响。这种软启动方式,可使系统主回路电机及功率场效应管避免承受过大的冲击浪涌电流。

同时,SG3525 也保持了第一代脉宽调制芯片的一些优点。系统故障的关闭功能就是其中比较突出的一点。为了便于从主回路接受检测到的故障信号,集成控制器内部晶体管基极经一个电阻连接引脚 10。过流保护环节检测到的故障信号使引脚 10 为高电平。故障信号产生的关闭过程与欠电压锁定过程类似。

2. 采用 SG3525 构成的 Saber 仿真模型

图 6.22 和图 6.23 分别是采用 SG3525PWM 芯片构成的平均值电流控制开关电源的 Saber 仿真模型和仿真波形。主电路参数和控制电路参数如图中所示。图中,采用独立的运放实现对电压的闭环调节,采用 SG3525 的内部运放实现对电流的闭环调节;因为 SG3525 的两路 PWM 信号输出的最大占空比为 0.5,为得到占空比超过 0.5 的 PWM 信号,在仿真模型中采用了两个二极管整流,得到占空比超过 0.5 的 PWM 信号。

6.3.3 平均值电流控制型开关电源的优点和缺点

1. 平均值电流型 PWM 控制的优点

(1) 平均电感电流能够高度精确地跟踪电流基准信号;

(2) 不需要斜坡补偿;

(3) 调试好的电路抗噪声性能优越;

(4) 适合于任何电路拓扑对输入或输出电流的控制;

(5) 易于实现均流。

2. 平均值电流型 PWM 控制的缺点

(1) 电流放大器在开关频率处的最大增益有限制;

(2) 双闭环放大器带宽、增益等配合参数设计调试复杂;

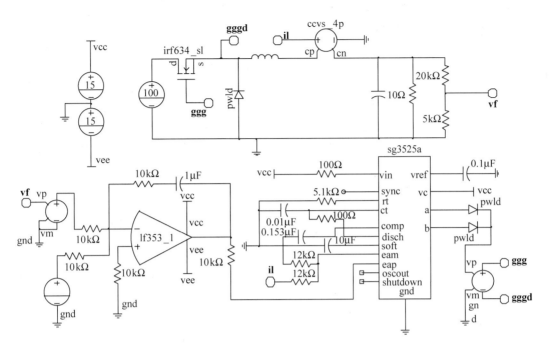

图 6.22　平均值电流控制型开关电源 Saber 仿真模型

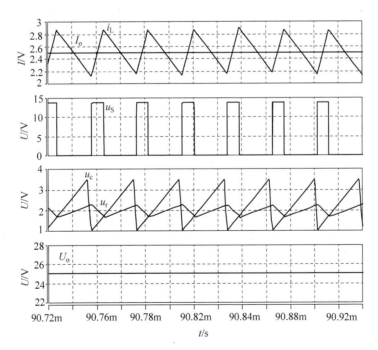

图 6.23　平均值电流控制型开关电源 Saber 仿真波形

（3）在调试过程中，在开关管关断时，如果调制波的上升斜率超过三角载波的斜率，则可能发生比较器的"多次交截"问题，易导致控制系统不稳定。

175

6.4 滞环电流控制方式

6.4.1 滞环电流控制方式的基本原理

6.2 节讲述了峰值电流控制以及与之相对应的谷值电流控制,本节所讲滞环电流控制方式可以看成是峰值电流控制和谷值电流控制的结合方式。以降压型电路为例,图 6.24 给出了滞环电流控制方式(型)开关电源的基本原理和波形。外环仍采用开关电源输出电压外环,其输出作为电感电流的基准值 $-i^*$,经过加法器得到调制信号 $u_r = k(i^* - i_L)$,k 为一正系数,最后将调制信号 u_r 作为两个不同比较器的输入信号,两个比较器的另外两个输入信号分别为正环宽 u_h 和负环宽 $-u_h$,比较器的输出用来控制开关管导通和关断,如式(6-5)所示。

$$u_S = \begin{cases} 1 & (u_r > u_h) \\ 0 & (u_r < -u_h) \end{cases} \tag{6-5}$$

式中,u_S 为 PWM 信号,1 代表高电平,0 代表低电平。滞环控制型的开关电源的波形如图 6.24(b)所示。

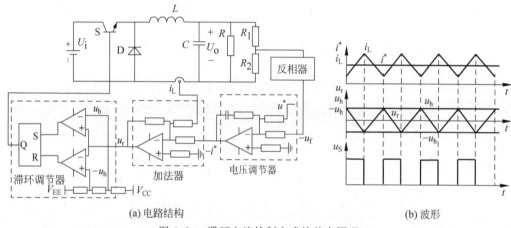

(a) 电路结构　　　　　　　　　　　　(b) 波形

图 6.24　滞环电流控制方式的基本原理

电路在稳态工作时,电压调节器的输出电压,即电流基准值 i^* 基本不变,在开关管导通时,电感电流线性上升,调制信号 u_r 线性下降,当 u_r 线性下降到负环宽 $-u_h$ 时,根据式(6-5),PWM 信号 u_S 输出低电平,开关管关断,电感电流线性下降;此后,调制信号 u_r 又会线性上升,当 u_r 线性上升到正环宽 u_h 时,根据式(6-5),PWM 信号 u_S 输出高电平,开关管又会导通,此后循环。如果电路中某一条件发生变化时,电压调节器总会找到一个合适的基准电流值 i^* 使输出电压基本不变。

6.4.2 滞环电流控制型开关电源的 MATLAB/Simulink 仿真

图 6.25 为采用 Simulink 所建立的滞环电流控制型降压型电路。电路的参数如表 6.1 所示,图中采用模块 Relay 来实现滞环功能,滞环的正负环宽分别为 0.3 和 -0.3。

仿真时,在 0.1s 处负载电阻发生突变,由 10Ω 突变为 5Ω,图 6.26 给出了输出电压、调制信号、负载电流、电感电流以及正负环宽的仿真波形,可以看出,滞环电流控制型开关电源的动态特性也非常快,并且动态过程过渡非常平缓,说明滞环电流控制方式的稳定性非常高。

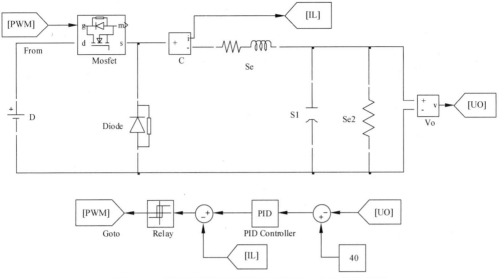

图 6.25　滞环电流控制型开关电源 Simulink 仿真模型

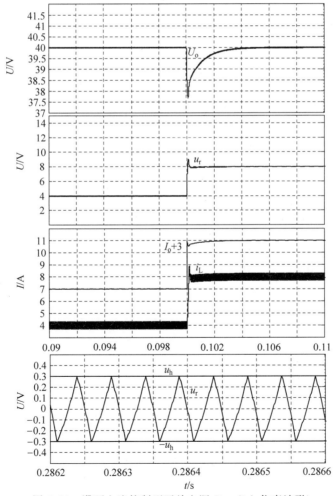

图 6.26　滞环电流控制型开关电源 Simulink 仿真波形

滞环电流控制型开关电源用 Saber 软件建模,只需分立元件即可,而且得到的仿真结果类似图 6.26,因此本节不再采用 Saber 建模仿真。

6.4.3 滞环电流控制型开关电源的优点和缺点

1. 滞环电流控制型 PWM 控制的优点

(1) 不需要斜坡补偿;

(2) 稳定性好,不容易因噪声而发生不稳定振荡;

(3) 电流的跟踪性能优良。

2. 滞环电流控制型 PWM 控制的缺点

(1) 需要对电感电流进行全周期的检测;

(2) 变频控制容易产生变频噪声;

(3) 变化的开关频率给 LC 二阶低通滤波器的设计带来了困难。

除了前面所讲的 4 种控制方式以外,开关电源的控制方式近年来又增加了相加型控制方式和单周期控制方式,其控制原理与前面 4 种控制方式类似。

习题

1. 电压控制型开关电源的优点和缺点分别有哪些?

2. 给出电压控制型开关电源的控制框图,并说明其基本工作原理。

3. 峰值电流控制型开关电源的优点和缺点分别有哪些?

4. 给出峰值电流控制型开关电源的控制框图,并说明其基本工作原理。

5. 平均值电流控制型开关电源的优点和缺点分别有哪些?

6. 给出平均值电流控制型开关电源的控制框图,并说明其基本工作原理。

7. 滞环电流控制型开关电源的优点和缺点分别有哪些?

8. 给出滞环电流控制型开关电源的控制框图,并说明其基本工作原理。

9. 说说电压控制型和电流控制型开关电源的区别。

第7章

变换器中变压器和电感器的设计

在高频开关变换器中磁性元件的应用非常广泛,主要有变压器和电感器两大类:变压器主要有电气隔离、升降压及磁耦合传递能量等作用;电感器主要有存储能量、平波与滤波等功能。并且其性能的好坏对变换器的性能产生重要影响,特别对整个装置的效率、体积及重量起举足轻重的作用。因此,磁性元件的设计是高频开关变换器设计中的重要环节。高频开关变换器中的磁性元件设计,通常是根据铁心的工作状态,合理选用铁心材料,正确设计计算磁性元件的铁心及绕组参数。但由于磁性元件所涉及的参数太多,其工作状态不易透彻掌握,因此常规的设计方法不能全面反映其实际工作情况和考虑其他因素的影响,也就很难达到所需的性能指标和满足设计要求。因此本章从磁路的基本物理量和电磁基本定律出发逐步推导出变压器和电感器的设计方法。

7.1 磁路及其基本定律

铁磁性材料,如铁、钴、镍,当其放置于磁体的磁场中时,可以被磁化,将物体从磁场中移走,物体通常会失去磁性。铁磁性材料原子结构内部具有微小的磁畴,它是由原子结构内部的轨道运动和电子的旋转建立的。这些磁畴可以看成是非常小的、有南北极的磁体。当铁磁材料未放置于磁场中时,各个磁畴随机排列,此时铁磁材料不呈现磁性;当材料置于磁场中时,磁畴就顺着外磁场的方向排列,从而铁磁材料本身也就成了有效的磁体。铁磁材料分别置于非磁场和磁场中的情况如图 7.1 所示。

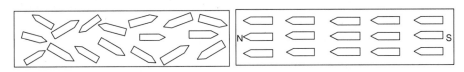

(a) 未磁化材料中的磁畴随机排列   (b) 材料磁化时磁畴整齐排列

图 7.1 铁磁材料磁畴磁化前和磁化后的情况示意图

7.1.1 磁路的基本物理量

磁体周围环绕着磁场,这个磁场是由磁力线构成的,磁力线由北极出发到南极,然后在磁性材料内部返回到北极。

7.1.1.1　磁通

自磁体北极发出,到达磁体南极的一组磁力线称为**磁通**,符号为 Φ。磁场中磁力线的数目确定了磁通的值,磁力线的数目越多,则磁通越大,磁场越强。

磁通是一个标量。它的单位在 SI(国际单位制)制中为韦伯,简称韦,符号为 Wb;在 CGS(电磁单位制)单位制中磁通单位为麦克斯韦,简称麦,代号为 Mx,它们之间的关系为

$$1\mathrm{Mx} = 10^{-8}\mathrm{Wb}$$

7.1.1.2　磁通密度

磁通密度(B 磁感应强度)是与磁场方向相垂直的单位面积内通过的磁通的数目。下面的公式给出了磁通密度的定义:

$$B = \frac{\Phi}{A} \tag{7-1}$$

式中,Φ 为磁通,A 为磁场中以平方米(m^2)表示的横截面面积。

磁通密度的单位在国际单位制中是特斯拉,简称特,符号为 T,在电磁单位制中为高斯,简称高,符号为 Gs。两者的关系为 $1\mathrm{T} = 10^4\mathrm{Gs}$。

7.1.1.3　介质磁导率

介质磁导率(μ)代表磁性材料磁化的难易程度。磁导率大代表易于磁化,磁导率小代表难于磁化。真空中的磁导率一般用 μ_0 表示。空气、铜、铝和绝缘材料等非磁材料的磁导率和真空磁导率大致相同。而铁、镍、钴等铁磁材料及其合金的磁导率都比 μ_0 大 $10 \sim 10^5$ 倍。

磁导率在国际单位制中的单位是 H/m,在电磁单位制中的单位是 Gs/Oe。它们之间的关系为 $1\mathrm{H/m} = (10^7/4\pi)\mathrm{Gs/Oe}$。真空中的磁导率 $\mu_0 = 4\pi \times 10^{-7}\mathrm{H/m}$。

材料的实际磁导率与真空中磁导率的比值即为相对磁导率。在实际使用过程中,一般采用相对磁导率这一概念。

7.1.1.4　磁场强度

用磁导率表征介质对磁场的影响后,磁感应 B 与 μ 的比值只与产生磁场的电流有关。即在任何介质中,磁场中某点的 B 与该点的 μ 的比值定义为该点的磁场强度 H,即

$$H = \frac{B}{\mu} \tag{7-2}$$

H 也是矢量,其方向与 B 相同。相似于磁力线描述磁场,磁场强度也可用磁场强度线表示。但与磁力线不同,因为它不一定是无头无尾的连续曲线,同时在不同的介质中,由于磁导率 μ 不一样,H 在边界处会发生突变。

应当指出的是所谓某点磁场强度大小,并不代表该点磁场的强弱,代表磁场强弱的是磁感应强度 B。比较确切地说,矢量 H 应当是外加的磁化强度。引入 H 主要是为了便于磁场的分析计算。

磁场强度在国际单位制中的单位是 A/m,电磁单位制中的单位为 Oe。它们之间的关系为 $1\mathrm{Oe} = (10^3/4\pi)\mathrm{A/m}$。

7.1.2　磁路的基本定律

磁路和电路相对应,那么磁路中的定律也和电路中的定律相对应。

7.1.2.1 安培环路定律

实验证明:沿着任何一条闭合回路 L,磁场强度 H 的线积分等于该闭合回路所包围的电流的代数和,这就是安培环路定律。其数学关系如下

$$\oint_l H \, \mathrm{d}l = \sum i \tag{7-3}$$

电流的方向与磁场强度的方向满足右手螺旋定则。在图 7.2 中,i_1 和 i_2 取正值,i_3 取负值。

如图 7.3 所示,一个闭合铁心上绕有一个线圈,线圈匝数为 N,线圈中流过电流 I。选取闭合回路为铁心回路,则在该闭合回路上共有 NI 的电流流过,根据安培环路定律,得

$$Hl = NI \tag{7-4}$$

式中,NI 称为磁动势,用 F 来表示,即 $F = NI$;Hl 称为磁压降。

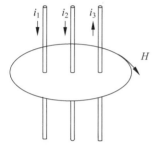

图 7.2 安培环路定律

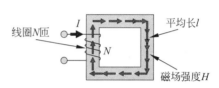

图 7.3 闭合铁心上使用安培环路定律

7.1.2.2 磁路欧姆定律

根据式(7-1)、式(7-2)和式(7-4),可以得到

$$\Phi = \frac{NI}{l/\mu A} = \frac{F}{R_\mathrm{m}} \tag{7-5}$$

式中,A 为铁心的截面积;$R_\mathrm{m} = l/\mu A$,单位为 $1/H$,它与电阻的计算公式类似,所以称它为磁阻。因为式(7-5)与电路中的欧姆定律在形式上完全一样,因此式(7-5)即为磁路中的欧姆定律。

7.1.2.3 磁路的基尔霍夫磁通定律

在图 7.4 中,如果在中间铁心柱的线圈中通以电流,则产生磁通,其路径如虚线所示,从图中显然可以看出:

$$\Phi_1 = \Phi_2 + \Phi_3$$

即

$$\sum \Phi = 0 \tag{7-6}$$

这就是磁路的基尔霍夫磁通定律。式(7-6)也可以这样来理解:图 7.4 中取一闭合面 A,如果令穿出闭合面 A 的磁通取正值,进入闭合面 A 的磁通为负值,则通过闭合面磁通的代数和为零。亦即进入闭合面的磁通,必等于离开闭合面的磁通。

7.1.2.4 磁路的基尔霍夫磁压降定律

在磁路计算中,总是将磁路分为若干段,材料及截面积相同的取为一段。在每一段磁路

中,由于截面积相同,所以磁通密度 B 必定处处相等,且由同一材料作成,磁导率一样,所以磁场强度相等。例如图 7.5 所示的磁路中,磁路是由铁磁材料及空气隙两部分所构成,而铁磁材料这一部分的截面积又分别为 A_1 及 A_2,故整个磁路应分为三段,每段长度为 l_1、l_2 及 l_3。每段中磁场强度是相同的,分别为 H_1、H_2 及 H_3。根据安培环路定律可得

$$H_1 l_1 + H_2 l_2 + H_3 l_3 = \sum NI$$

或
$$\sum Hl = \sum NI \tag{7-7}$$

H 的方向与电流的方向符合右手螺旋规律时,取正号;否则取负号。H 是单位长度的磁压降,Hl 便是一段磁路上的磁压降,$\sum Hl$ 是闭合回路上总的磁压降。$\sum NI$ 是磁通所包围的总电流,由它产生磁通,所以称为磁动势,或简称磁势。式(7-7)就是磁路基尔霍夫第二定律的表达式,也被称为基尔霍夫磁压降定律,它是由安培环路定律演变出来的。

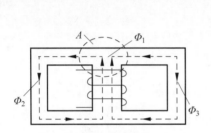

图 7.4　磁路的基尔霍夫磁通定律

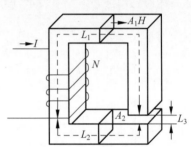

图 7.5　磁路的基尔霍夫磁压降定律

为便于理解磁路和磁路中的基本定律,表 7.1 给出了电路与磁路的对应关系。

表 7.1　磁路与电路的对应关系

	磁动势	磁通	磁压降	磁阻	基本定律	磁通密度	基尔霍夫磁压降定律	基尔霍夫磁通定律
磁路	$F = NI$	Φ	Hl	$R_m = \dfrac{l}{\mu A}$	$\Phi = \dfrac{F}{R_m}$	$B = \dfrac{\Phi}{A}$	$\sum NI = \sum HL$	$\sum \Phi = 0$
	电动势	电流	电压降	电阻	欧姆定律	电流强度	基尔霍夫电压定律	基尔霍夫电流定律
电路	E	I	IR	$R = \dfrac{l}{(1/\rho)A}$	$I = \dfrac{E}{R}$	$J = \dfrac{I}{A}$	$\sum E = \sum U$	$\sum I = 0$

7.2　磁滞回线

磁滞回线是描述磁性材料的磁化强度、磁感应强度和磁场强度的关系曲线。根据磁滞回线可以确定磁性材料的磁导率、饱和磁感应强度、剩余磁感应强度、矫顽力及磁心损耗等参数。因此,磁滞回线是描述磁性材料的重要特征。

磁滞性是磁性材料的重要特征,它说明材料磁化后怎样滞后于作用在其上的磁动势。通过改变线圈绕组中的电流,很容易增加或者减小磁场强度,而通过反转线圈端的电压极性可以反转磁场强度的方向。

图 7.6 说明了磁滞曲线的发展过程。开始时假设磁心未被磁化,故 $B=0$。如图 7.6(a)所示的曲线,随着磁场强度(H)由零开始增加,磁通密度(B)成正比地增加。当 H 达到某个值时,B 值的变化开始变得平坦。随着 H 继续增加,当 H 达到饱和值(H_s)时,B 达到饱和值(B_s),见图 7.6(b)的说明。一旦达到了饱和值,H 的进一步增加就不会引起 B 的进一步增加了。

现在,如果 H 减小至零,如图 7.6(c)所示,B 将沿着一条不同的路径回到剩余值(B_R),这说明即使移除磁化力($H=0$),磁材料仍继续被磁化。磁性材料被磁化后,在没有磁化力作用时依然保留磁化状态的能力称为剩磁性。磁性材料的剩磁性由 B_R 与 B_s 的比值定义。

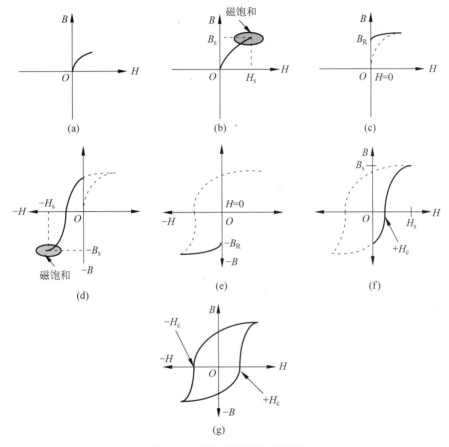

图 7.6 磁化曲线的发展过程

磁化力的反转由曲线上 H 的负值表示,它是通过反转线圈中电流的流向来实现的。如图 7.6(d)所示,H 在反方向的增长将达到反向饱和值($-H_s$),磁通密度此时也达到其最大负值。

移去磁化力后($H=0$),磁材料的磁通密度回到其负向剩余值($-B_R$),如图 7.6(e)所示。当磁化力等于正向 H_s 时,磁通密度也由 $-B_R$ 值沿着图 7.6(f)所示的曲线回到其正向最大值。

完整的 B-H 曲线如图 7.6(g)所示,称之为磁滞曲线。使磁通密度为零时所需的磁化力称为矫顽磁力 H_c。

7.3　铁心的工作状态

前面章节所介绍的基本变换器中,都含有电感或者变压器等磁性元件,要能够正确设计出满足要求的磁性元件必须了解这些磁性元件的电气工作状态以及铁心工作状态。一般情况下,磁性元件的铁心工作状态分为三类。第Ⅰ类铁心工作状态所对应的磁滞回线在第一、第三象限内交变磁化,如全桥、半桥变换器中变压器的铁心工作状态属于此类;第Ⅱ类铁心工作状态所对应的磁滞回线在第一象限内磁化和退磁,其对应的磁场强度 H 在零到最大值之间来回变化,如正激型变换器中变压器铁心的工作状态属于此类;第Ⅲ类铁心工作状态所对应的磁滞回线在第一象限内磁化和退磁,其对应的磁场强度 H 为一个较大的直流分量叠加一个较小的交变分量,如一般变换器中滤波器电感电流工作于电流连续状态下铁心所对应的工作状态。

所有磁性元件的外加激励电压都为一个交流量,且其平均值为 0。铁心到底工作于什么状态,关键是看流过磁性元件的磁化电流,如果磁化电流为一个平均值为 0 的交变量,那么铁心工作于第Ⅰ类状态,如果磁化电流为一个直流量叠加一个交变量,那么铁心工作于第Ⅰ类状态或第Ⅱ类状态。

7.3.1　第Ⅰ类工作状态

一般情况下,作用于半桥或全桥变换器变压器原边绕组的电压波形如图 7.7(a)所示,铁心中交变的磁通如图 7.7(b)所示。

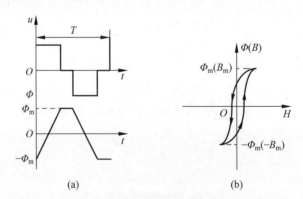

图 7.7　铁心交变磁化时铁心磁通的波形

交变激磁电压在正半周期时,铁心的磁通 Φ(或磁感应强度 B)从 $-\Phi_m(-B_m)$ 变化到 $+\Phi_m(+B_m)$,磁场强度 H 也从 $-H_m$ 变化到 $+H_m$;交变激磁电压在负半周期时,从 $+\Phi_m(+B_m)$ 变化到 $-\Phi_m(-B_m)$,磁场强度 H 也从 $+H_m$ 变化到 $-H_m$。磁感应强度的变化量 $\Delta B = 2B_m$。

这类铁心的工作状态的特点以及对铁心材料的要求:

(1) 磁感应在 $\pm B_m$ 之间变化,其变化值 $\Delta B = 2B_m$,故铁心利用率高。一般取 $B_m < B_s$,铁心 B_s 越大,B_m 可取越大,铁心体积重量就越小,因此应选取高饱和磁感应 B_s 的磁性材料。从对铁心利用率来说,对剩磁感应 B_R 无一定要求。有的电路从波形传递要求来说,

希望 B_R 大,即矩形比 B_R、B_m 接近于 1。

(2)因铁心沿整个磁滞回线交替磁化,故铁心损耗较大,在频率高时尤为突出。所以应选择磁滞回线窄及电阻率高的材料,或选择较低的 B_m 值。

(3)用于变压器的铁心,为减少激磁电流,应选择磁导率 μ 高的材料。

7.3.2 第Ⅱ类工作状态

正激型变换器的变压器铁心即工作于此类状态。图 7.8 给出了正激型变换器正常工作时的变压器原边电压波形,磁通量变化波形以及磁滞回线波形。

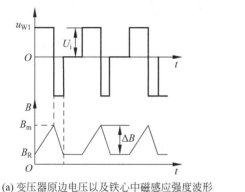

(a) 变压器原边电压以及铁心中磁感应强度波形   (b) 磁滞回线波形

图 7.8 第Ⅱ类工作状态下铁心的磁滞回线波形

正激型变换器在开关管由关断变为导通时,铁心开始正向磁化,磁化电流和磁场强度 H 从 0 开始增加到最大值,铁心的磁通 Φ(或磁感应强度 B)从剩磁 B_R 变化到最大值 B_m;在开关管关断以后,铁心开始磁复位,磁化能量通过第 3 个绕组反馈给输入电源,磁化电流和磁场强度 H 从最大值下降到 0,铁心的磁通 Φ(或磁感应强度 B)从最大值 B_m 变化到剩磁 B_R。在下一周期开通之前,磁化电流或者磁场强度必须下降到 0,否则,正激型变换器不能正常工作。

工作于该类型的铁心的磁感应强度的变化量 $\Delta B = B_m - B_R$。

工作于该类型的铁心要求:

(1)这类工作状态的磁感应变化量 $\Delta B = B_m - B_R$。同样,为使铁心不饱和,应取 $B_S < B_R$,即 $\Delta B < B_m - B_R$,所以铁心利用率较低。为增大 ΔB,应选择高 B_s 及低 B_R 的材料;或可将铁心开一气隙以降低 B_R,但增大了激磁电流,从而增加了损耗。

(2)铁心工作于局部磁滞回线,所包围的面积小,故损耗比第Ⅰ类工作状态要小,而局部磁滞回线使铁心的利用率低。

7.3.3 第Ⅲ类工作状态

该类型的铁心工作时,铁心中的磁场强度为一较大的直流分量叠加一较小的交流分量,反映在磁滞回线中即为在第一象限中局部的磁化与磁复位。为了使铁心不饱和,铁心必须加气隙或采用磁导率较低的磁粉心。

(1)交变磁化分量较小,一般情况 $\Delta B << B_m - B_R$,局部磁滞回线所包围的面积较小,

故铁心损耗较小。

（2）由于含有较大的直流分量，线圈电流最大值 I_m 较大，相应产生激磁磁场 $H_m = I_m N / L_c$ 较大。要是在 H_m 作用下铁心不饱和，铁心必须加适当气隙或采用宽恒导磁合金铁心，使在很宽的磁场强度 H 范围内有恒定的磁导率。而第Ⅱ类工作状态，必要时加一小气隙的目的是减小 B_R，不希望激磁磁场 H（或者激磁电流）增加过大。

（3）希望铁心储能大，即最大储能 $0.5 L I_m^2$ 大。在 I 较大的情况下，希望 L 仍较大，即加气隙后等效磁导率 μ_e 能较大，从式(7-8)

$$\frac{1}{2} L I_m^2 = \frac{1}{2} \frac{\mu_e N^2 S_c}{l_c} \left(\frac{H_m l_c}{N} \right)^2 = \frac{1}{2} B_m H_m V_c \tag{7-8}$$

可以看出，$V_c = S_c l_c$ 为铁心体积，最大磁感应 $B_m = \mu_e H_m$。可见，要使铁心储能大，就要求 B_m 大，也就是说，希望铁心材料的 B_R 大。对于一定的铁心材料来说，则只有加大铁心体积 V_c 来增大铁心储能。

表 7.2 给出了前面章节所学习过的基本变换器中电感或者变压器铁心所处的工作状态。

表 7.2 基本变换器中电感和变压器铁心工作状态

	变 压 器	电 感
第Ⅰ类工作状态	全桥变换器、半桥变换器、推挽变换器	交流电抗器
第Ⅱ类工作状态	正激型变换器电流断续时的反激型变换器	电感电流断续时的各类变换器
第Ⅲ类工作状态	电流连续时的反激型变换器	电感电流连续时的各类变换器

7.4 常用的高频铁心软磁材料及其性能

在开关电源中，使用的磁性元件都工作于高频状态，因此本节主要介绍高频磁性材料。高频软磁材料通常有以下要求：

（1）磁导率要高；

（2）具有较小的矫顽力和狭窄的磁滞回线；

（3）为降低铁心的涡流损耗，铁心的电阻率要高；

（4）较高的饱和磁感应强度。

常用于高频变压器、脉冲变压器和滤波电感器的软磁材料包括硅钢片、铁镍合金、非晶态合金、微晶合金、软磁铁氧体以及磁粉心，下面分别介绍。

7.4.1 硅钢片

硅钢片常用于工频变压器和电抗器的铁心，但部分牌号的热轧硅钢片和冷轧单取向硅钢片可用于高频变压器和电感器。此材料的特点是饱和磁感应强度 B_s 高，价格低。磁心的损耗取决于硅钢带的厚度和硅含量。硅钢带越薄，则铁心损耗越小，但是所造成的铁心叠片系数 K_c 越低；硅含量越高，铁心电阻率越大，则损耗越小。表 7.3 和表 7.4 分别给出了部分高频用热轧硅钢片的性能和部分冷轧单取向硅钢片的性能。

表 7.3　高频用热轧硅钢片性能

牌　　号	厚度/mm	磁感应强度 B/T		铁损/W/kg		弯曲次数	电阻率/Ω·m
		B_5	B_{25}	$P_{7.5/400}$	$P_{10/400}$		
DR1750G-35	0.35	≥1.32	≥1.44	≤10.00	≤17.50	>1	>0.57
DR1250G-20	0.2	≥1.21	≥1.42	≤7.20	≤12.50	>2	>0.57
DR1100G-10	0.10	≥1.20	≥1.40	≤6.30	≤11.00	>3	>0.57

注：① B_5、B_{25} 表示磁场强度为 5A/m 和 25A/m 时的磁感应强度。

②　$P_{7.5/400}$、$P_{10/400}$ 表示频率为 400Hz,磁感应强度为 7.5T 和 10T 时的铁损值。

表 7.4　冷轧单取向硅钢片的性能

牌号	厚度/mm	感应强度 B/T 不小于						铁损耗 P/(W·kg^{-1}) 不大于		矫顽力 H_c /(A·m^{-1})
		$B_{0.4}$	$B_{0.8}$	B_2	B_4	B_{10}	B_{25}	$P_{1/400}$	$P_{1.5/400}$	
DG1	0.05	0.60	0.90	1.20	1.35	1.55	1.70	10.0	21.0	0.36
DG2	0.05	0.80	1.00	1.30	1.42	1.60	1.75	8.5	19.0	0.34
DG3	0.05	0.85	1.10	1.40	1.50	1.66	1.82	7.5	16.0	0.32
DG4	0.05	0.90	1.20	1.50	1.57	1.70	1.84	7.0	15.0	0.32
DG1	0.08 0.10	0.60	0.90	1.20	1.35	1.55	1.70	10.0	22.0	0.36
DG2	0.08 0.10	0.80	1.00	1.30	1.42	1.60	1.75	8.5	19.0	0.32
DG3	0.08 0.10	0.90	1.10	1.40	1.50	1.66	1.82	7.5	17.0	0.28
DG4	0.08 0.10	1.00	1.20	1.50	1.57	1.70	1.84	7.0	16.0	0.26
DG1	0.20	0.60	0.90	1.20	1.35	1.55	1.70	12.0	27.0	—
DG2	0.20	0.80	1.00	1.30	1.42	1.60	1.75	11.0	25.0	—
DG3	0.20	0.90	1.10	1.40	1.50	1.66	1.82	10.0	23.0	—
DG4	0.20	1.00	1.20	1.50	1.50	1.70	1.84	9.0	21.0	—

注：矫顽力 H_c、电阻率 ρ 和厚度为 0.20mm 钢带的 $B_{0.4}$、$B_{0.8}$、B_2 为参考值,其余为保证值。

可按照铁心的工作频率选择不同型号和不同厚度的硅钢带铁心。工作频率高,应该选择硅含量高,较薄的硅钢带以减小铁损。一般 400Hz 选用 0.2mm 的硅钢带,1kHz 选用 0.1mm 的硅钢带。

7.4.2　铁镍软磁合金

铁镍软磁合金又称为坡莫合金,具有很高的磁导率,极低的矫顽力,磁滞回线接近于矩形。表 7.5 给出了几种常用的坡莫合金的磁性能。

虽然坡莫合金具有优良的磁特性,但是由于其电阻率比较低,而磁导率又特别高,很难在很高频率场合应用。同时价格比较昂贵,一般机械应力对磁性能影响显著,通常需要保护壳。坡莫合金在工作环境温度高,要求体积严格的军工产品中获得广泛应用。

187

表 7.5 几种常用的坡莫合金的磁性能

合金牌号	成品形状	厚度/mm	磁 性 能				
			μ_i(Gs/Oe) 不小于	μ_m(Gs/Oe) 不小于	H_c(Oe) 不小于	B_s(Gs) 不小于	B_R/B_m(H=1Oe) 不小于
IJ46	冷轧带	0.02~0.04	2000	18 000	0.40	150 000	
		0.05~0.09	2300	22 000	0.30	150 000	
		0.10~0.19	2800	25 000	0.25	150 000	
IJ51	冷轧带	0.01		25 000	0.30	150 000	0.09
		0.02~0.04		35 000	0.25	150 000	0.90
		0.05~0.09		50 000	0.20	150 000	0.90
		0.10		60 000	0.18	150 000	0.90
IJ79	冷轧带	0.01	12 000	70 000	0.06	7500	
		0.02~0.04	15 000	90 000	0.05	7500	
		0.05~0.09	18 000	110 000	0.035	7500	
		0.10~0.19	20 000	150 000	0.025	7500	
IJ86	冷轧带	0.01	10 000	80 000	0.050	6000	
		0.02~0.04	30 000	110 000	0.030	6000	
		0.05~0.09	40 000	150 000	0.018	6000	
		0.10~0.19	50 000	180 000	0.015	6000	

7.4.3 非晶态合金和微晶合金

非晶态又称玻璃态。它是特种钢液以每秒100万摄氏度速率降温而超急冷凝固,一次薄带成形而得到的结构。非晶态合金内部原子无规则排列,是一种无序状态堆积的结构,没有晶粒、晶界存在。它具有优异的机械和磁性性能,是20世纪70年代迅速发展起来的新型磁性材料。

非晶态软磁合金有钴基非晶态合金,铁基非晶态合金和铁镍基非晶态合金三大类。

1. 钴基非晶态合金

钴基非晶态合金具有高磁导率、低矫顽力、电阻率较大、高频损耗低等特点,适用于高频开关电源和逆变电源中的变压器和互感器的磁心。工作频率为20~500kHz。

2. 铁基非晶态合金

铁基非晶态合金具有很高的磁感应强度,仅次于硅钢片和钴铁合金,但它的铁损和磁导率都优于硅钢片,特别是铁损仅为硅钢片的1/3~1/4。铁基非晶态合金适用于电源变压器的铁心。该合金的缺点是机械加工性差,在较高温度下性能不稳定。

3. 铁镍基非晶态合金

铁镍基非晶态合金的性能介于钴基非晶态与铁基非晶态合金之间。具有较高的饱和磁感应强度和较高的磁导率。主要用于中等磁场强度和中等功率的变压器铁心。工作频率高于音频的上限频率。

非晶态软磁合金的性能见表7.6。

表7.6 钴基非晶态合金的性能

类 别	钴基非晶态合金							
成分	Co70 Fe5 Si15 B10	Co70.5 Fe4.5 Si10 B15	Co72 FeMo SiB (2705X)	Co FeNi NbSi B	Co FezMo MnSi B	Co Fe Nb B	Co FeNi CrSi B	Co FeV SiB
B_s/T	0.84	0.85	1.00	0.71	0.78	0.70	0.65	0.69
$\mu_R/mH \cdot m^{-1}$	—	12.5(1kHz)	15.0(1kHz)	25.0(1kHz)	≥50.1(1kHz)	≥0.5(400kHz)	20.5(ui)	—
$\mu_R/mH \cdot m^{-1}$	150.4	—	—	313.3	376.0		250.7	2067.9
R_r	—	—	—	0.5	0.5		—	0.95
$H_c/A \cdot m^{-1}$	0.16	1.60	1.44	1.20	0.56	1.60	1.20	0.24
$P_c/W \cdot kg^{-1}$	—	—	—	$P_5/20k \leqslant 30$	$P_6/20k \leqslant 40$ $P_3/20k \leqslant 100$			
$P/\Omega \cdot m^{-1}$	1.80	1.15	1.15	1.30	1.35	1.20	1.35	1.20
$T_x/℃$	500	420	530	540	520	470	532	540

另外,将非晶态合金处理后获得直径为 $10 \sim 20mm$ 的微晶合金称为超微晶合金软磁材料,也称为纳米晶软磁合金。它具有较高的磁导率和饱和磁感应强度,铁损也较低。因其性能优异,被广泛用于高频大功率变压器、扼流圈、电流互感器的铁心。

超微晶合金软磁材料的性能见表7.7。

表7.7 超微晶合金软磁材料的性能

材料名称 \ 性能	$\mu_i/\times 10^4 mH \cdot m^{-1}$	$\mu_e/\times 10^4 mH \cdot m^{-1}$	$H_c/A \cdot m^{-1}$	$P/\Omega \cdot m$	B_r/T	B_s/T	$P_c/W \cdot kg^{-1}$
超微晶 NAC-R-Nb	8	30	0.6~1.2	0.9	0.7	1.2	P0.2/20k 3.4 P0.3/100k 90 P0.5/20k 20 P0.5/50k 90

7.4.4 软磁铁氧体

软磁铁氧体是复合氧化物的烧结体,可用化学分子式 MFe_2O_3 来表示[M代表锰(Mn)、镍(Ni)、镁(Mg)、锌(Zn)等二价金属离子],为氧离子和金属离子组成尖晶石结构的氧化物。由于软磁铁氧体具有很高的电阻率,涡流损耗小,适合于高频下应用。常用的软磁铁氧体有 Mn-Zn、Ni-Zn 和 Mn-Mg 等尖晶石结构的氧化物。还有含 Ba(钡)的平面型六角晶系铁氧体,这种钡铁氧体多用于 300MHz 以上的频率。

将软磁铁氧体按应用情况进行分类,如表7.8所示。

表 7.8　软磁铁氧体按应用情况分类

性　能	单　位	低频变压器	中频变压器	宽带脉冲变压器	高磁通密度软磁铁氧体	高频电感器、功率变压器
近似成分的摩尔分数	%	MnO27 ZnO20 Fe_2O_3 53	MnO34 ZnO14 Fe_2O_3 53	MnO27 ZnO20 Fe_2O_3 53	MnO30 ZnO15 Fe_2O_3 55	MnO32 ZnO18 Fe_2O_3 50
使用频率	kHz	≤200	100～2000	≤100 000	700～1000	1000～300 000
起始磁导率 μ_i	mH/m	800～2500	500～1000	15 000～10 000	1000～3000	70～150
$\tan\delta/\mu_i$	×10^{-8}	0.8～1.8 (10kHz) 1.5～10 (100kHz)	5～10 (100kHz) 10～40 (1MHz)	1～10 (10kHz) 40～60 (100kHz)	—	20～50 (1MHz) 60～120 (10MHz)
饱和磁感应强度	T	0.35～0.5	0.4	0.3～0.5	0.35～0.52	0.35～0.42
居里温度 Tc	℃	140～210	200～280	90～280	180～280	350～490
电阻率 ρ	Ω·m	50～700	100～2000	2～50	20～100	>105

在选用软磁铁氧体时,应遵循以下原则。

(1) 应按工作频率选用软磁铁氧体:

工作频率为 1MHz 以下时,选用 Mn-Zn 软磁铁氧体;

工作频率为 1～300MHz 时,选用 Ni-Zn 软磁铁氧体;

工作频率为 300MHz 以上时,选用 Ba 铁氧体。

(2) 软磁铁氧体用于频率为 1MHz 以下的变压器和滤波电感器的磁心时,应选用具有高 μ 值的铁氧体。

(3) 软磁铁氧体用于频率为 1MHz 以上的变压器和线圈的磁心时,应选用低损耗和高 μ 值的铁氧体。

(4) 若变压器等工作在中等磁场下,且要求小型化,应选用具有高 B_s 的铁氧体。一般要求 $B_s > 0.5T$。

国产新康达(CONDA)LP 系列和 HP 系列的铁氧体磁心是 Mn-Zn 软磁铁氧体材料。它的性能分别见表 7.9 和表 7.10。

表 7.9　LP 系列的铁氧体磁心是 Mn-Zn 软磁铁氧体材料的性能

性　能	测试条件	LP2	LP3	LP4
初始磁导率 μ_i/(mH·m^{-1})	10kHz、0.1mT	2500±25%	2300±25%	2500±25%
相对损耗因数	100kHz	<5	<4	<3
饱和磁感应强度 B_s/mT	1200A/m、25℃	500	510	480
	1200A/m、100℃	390	390	380
剩余磁感应强度 B_R/mT	25℃	120	95	190
矫顽 H_c/(A·m^{-1})	25℃	12	14	35

性　能	测试条件		LP2	LP3	LP4
磁心损耗 P_c/(kW·m^{-3})	25kHz、200mT	25℃	130	120	—
		60℃	90	80	—
		100℃	100	70	—
	100kHz、200mT	25℃	7000	600	—
		60℃	500	450	—
		100℃	600	410	—
	500kHz、50mT	25℃	—	—	130
		60℃	—	—	80
		100℃	—	—	80
居里温度 T_c/℃			>230	>215	>240
电阻率 ρ/Ω·m^{-1}			3	6.5	20
密度 d/(g·cm^{-3})			4.8	4.8	4.8

注：表中所用环形磁心尺寸为 Φ22/Φ14/10；若无说明，测量的温度均为 25℃±2℃。

表 7.10　HP 系列的铁氧体磁心是 Mn-Zn 软磁铁氧体材料的性能

性　能	测试条件	HP1	HP2	HP3
初始磁导率 μ_i/mH/m	10kHz、0.1mT	5500±25%	7000±25%	10 000±30%
相对损耗因数 $\tan\delta/\mu_i$(×10^{-6})	10kHz	—	<7	<7
	100kHz	<15	—	—
饱和磁感应强度 B_s/mT	1200A/m	420	400	400
剩余磁感应强度 B_R/mT		150	90	90
矫顽力 H_c/A·m^{-1}		8	8	7
居里温度 T_c/℃		>140	>130	>120
电阻率 ρ/Ω·m^{-1}		0.3	0.1	0.05
密度 d/g·m^{-3}		4.9	4.9	5.0

注：测试磁心尺寸为 Φ20/Φ14/Φ10；若无说明，测量时的温度均为 25℃±2℃。

　　CONDA LP 系列软磁铁氧体磁心主要用于开关电源和逆变电源的输出变压器和输出滤波器的扼流圈。LP2 适用频率范围为 20～150kHz；LP3 适用频率范围为 100～500kHz；80～100℃的实际工作温度内具有负的温度系数，这有利于抑制变压器的升温。

　　CONDA HP 系列软磁铁氧体磁心主要用于宽带变压器、脉冲变压器和噪声滤波器等。HP 系列的特点是磁导率很高。

7.4.5　磁粉心

　　磁粉心通常将极细的磁性材料粉末和黏结剂混合在一起，通过模压、固化一般形成环状的粉末金属磁心。由于磁粉心中存在大量非磁物质，相当于在磁心中存在许多分布气隙，在磁化时，这些分布气隙中要存储相当大的能量，因此可用这种磁心作为电感和反激变压器磁心。但是能量不存储在磁粉心中高磁导率的金属合金磁料部分。带气隙磁心特性产生偏斜，即有效磁导率降低。可以通过改变颗粒尺寸、磁性材料与复合材料比例不同，获得不同的有效磁导率。按磁心的磁导率制造和分类，磁心有效磁导率范围为 15～200。

常见的磁粉心有铁镍钼磁粉心、铁镍磁粉心、铁硅铝磁粉心和铁磁粉心。在损耗方面，铁镍钼磁粉心最低，在相同条件下，仅略高于铁氧体，铁磁粉心损耗最高，其他两种磁粉心居中。在某些条件下，铁硅铝磁粉心损耗略低于铁镍磁粉心，接近于铁镍钼磁粉心。但磁粉心价格则相反，铁镍钼磁粉心最贵，铁磁粉心价格最便宜。上述几种磁粉心材料的饱和磁通密度通常为 $0.6 \sim 1.2\text{T}$。

7.4.6　软磁材料的选取原则

绝大多数的软磁材料是在交变磁场下工作的。在选用软磁材料时，主要考虑的因素是工作磁通密度、磁导率、损耗大小、工作环境及材料的价格等。钴基非晶和铁基微晶比铁氧体有更高的饱和磁感应和相对较高的损耗，高的居里温度和温度稳定性，但价格比较贵，同时磁心规格不完善，特别适宜用大功率或耐受高温和冲击的军用场合。磁粉心一般比铁氧体有更高的饱和磁感应，用磁粉心的电感比用铁氧体磁心的电感体积小，但在 100kHz 以上，损耗大，很少再用磁粉心。铁氧体价格低廉，材质和磁心规格齐全，高频性能好。但材质脆，不耐冲击，温度性能差。适用于 10kW 以下，最高频率达 1MHz 以下的任何功率变换器。

7.5　电感器的设计

7.5.1　电感器基本关系

按照图 7.9 中电感电流的参考方向，可得它们之间的关系如下式所示：

$$u_L = L\frac{\mathrm{d}i_L}{\mathrm{d}t} \tag{7-9}$$

其中，电感定义为铁心中的磁链 Ψ 与电流的比值，即

$$L = \frac{\psi}{i_L} = \frac{N\phi}{i_L} = \frac{NBA_e}{i_L} \tag{7-10}$$

其中，A_e 为铁心的截面积。当制作电感所选铁心一般为硅钢片、铁氧体或者非晶等高频软磁材料时，为保证在大电流的情况下电感铁心不饱和，需要在铁心中插入气隙。电感铁心除了采用上述材料以外，还较多地使用磁粉心，因为磁粉心的磁导率较低，因此不需要再添加气隙。

图 7.10 为带有气隙的电感，其中，线圈有 N 匝，线圈电流为 i_L，铁心长度为 l_{Fe}，气隙长度为 l_a，则根据安培环路定律，可得

$$Ni_L = H_{Fe}l_{Fe} + H_a l_a = \frac{Bl_{Fe}}{\mu_{Fe}\mu_0} + \frac{Bl_a}{\mu_0} = \frac{B}{\mu_0}\left(\frac{l_{Fe}}{\mu_{Fe}} + l_a\right) \tag{7-11}$$

图 7.9　电感电压和电流参考正向　　　　　图 7.10　带有气隙的电感

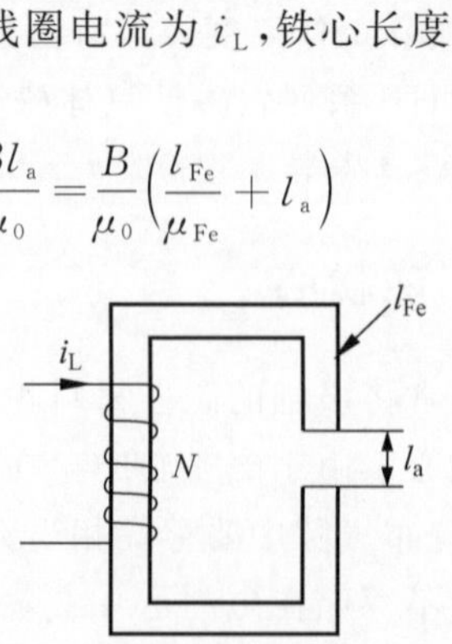

式中，μ_{Fe} 为铁心的相对磁导率。将式(7-11)代入式(7-10)，则可以得到

$$L = \frac{\mu_0 N^2 A_e}{l_{Fe}/\mu_{Fe} + l_a} \tag{7-12}$$

式(7-12)表明，一个成品电感仅与制作电感的铁心材料、所加气隙的长度以及绕组的匝数相关，而与电感的工作环境(如流过电感的电流)无关，也就是说，电感绕制成功以后，电感的感值就确定了。一般情况下，加气隙电感铁心的相对磁导率非常高(一般为几千)，因此式(7-12)可以近似等效为

$$L = \frac{\mu_0 N^2 A_e}{l_a} \tag{7-13}$$

如果电感采用的铁心为磁粉心，那么整个磁路不需再加气隙，那么此时电感的表达式为

$$L = \frac{\mu_0 \mu_{Fe} N^2 A_e}{l_{Fe}} \tag{7-14}$$

降压型变换器中的滤波电感具有一定的代表性，其工作状态和正激、全桥、半桥以及推挽变换器中的滤波电感类似，因此这里以这类变换器中 LC 滤波器工作状态来分析电感的设计过程。图 7.11 给出了 LC 滤波器、滤波器输入电压、电感电流以及电感铁心的磁滞回线图。

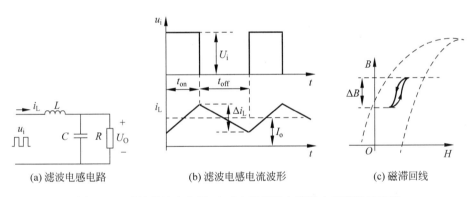

(a) 滤波电感电路　　　　(b) 滤波电感电流波形　　　　(c) 磁滞回线

图 7.11　滤波器输入电压、电感电流以及电感铁心的磁滞回线图

现在按所设计变换器的输出电压 U_O，变换器的额定功率 P 以及电感允许的电流波动值 ΔI_L 来设计电感。则可以根据式(7-9)得到电感所需电感值。

$$L = \frac{U_O t_{off}}{\Delta I} \tag{7-15}$$

式中，t_{off} 为电感电流下降的时间。前面章节讲过当变换器在正常工作时，电容电流的平均值等于 0，因此电感电流的平均值为

$$I_L = I_O = \frac{P}{U_O} \tag{7-16}$$

则峰值电感电流为

$$i_{Lm} = I_O + \frac{\Delta I_L}{2} \tag{7-17}$$

7.5.2　加气隙电感器的设计

一般情况下,高磁导率材料作为电感铁心时需要加气隙。设计电感的一个关键步骤是选取电感铁心的尺寸,目前通常采用的方法是 AP 法,即用铁心的窗口面积和截面积的乘积来确定铁心的容量。

由式(7-10)可以得到

$$B_{\mathrm{m}} = \frac{Li_{\mathrm{Lm}}}{NA_{\mathrm{e}}} \tag{7-18}$$

由此可得铁心截面积的表达式

$$A_{\mathrm{e}} = \frac{Li_{\mathrm{Lm}}}{B_{\mathrm{m}}N} \tag{7-19}$$

式中,B_{m} 为铁心工作时的最大磁感应强度,该值应小于铁心的饱和磁感应强度 B_{s}。一般情况下,它们之间的关系为 $B_{\mathrm{m}} = (0.6 \sim 0.8)B_{\mathrm{s}}$。

根据流过电感电流的有效值(一般情况下,电感电流波动值 ΔI_{L} 小于电感电流平均值 I_{L} 时,近似认为有效值与平均值相等),求出每匝导线的截面积。如果考虑到高频集肤效应,每匝导线直径不能大于该频率下的规定值,则导线必须采用多股并绕。下面介绍集肤效应。

导线中通过交变电流时会产生集肤效应,即导线横截面上的电流分布不均匀,内部电流密度小,边缘部分电流密度大,使导线有效截面积减少,电阻增大。在工频情况下,集肤效应的影响甚微。在高频工作时,必须加以考虑。

导线通过高频交变电流时,有效截面积的减少可以穿通深度 Δ 来表征。Δ 的意义如下:由于集肤效应,电流密度下降到导线表面电流密度的 0.368(即 $1/e$)时的径向深度称为穿透深度 Δ。Δ 与交变频率 f、导线的磁导率 μ 及电导率 γ 有下述关系

$$\Delta = \sqrt{\frac{2}{\omega \mu \gamma}} \tag{7-20}$$

式中,ω 为角频率,$\omega = 2\pi f$。

当导线为铜导线时,$\gamma = 58 \times 10^6 (\Omega \cdot \mathrm{m})$,铜的相对磁导率 $\mu_{\mathrm{r}} = 1$,因此上式中的 μ 即为真空磁导率 μ_0,可算得不同频率时铜导线的穿透深度,表 7.11 列出了频率为 $1 \sim 50 \mathrm{kHz}$ 时的铜导线的穿透深度。

表 7.11　铜导线的穿透深度

f/kHz	1	3	5	7	10	13	15	18
Δ/mm	2.089	1.206	0.9346	0.7899	0.6608	0.5796	0.5396	0.4926
f/kHz	20	23	25	30	35	40	45	50
Δ/mm	0.4673	0.4358	0.4180	0.3815	0.3532	0.3304	0.3115	0.2955

显然在选用绕组的导线线径时,应使线径小于两倍穿透深度。当计算要求导线的线径大于由穿透深度决定的最大线径时,可采用小直径的多股导线并绕或采用宽而扁的铜带,使厚度小于两倍穿透深度。

窗口面积与导线匝数的关系为

$$A_{\mathrm{W}} = \frac{N I_{\mathrm{L}}}{k_{\mathrm{c}} j} \tag{7-21}$$

式中，k_{c} 是铁心窗口利用系数，一般取 $0.2 \sim 0.4$ 的某个值。j 为电流密度，一般取值为 $3 \sim 4\mathrm{A/mm}^2$。

由式(7-19)和式(7-21)可得铁心 AP 的表达式。可以看出，当电感的电气参数以及铁心的最高工作磁通密度、导线电流密度以及铁心的窗口利用系数确定以后，铁心的尺寸就可以确定下来。

$$AP = A_{\mathrm{e}} A_{\mathrm{W}} = \frac{L i_{\mathrm{Lm}} I_{\mathrm{L}}}{B_{\mathrm{m}} k_{\mathrm{c}} j} \tag{7-22}$$

由铁心生产厂家提供的产品选型手册选出合适的型号，由此得到铁心的两个单独参数：窗口面积 A_{W} 和铁心截面积 A_{e}。必须注意，所选铁心的 AP 值必须大于等于上式的计算数值。

根据式(7-10)，可以确定出电感绕组的匝数

$$N = \frac{L i_{\mathrm{Lm}}}{B_{\mathrm{m}} A_{\mathrm{e}}} \tag{7-23}$$

如果铁心需要加气隙，则可以根据式(7-13)求得气隙的长度

$$l_{\mathrm{a}} = \frac{\mu_0 N^2 A_{\mathrm{e}}}{L} \tag{7-24}$$

在制作电感过程中，根据实际情况，需要对所垫气隙做适当调整。

最后一个步骤是校核窗口，判断铁心的窗口能否绕下线圈。如果计算出窗口利用系数超过某个设定值(一般为 0.35)，则上述过程需要重新计算。

7.5.3 采用磁粉心电感器的设计

磁粉心的等效磁导率是给定的，故设计计算比较简单。因为磁粉心一般做成环状，且也不像在高磁导率铁心材料中需要垫气隙，所以其磁滞回线是基本确定的，对应于饱和磁感应强度(B_{s})有一确定的磁场强度。在利用式(7-15)确定电感的感值后，还需执行以下步骤：

1. 计算铁心的尺寸

对电感来说，需要存储能量的大小决定了铁心的尺寸。根据安培环路定律

$$I_{\mathrm{L}} = I_{\mathrm{o}} = \frac{H l_{\mathrm{Fe}}}{N} = \frac{B l_{\mathrm{Fe}}}{\mu_0 \mu_{\mathrm{Fe}} N} \tag{7-25}$$

由式(7-14)式(7-25)可得

$$I_{\mathrm{o}}^2 L = \frac{B^2 l_{\mathrm{Fe}} A_{\mathrm{e}}}{\mu_0 \mu_{\mathrm{Fe}}} = \frac{B^2 V_{\mathrm{Fe}}}{\mu_0 \mu_{\mathrm{Fe}}} \tag{7-26}$$

其中，$V_{\mathrm{Fe}} = l_{\mathrm{Fe}} A_{\mathrm{e}}$ 为铁心的体积，由式(7-26)可得铁心的体积为

$$V_{\mathrm{Fe}} = \frac{I_{\mathrm{o}}^2 L \mu_0 \mu_{\mathrm{Fe}}}{B^2} \tag{7-27}$$

根据所选铁心材料的参数，选出合理的磁感应强度 B。式(7-27)中的 B 值应该为磁感应强度的直流分量，选取时应考虑磁感应强度的交流分量(对应电感电流的上下波动时磁感

应强度的变化量)以及铁心的饱和磁感应强度。根据上式的计算值,选择合适的铁心型号,从而确定出铁心的截面积 A_e 和铁心的窗口面积 A_w。

2. 计算绕组的匝数

由式(7-14)可以确定出电感的匝数为

$$N = \sqrt{\frac{L l_{Fe}}{\mu_0 \mu_{Fe} A_e}} \tag{7-28}$$

3. 导线线径的计算

根据电路的工作频率,由集肤效应确定出导线的最大直径,进而确定出导线的最大截面积 S_m,再由电感电流有效值确定绕组所需的导线截面积为

$$S = \frac{I_L}{j} \tag{7-29}$$

式中,j 为电流密度,一般取值为 $(3 \sim 4) A/mm^2$。因此,导线的股数 N_e 为

$$N_e = \frac{S}{S_m} \tag{7-30}$$

将求得的股数进位取整。

4. 校核窗口面积

7.5.2 小节中已经说明。

7.5.4 反激型变换器储能电感的设计

反激型变换器中的变压器虽然实现了输入电压和输出电压的电气隔离,但是其功能仍然类似于升降压型变换器中的储能电感,因此该变压器的设计放在该节中讨论。

反激型变换器中,在输入电压和输出电压固定的情况下,占空比越大,则开关管所承受的电压越大,考虑到开关管承受的电压极值并留有一定的裕量,所以需要设定电路工作的最大占空比 D_{max}。根据输入和输出电压关系,确定反激型变换器中变压器(储能电感)的匝数比

$$K_T = \frac{U_o}{U_i} \frac{1 - D_{max}}{D_{max}} \tag{7-31}$$

根据变压器原边电流允许波动值 ΔI_{LP} 和反激型电路的额定功率 P,可计算出变压器原边电感的感值

$$L_P = \frac{U_i D_{max} T}{\Delta I_{LP}} \tag{7-32}$$

式中,T 为变换器工作周期。对铁心的选取仍然可以采用 AP 法,铁心截面积和窗口面积由下面两式给出。

$$A_e = \frac{L i_{LPm}}{B_m N_P} \tag{7-33}$$

$$A_w = \frac{2 N D_{max} P}{k_c j U_i} \tag{7-34}$$

则,可得

$$AP = A_e A_w = \frac{2 L_P i_{LPm} D_{max} P}{B_m k_c j U_i} \tag{7-35}$$

根据上式计算得到的结果查找对应厂家的铁心选型手册,找到合适的铁心型号。

根据式(7-10)求得变压器原边和副边的匝数分别为

$$N_P = \frac{L i_{LPm}}{B_m A_e} \tag{7-36}$$

$$N_S = \frac{N_P}{K_T} \tag{7-37}$$

根据式(7-13)求出变压器需要加垫气隙的长度为

$$l_a = \frac{\mu_0 N_P^2 A_e}{L_P} \tag{7-38}$$

最后根据7.3节中的方法选择原边、副边的导线直径和股数以及进行铁心窗口的校核。

在设计出电感的各项参数以后,通常还要计算电感的损耗,并核算其温升。如果最大工作磁通密度或电流密度选择不当,将会使电感的温升超过允许值,这样必须重新计算。

例7.1 电感器设计

设计要求:降压型变换器中的滤波电感,变换器额定功率 $P=120\text{W}$,输入电压 $U_i = 48 \sim 60\text{V}$,输出电压 $U_o = 24\text{V}$,允许的电感电流波动最大值 $\Delta I_L = 1\text{A}$,电路的工作频率 $f = 50\text{kHz}$。

解: ① 选取铁心材料为新康达 LP3。

② 据题意得,电路占空比的范围为 $0.4 \leqslant D \leqslant 0.5$,则由式(7-15)得电感值 $L = (24 \times (1-0.4) \times 20 \times 10^{-6})/1 = 288 \mu\text{H}$。

③ 由式(7-17)得电感电流峰值 $i_{Lm} = (120/24) + 1/2 = 5.5\text{A}$。

④ 由式(7-22)得铁心截面积和窗口面积乘积,根据表7.9所提供的饱和磁感应强度以及5.2节中提供的最大磁感应强度与饱和磁感应强度的关系,选取 $B_m = 0.3\text{T}$。选取电流密度 $j = 4 \times 10^6 \text{A/m}^2$,选取窗口利用系数 $k_c = 0.35$。所以 $AP = (288 \times 10^{-6} \times 5.5 \times 5)/(0.3 \times 0.35 \times 4 \times 10^6) = 1.89 \times 10^{-8} \text{m}^4$。

由本章附录7.1提供的 EE 型铁心的尺寸,选取 EE42 铁心的截面积窗口面积乘积满足要求,得到该铁心的截面积 $A_e = 180 \times 10^{-6} \text{m}^2$,窗口面积 $A_w = 266 \times 10^{-6} \text{m}^2$。

⑤ 由式(7-23)计算得到电感线圈匝数 $N = (288 \times 10^{-6} \times 5.5)/(0.3 \times 180 \times 10^{-6}) \approx 30$ 匝。

⑥ 由式(7-24)计算得到铁心所需要的气隙大小为
$$l_a = (4\pi \times 10^{-7} \times 30^2 \times 180 \times 10^{-6})/(288 \times 10^{-6}) \approx 0.7\text{mm}$$

⑦ 电感电流的波动值相对平均值较小,因此可以认为电感电流有效值近似等于电感电流平均值。则需要电感导线的截面积 $S = 1.25\text{mm}^2$。

根据表7.11所提供的集肤效应铜导线的穿透深度可得,在工作频率 $f = 50\text{kHz}$ 时,铜导线的穿透深度 $\Delta = 0.2955\text{mm}$。根据本章附录7.2所提供的标准导线选取导线直径 $d = 0.56\text{mm}$,则单根导线截面积 $S_m = 0.25\text{mm}^2$,因此导线的股数 $N_e = 5$。

最后校核铁心的窗口利用率满足要求。

7.6 变压器的设计

在开关电源中,变压器的主要功能是变换电压的大小、传送功率以及实现开关电源输入电压与输出电压的电气隔离。由于其工作频率较高,一般为几十千赫兹到几百千赫兹,甚至高达几兆赫兹,所以开关电源中的变压器又称为高频变压器。目前,设计开关电源变压器最常采用的方法是 AP 法,即铁心窗口和截面积乘积法。

7.6.1 变压器基本关系

图 7.12 给出了两线圈的变压器结构,变压器原边绕组 N_1 匝,原边电压 u_1,变压器副边绕组 N_2 匝,副边电压 u_2,则变压器中的各物理量分别满足电动势平衡方程以及磁动势平衡方程。

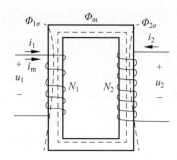

图 7.12 变压器线圈及其基本量

$$\begin{cases} u_1 = R_1 i_1 + N_1 \dfrac{\mathrm{d}\phi_m}{\mathrm{d}t} + N_1 \dfrac{\mathrm{d}\phi_{1\sigma}}{\mathrm{d}t} \\ u_2 = R_2 i_2 + N_2 \dfrac{\mathrm{d}\phi_m}{\mathrm{d}t} + N_2 \dfrac{\mathrm{d}\phi_{2\sigma}}{\mathrm{d}t} \end{cases} \tag{7-39}$$

$$i_m N_1 = i_1 N_1 + i_2 N_2 \tag{7-40}$$

式中,Φ_m、$\Phi_{1\sigma}$ 和 $\Phi_{2\sigma}$ 分别为变压器铁心的主磁通、原边的漏磁通以及副边的漏磁通;R_1 和 R_2 分别为变压器原边和副边绕组的电阻;i_m 为变压器的励磁电流。变压器中磁力线绝大部分都在铁心内部形成闭合的环路,只有少部分磁力线经过空气,并且原边和副边绕组的电阻值很小,很多情况下可以忽略,因此由式(7-39)近似可得

$$\frac{u_1}{u_2} \approx \frac{N_1}{N_2} \tag{7-41}$$

变压器绕组的自感一般情况都非常大,励磁电流非常小,因此由式(7-40)近似可得

$$i_1 N_1 = -i_2 N_2 \tag{7-42}$$

通常在求解变压器中的相关参数时,使用最多的就是上述两个公式。

7.6.2 变压器的设计

开关电源中,作用于变压器上的电压绝大多数多为对称的双向矩形脉波(如半桥、全桥与推挽电路中的变压器)或单向的矩形脉波(如正激电路),分别如图 7.13(a)和图 7.13(b)所示。对于图 7.13(a)所示的电压波形作用于变压器时,正半周电压和负半周电压分别是铁心正向磁化和反向磁化,铁心的磁化曲线属于第 I 类工作状态;对于图 7.13(b)所示的电压波形作用于变压器时,作用的电压使铁心正向磁化,在开关管关断这一时间段内,必须采用辅助电路使铁心中的磁场强度 H 变为 0,即磁化电流下降到 0,才能使变压器正常工作,铁心的磁化曲线属于第 II 类工作状态。

图 7.13 中的电压作用于变压器时,其基本的关系为

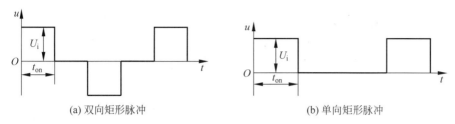

(a) 双向矩形脉冲　　　　　　　　(b) 单向矩形脉冲

图 7.13　变压器原边波形

$$U_i = \frac{\Delta B N_1 A_e}{t_{on}} \tag{7-43}$$

式中,对于对称的双向矩形脉波作用的变压器,$\Delta B = 2B_m$;对于单向的矩形脉波作用的变压器 $\Delta B = B_m - B_R$。

为了防止变压器合闸瞬间饱和,可选择 $B_m \leqslant (1/3)B_s$。这使得合闸瞬间的 $B_m < B_s$。但这将使变压器铁心的体积重量增大。目前,常用的方法是采用软起动,使 PWM 控制器的输出脉冲由零逐渐增大到额定值,由于磁感应幅值与 t_{on} 成正比,所以合闸后磁感应幅值逐渐增大到稳态值 B_m,避免了合闸瞬间的饱和,而不致以增大铁心体积为代价。也有其他方法进行去磁,例如在合闸瞬间对铁心进行去磁,但因线路较复杂,很少采用。

目前应用最多的变压器设计方法就是 AP 法,基本步骤如下:

1. 确定铁心的型号

根据式(7-43),可以得到铁心截面积的大小为

$$A_e = \frac{U_i t_{on}}{\Delta B N_1} \tag{7-44}$$

如果所采用的铁心为硅钢片或者微晶材料,则上式表示的铁心有效截面积还需要乘以一个小于 1 的系数,材料的厚度越薄,则该系数越小。对于铁氧体一类的铁心为一整体,该系数为 1。

关于铁心的另一个重要的量就是铁心的窗口面积 A_w,它与绕组的匝数、绕组的类型、绕组导线的截面积以及绕组的绕制方式有关。变压器的原边和副边绕组有三种形式,分别如图 7.14 所示。可以引入等效电流的概念。令 $I_{1\Sigma}$ 为变压器原边电流和副边折算到原边的电流之和,则 $I_{1\Sigma} = k_\Sigma I_1$,对于图 7.14 中所示的三种情况,系数 k_Σ 分别为

$$\begin{cases} k_\Sigma = 2 \\ k_\Sigma = 1 + \sqrt{2} \\ k_\Sigma = 2\sqrt{2} \end{cases} \tag{7-45}$$

根据几何面积的关系,可以确定出变压器铁心窗口面积的表达式为

$$A_w = \frac{N_1 k_\Sigma I_1}{k_c j} \tag{7-46}$$

由上面两式可以得到铁心的 AP 表达式为

$$AP = A_e A_w = \frac{k_\Sigma I_1 U_i T_{on}}{\Delta B k_c j} = \frac{k_\Sigma t_{on} P_T}{\Delta B k_c j} \tag{7-47}$$

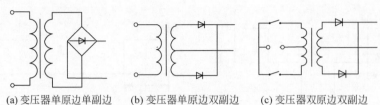

(a) 变压器单原边单副边　　　(b) 变压器单原边双副边　　　(c) 变压器双原边双副边

图 7.14　三种变压器类型

式中，P_T 为变压器额定功率，k_c 为变压器窗口利用系数，它与导线的线径、结构和绕制工艺有关，一般取 $0.2 \sim 0.4$ 的某个值。j 为导线的电流密度，它与变压器的允许温升有关，允许温度越高，该值可以选得越大，一般取值为 $3 \sim 4 \mathrm{A/mm^2}$。根据上式求得的数据以及铁心的选型手册，可以选择合适的变压器铁心，得到相应的铁心窗口面积 A_w 和铁心的截面积 A_e。

2. 变压器原副边匝数的计算

在选出合适的铁心后，求出铁心的截面积 A_e，即可根据式(7-44)求得变压器原边绕组的匝数为

$$N_1 = \frac{t_{on} U_i}{\Delta B A_e} \tag{7-48}$$

要确定变压器副边的匝数，则可以先确定出变压器的匝比 k_T。根据变换器输入电压 U_i 和输出电压 U_o 可以确定出变压器的匝比。对于像正激、半桥、全桥和推挽变换器，都是经过 LC 二阶低通滤波器将脉动的直流电压中的交流成分滤除，从而得到平滑的直流输出电压。因此滤波器的输入电压 U_{LC} 与输出电压的关系为

$$U_{LC} = \frac{U_o}{D} \tag{7-49}$$

式中，D 为占空比。而滤波器的输入电压 U_{LC} 为变压器的副边电压经过整流得到，令整流时，整流二极管上的压降为 ΔU，则变压器副边输出电压值为

$$U_2 = \frac{U_o}{D} + \Delta U \tag{7-50}$$

所以，变压器的匝比 k_T 为

$$k_T = \frac{D_{max} U_{imin}}{U_{omax} + D_{max} \Delta U} \tag{7-51}$$

一般情况下，电路规定一个占空比的最大值，而输入电压和输出电压可能为一个范围。注意：式(7-51)中占空比取最大值，输入电压取最小值，输出电压取最大值，即保证在任意输入电压的情况下，都能保证通过调节占空比实现想要的输出电压值。当然，确定变压器的匝比时，还需要考虑开关管的压降，电路中线路的阻抗等，但这些量在多数情况下对匝比的影响很小。

由匝比和变压器原边匝数的表达式，可以确定出变压器的副边匝数为

$$N_2 = \frac{N_1}{k_T} \tag{7-52}$$

3. 原副边绕组导线的选取

根据流过变压器原边和副边电流的波形确定出各自的电流有效值，根据所确定的导线

的电流密度选出合适的导线截面积,再综合考虑变换器的工作频率以及集肤效应所计算出的最大导线直径,最终确定出所选导线的直径和绕组的股数。

4. 校核窗口

根据式(7-46)计算出对应的 k_c 值,如果该值在允许的范围内,则变压器设计工作完成;如该值超出了允许的范围,则以上步骤需要重新设计。

例 7.2 变压器设计

设计要求:推挽型电路,输入电压 $U_i = 250 \sim 320\text{V}$,要求输出电压 $U_o = 28\text{V}$,额定输出电流 $I_o = 10\text{A}$,电路的开关管工作频率 $f = 50\text{kHz}$,电路工作的最大占空比 $D_{max} = 0.85$,变压器副边采用全波整流的方式。

解:① 选取铁心材料为新康达 LP3。

② 据题意得,首先根据式(7-51)确定变压器的变比 $k_T = (0.85 \times 250)/(28 + 0.85 \times 1) = 7.366$,其中,整流二极管上的压降为 $\Delta U = 1\text{V}$。

③ 根据式(7-47),求得铁心截面积和窗口面积乘积,根据表 7.9 所提供的饱和磁感应强度以及 7.2 节中提供的最大磁感应强度与饱和磁感应强度的关系,选取 $B_m = 0.15\text{T}$,则 $\Delta B = 0.3\text{T}$。选取电流密度 $j = 4 \times 10^6 \text{A/m}^2$,选取窗口利用系数 $k_c = 0.35$,$k_\Sigma = 2.828$。所以

$$\text{AP} = (2.828 \times 0.85 \times 10 \times 10^{-6} \times 28 \times 10)/(0.3 \times 0.35 \times 4 \times 10^6) = 1.60 \times 10^{-8} \text{m}^4$$

由附录 7.1 提供的 EE 型铁心的尺寸,选取 EE33A 铁心的截面积窗口面积乘积满足要求,得到该铁心的截面积 $A_e = 123.2 \times 10^{-6} \text{m}^2$,窗口面积 $A_w = 143.8 \times 10^{-6} \text{m}^2$。

④ 由式(7-48)得变压器原边匝数 $N_1 = (0.85 \times 10 \times 10^{-6} \times 250)/(0.3 \times 123.2 \times 10^{-6}) \approx 58$ 匝。

⑤ 由式(7-52)计算得到变压器副边匝数 $N_2 = 58/7.366 \approx 8$ 匝。

⑥ 变压器原边和副边导线的线径选取可以参照例 7.1 中的方法。

习题

1. 说明磁路基本量与电路基本量的对应关系。

2. 铁心的工作状态有几种? 分别画出对应的磁滞回线。

3. 常用的软磁材料有哪些? 分别说明各自的应用范围。

4. 说明电感器的设计步骤。

5. 说明变压器的设计步骤。

6. 已知一变压器的变比 $k = 2.5$,原边电压为 300V,作用在变压器上的电压为占空比为 0.6 的正负相等宽度矩形波,流过变压器原边的电流有效值为 3A,变压器工作频率为 50kHz,表 7.12 给出了饱和磁通密度为 0.39T 的铁氧体 EE 型铁心的尺寸,如果选定 $\Delta B = 0.3\text{T}$,$j = 4 \times 10^6 \text{A/m}^2$,$k_c = 0.35$,则:

(1) 选取合适型号的铁心;

(2) 求变压器原边的匝数。

表 7.12 饱和磁通密度为 0.39T 的铁氧体 EE 型铁心的尺寸

	EE25	EE33	EE42
窗口面积(A_w)	$81.9 \times 10^{-6}\,\mathrm{m}^2$	$127.7 \times 10^{-6}\,\mathrm{m}^2$	$266 \times 10^{-6}\,\mathrm{m}^2$
截面积(A_e)	$42.9 \times 10^{-6}\,\mathrm{m}^2$	$123 \times 10^{-6}\,\mathrm{m}^2$	$180 \times 10^{-6}\,\mathrm{m}^2$
$A_w A_e$	$3.52 \times 10^{-9}\,\mathrm{m}^4$	$1.57 \times 10^{-8}\,\mathrm{m}^4$	$4.79 \times 10^{-8}\,\mathrm{m}^4$

附录 7.1 新康达 EE 型铁心尺寸

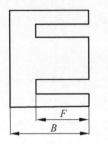
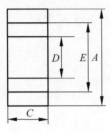

型　号	尺寸/mm					
	A	B	C	D	E	F
EE5	5.25 ± 0.05	2.65 ± 0.05	1.95 ± 0.05	1.35 ± 0.05	3.85Ref	$20.\text{Ref}$
EE6	6.10 ± 0.20	2.85 ± 0.05	7.95 ± 0.05	1.35 ± 0.05	3.75 ± 0.10	1.90 ± 0.05
EE8	8.30 ± 0.20	4.00 ± 0.10	3.60 ± 0.20	1.85 ± 0.15	6.0min	3.00 ± 0.10
EE10	10.00 ± 0.30	5.40 ± 0.20	4.65 ± 0.25	2.40 ± 0.20	7.0min	4.20 ± 0.20
EE11	11.00 ± 0.30	5.50 ± 0.25	5.00 ± 0.25	2.40 ± 0.20	8.0min	4.20 ± 0.20
EE13	12.90 ± 0.30	5.00 ± 0.30	6.00 ± 0.30	2.85 ± 0.15	8.5min	3.65 ± 0.15
EE13A	13.00 ± 0.30	6.00 ± 0.15	5.90 ± 0.20	2.60 ± 0.20	10.20 ± 0.30	4.60 ± 0.10
EE16A	16.00 ± 0.30	7.20 ± 0.10	4.80 ± 0.20	3.80 ± 0.20	12.00 ± 0.30	5.20 ± 0.25
EE16B	16.10 ± 0.60	8.05 ± 0.15	4.50 ± 0.20	4.55 ± 0.15	11.3min	5.90 ± 0.20
EE16	16.00 ± 0.30	12.20 ± 0.20	4.80 ± 0.20	4.00 ± 0.20	12.00 ± 0.30	10.20 ± 0.20
EE19	19.10 ± 0.30	8.00 ± 0.30	4.80 ± 0.20	4.80 ± 0.30	14.0min	5.70 ± 0.20
EEL19	19.00 ± 0.30	13.65 ± 0.25	4.85 ± 0.25	4.85 ± 0.25	14.00 ± 0.30	11.40 ± 0.25
EE20	20.50 ± 0.70	10.70 ± 0.30	7.00 ± 0.40	5.00 ± 0.40	14.0min	7.00 ± 0.30
EE22	22.00 ± 0.60	10.25 ± 0.35	5.50 ± 0.30	4.00 ± 0.20	16.5min	7.80 ± 0.40
EE25	25.00 ± 0.40	10.00 ± 0.20	6.55 ± 0.30	6.55 ± 0.30	18.60 ± 0.30	6.80 ± 0.15
EE25.4	25.40 ± 0.75	10.00 ± 0.40	6.30 ± 0.30	6.50 ± 0.20	18.7min	6.60 ± 0.40
EEL25.4	25.40 ± 0.40	15.85 ± 0.30	6.35 ± 0.30	6.35 ± 0.30	19.00 ± 0.30	12.70 ± 0.30
EE33	33.00 ± 0.60	13.75 ± 0.25	12.70 ± 0.30	9.70 ± 0.40	23.5min	9.25 ± 0.25
EE33A	33.40 ± 0.50	13.95 ± 0.25	12.70 ± 0.30	9.70 ± 0.30	24.60 ± 0.40	9.65 ± 0.25
EE42	42.15 ± 0.85	21.10 ± 0.30	15.00 ± 0.30	12.00 ± 0.30	29.5min	15.20 ± 0.40
EE42A	42.15 ± 0.85	21.10 ± 0.30	19.75 ± 0.35	12.00 ± 0.40	29.5min	15.20 ± 0.25
EE50	50.00 ± 0.70	21.55 ± 0.30	14.60 ± 0.40	14.60 ± 0.40	34.2min	13.10 ± 0.30
EE55	55.15 ± 1.05	27.50 ± 0.30	20.70 ± 0.30	17.00 ± 0.25	37.5min	18.80 ± 0.30
EE55B	55.15 ± 1.05	27.50 ± 0.30	24.70 ± 0.30	17.00 ± 0.25	37.5min	18.80 ± 0.30
EE65	65.20 ± 1.30	32.50 ± 0.30	27.00 ± 0.40	19.65 ± 0.35	44.2min	22.55 ± 0.35
EE70	70.50 ± 1.50	35.50 ± 0.50	24.50 ± 0.60	16.70 ± 0.50	48.0min	24.65 ± 0.65
EE70B	70.75 ± 1.50	33.20 ± 0.40	30.50 ± 0.60	21.50 ± 0.50	48.0min	22.00 ± 0.60
EE80	80.50 ± 1.50	38.00 ± 0.50	20.00 ± 0.50	20.00 ± 0.50	59.8min	28.00 ± 0.50

附录 7.2 高强度漆包线规格

标称直径/mm	外皮直径/mm	截面积/mm	标称直径/mm	外皮直径/mm	截面积/mm
0.06	0.09	0.00288	0.63	0.70	0.312
0.07	0.10	0.038	0.67	0.75	0.353
0.08	0.11	0.005	0.69	0.77	0.374
0.09	0.12	0.0064	0.71	0.79	0.396
0.10	0.13	0.079	0.75	0.84	0.442
0.11	0.14	0.0095	0.77	0.86	0.466
0.12	0.15	0.0113	0.80	0.89	0.503
0.13	0.16	0.0133	0.83	0.92	0.541
0.14	0.17	0.0154	0.85	0.94	0.5675
0.15	0.19	0.0177	0.90	0.99	0.636
0.16	0.20	0.0201	0.93	1.02	0.679
0.17	0.21	0.0227	0.95	1.04	0.709
0.18	0.22	0.0256	1.00	1.11	0.785
0.19	0.23	0.0284	1.06	1.17	0.882
0.20	0.24	0.0315	1.12	1.23	0.985
0.21	0.25	0.0347	1.18	1.29	1.094
0.23	0.26	0.0415	1.25	1.36	1.227
0.25	0.30	0.0492	1.30	1.41	1.327
0.27	0.32	0.0573	1.35	1.46	1.431
0.28	0.33	0.0616	1.40	1.51	1.539
0.29	0.34	0.066	1.45	1.56	1.651
0.31	0.36	0.0755	1.50	1.61	1.767
0.33	0.39	0.0855	1.56	1.67	1.911
0.35	0.41	0.0965	1.60	1.72	2.01
0.38	0.41	0.114	1.70	1.82	2.27
0.40	0.46	0.1257	1.80	1.92	2.545
0.42	0.48	0.1385	1.90	2.02	2.835
0.45	0.51	0.159	2.00	2.12	3.14
0.47	0.53	0.1735	2.12	2.24	3.53
0.50	0.56	0.1963	2.24	2.36	3.94
0.53	0.60	0.221	2.36	2.48	4.37
0.56	0.63	0.2463	2.50	2.62	4.91
0.60	0.67	0.283			

第8章

开关电源的闭环稳定和校正

开关电源的控制目标就是实现某个输出量(如输出电压、输出电流)的稳定,这就需要引入反馈调节器。反馈调节器设计的好坏直接影响开关电源系统能否正常工作。在输入电压变化,突加、突卸负载以及系统受到干扰时,要求调节器对这些变化有相当快的响应,从而稳定被控量和抑制干扰分量。但是,由于开关电源主电路中的某些元件具有较大的惯性,如果反馈调节器的响应速度太快,会使电源系统出现振荡,如果反馈调节器的响应速度太慢,会使电源系统动态响应迟缓。因此,开关电源闭环反馈的设计要处理好调节器响应速度和反馈深度的问题。

8.1 系统稳定的概念

要为开关电源设计稳定的负反馈电路时,首先要确定开关电源主电路的特性。图 8.1 给出了一个完整的开关电源闭环控制示意图。图中,首先应考虑除反馈调节器以外固定部分电路的特性,在此基础上根据系统稳定的要求,设计合理的反馈调节器,使得整个闭环系统具有一定的相位裕量(保证稳定性)和一定的增益带宽(保证较快的动态响应)。下面分别说明系统的稳定性和电路稳定的增益准则。

8.1.1 系统的稳定性

系统的闭环控制框图如图 8.2 所示。

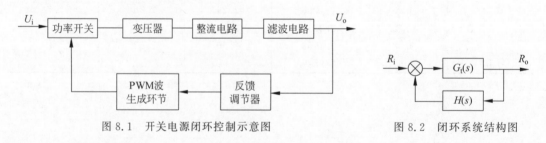

图 8.1 开关电源闭环控制示意图   图 8.2 闭环系统结构图

对于开关电源系统,图 8.2 中标有 $G_t(s)$ 的框图代表调节器与主电路,标有 $H(s)$ 的框图代表反馈控制,则系统的闭环传递函数为

$$G(s) = \frac{R_\circ}{R_i} = \frac{G_t(s)}{1 + G_t(s)H(s)} \tag{8-1}$$

由式(8-1)就能确定电源的闭环系统是否稳定。该闭环传递函数可以写成

$$G(s) = \sum_{i=1}^{n_1} \frac{a_i}{s + p_i} + \sum_{i=n_1+1}^{n_2} \frac{b_i s + c_i}{s^2 + d_i s + e_i} \tag{8-2}$$

式中，$-p_i$ 为系统特征方程 $1+G_t(s)H(s)$ 的实数特征根，$s^2 + d_i s + e_i$ 的根为特征方程的一对共轭复根，则系统状态变量在时域中的响应具有如下形式：

$$x(t) = \sum_{i=1}^{n_1} a_i e^{-p_i t} + \sum_{i=n_1+1}^{n_2} f_i e^{-p_i t} \sin(\omega_i t + \varphi_i) \tag{8-3}$$

可以看出，保证系统的状态变量稳定的充分必要条件是系统特征方程根的实部必须是负值，或者说位于复平面的左半平面。

在实际的应用中，对传递函数的实部和虚部或相位和幅值分别处理，采用得最多的是伯德图(Bode plot)。为了保证闭环系统稳定，则系统闭环传递函数的特征方程必须不等于0，即 $1+G_t(s)H(s) \neq 0$，即 $G_t(s)H(s) \neq -1$。对应到系统开环传递函数 $G_t(s)H(s)$ 的伯德图上就是当 $G_t H$ 的幅值为 $|G_t H| = 1(0\text{dB})$ 时相位不是 $180°$。

8.1.2 电路稳定的增益准则

设计反馈调节器，使得整个系统的开环传递函数的伯德图遵循以下三条原则，就可以很好地实现系统的动态稳态响应。

(1) 系统的开环增益在低频段尽可能大，穿越频率应尽可能高。

根据自动控制原理中的相关内容，提高低频段的开环增益可提高系统的稳态精度，而提高开环的穿越频率可提高系统的动态特性。

(2) 系统的相位裕量不小于 $30°$。

系统开环传递函数的幅频特性曲线在增益为 $1(0\text{dB})$ 的频率处，相频特性曲线对应相位为 φ，则系统的相位裕量等于 $(180+\phi)$。

理论上，系统相位裕量只要大于 0 就可以保证系统的稳定，但是系统中的元件在工作过程中可能会因为元件发热而引起参数漂移，而且负载的变化可能引起系统稳定性的变化，为了保证系统在最恶劣的情况下稳定工作，需要系统的相位裕量不小于 $30°$，设计反馈调节器时，一般取为 $45°$。

(3) 系统开环增益在穿越频率处前后一段频率范围内以斜率 $-1(-20\text{dB/dec})$ 穿过 0dB 点。

在伯德图中，随着频率的增加，如果幅频特性曲线的增益以 $(20n)\text{dB}$ 每十倍频程的速度下降，则称该曲线的增益斜率为 $-n$；如果幅频特性曲线的增益以 $(20n)\text{dB}$ 每十倍频程的速度上升，则称该曲线的增益斜率为 $+n$。图 8.3 分别给出了 RC 一阶低通滤波器和 LC 二阶低通滤波器的幅频渐近线特性曲线，图中可以看出，RC 一阶低通滤波器在大于转折频率(f_c)处的增益斜率为 -1，LC 二阶低通滤波器在大于转折频率处的增益斜率为 -2。

以二阶低通滤波器带不同负载为例，说明不同增益斜率对相位变化的影响。图 8.3(b) 所给电路的传递函数为

$$G(s) = \frac{1/LC}{s^2 + (\sqrt{L/C}/R_{\mathrm{L}})(\sqrt{1/LC})s + 1/LC} \tag{8-4}$$

其中,转折频率 $f_{\mathrm{c}} = 1/(2\pi\sqrt{LC})$,阻尼系数 $\delta = \sqrt{L/C}/R_{\mathrm{L}}$,$R_{\mathrm{L}}$ 为负载。图 8.4 给出了不同阻尼比(即不同负载)时,LC 低通滤波器的传递函数的幅频特性曲线和相频特性曲线,可以看出:在转折频率处($\lg(f/f_0 = 0)$),阻尼比较小的幅频特性曲线变化剧烈,其对应的幅频特性曲线相位延迟随频率的增加变化很快。这说明,系统在选定相位裕量固定,在系统参数受外界影响变化时,增益斜率较大的幅频特性曲线对应的相位波动很大,这就有可能导致系统的相位延迟超过 $180°$,从而导致系统不稳定。因此,反馈调节器设计的第 3 条原则就是保证在穿越频率处,系统开环传递函数的相频特性曲线随频率增加以较平缓的速率变化,保证系统在受外界扰动时有足够的相位裕量保持稳定。

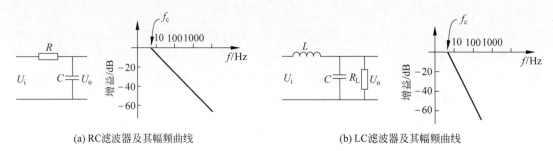

(a) RC滤波器及其幅频曲线　　　　　　　　(b) LC滤波器及其幅频曲线

图 8.3　滤波器电路及其相应幅频特性曲线

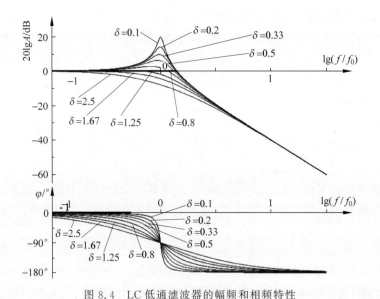

图 8.4　LC 低通滤波器的幅频和相频特性

8.2　常用反馈调节器电路及其数学关系

开关电源中,常用运算放大器、电阻和电容构成反馈调节器电路,使得整个系统的开环传递函数的伯德图达到 8.1.2 节中三条准则。

8.2.1　常用反馈调节器电路

调节器电路充当的作用是通过增加的调节器零点和极点改变系统的开环增益和相位。图 8.5 给出了常用反馈调节器的电路以及它们的幅频特性和相频特性曲线。

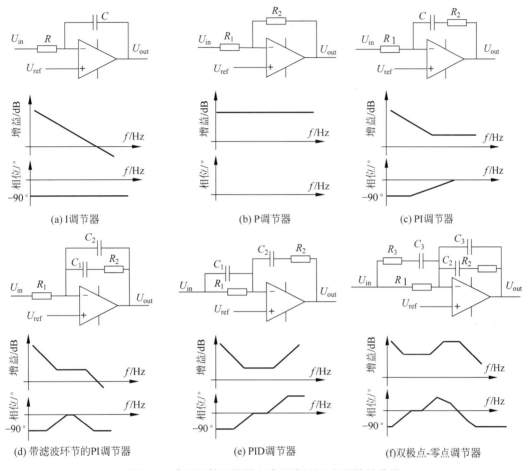

图 8.5　常用反馈调节器电路及其幅频、相频特性曲线

图 8.5(a) 为单极点调节器,即所谓的积分(I)调节器。在直流时,具有极高的增益(运算放大器的开环增益),可以获得较高的控制精度,过了直流点后,增益斜率为 -1,导致整个开环系统的穿越频率较低,闭环系统的带宽小,所以暂态响应较慢。图 8.5(b) 为比例调节器,它只能上下平移整个开环系统幅频曲线,而不能改变其形状,通常使用该调节器的系统具有较大的带宽,但是其直流增益远小于积分调节器,所以它的暂态响应快而调节精度稍低。综合上述两种调节器的优点,图 8.5(c) 给出了比例-积分(PI)调节器,其具有较高的暂态响应和较高的调节精度。为了进一步抑制高频的干扰分量,可以在 PI 调节器电路的基础上增加一个电容,如图 8.5(d) 所示(暂将该调节器命名为带滤波环节的 PI 调节器,也有参考资料将该调节器命名为极点-零点调节器),这个增加的电容起滤除高频干扰的作用,在高于 PI 调节器零点的某一频率处增加了一个极点,使得幅频曲线在高频段以 -1 的斜率下降,从而抑制高频干扰。在某些动态性能要求较高的电源中,可以采用如图 8.5(e) 所示的

比例-积分-微分(PID)调节器,虽然该调节器增加了系统带宽,但是应注意到,相比 PI 调节器,PID 调节器增加的零点会导致反馈信号的高频成分放大,所以应用 PID 调节器的电源易受高频干扰。解决 PID 调节器的这一缺点可以再增加一对零点和极点,以保证系统有快速响应和抑制高频干扰的特性,图 8.5(f)给出了相应的调节器电路和其幅频和相频曲线,该调节器可以实现此功能。

表 8.1 给出了常用调节器在控制精度、暂态响应和高频干扰方面的相关特性,可以看出双零点-极点调节器具有优良的调节特性,但在实际的反馈控制电路设计中,具体选用哪种调节器电路应视具体的主电路和调节器电路的复杂程度而定。

表 8.1　常用调节器的特性

补偿器类型	控制精度	暂态响应	高频干扰抑制
I 调节器	高	慢	好
P 调节器	低	较快	较差
PI 调节器	高	较快	较差
带滤波环节 PI 调节器	高	较快	好
PID 调节器	高	快	差
双零点-极点调节器	高	快	好

8.2.2　伯德图中的数学关系

伯德图可以将传递函数之间的乘积关系转换为增益和相角的相加,简化了运算,因此在反馈控制电路的设计中得到广泛的应用。

系统传递函数的幅频渐进特性曲线的增益斜率为整数 n,而且一般近似认为传递函数的零点和极点只在其对应频率处的前后各十倍频程的范围内造成相移。以图 8.6 所示的伯德图为例,不同频率点的增益差和相位差关系如式(8-5)和式(8-6)所示。

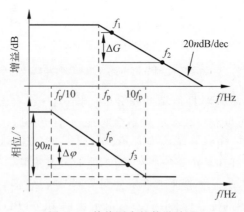

图 8.6　伯德图中的数学关系

$$\Delta G = \mid 20n \mid \lg(f_2/f_1) \tag{8-5}$$

$$\Delta\varphi = n \times \arctan(f_3/f_p) \tag{8-6}$$

式(8-5)和式(8-6)和图 8.6 给出的基本反馈调节器电路构成了开关电源反馈闭环的设计基础。

8.3　开关电源输出特性

一个开关电源系统主要包括主电路、反馈信号采集电路、PWM 信号产生电路、驱动电路以及反馈调节器电路。电源系统中不考虑反馈调节器的特性,即以反馈调节器的输出点作为输入,而调节器的输入作为系统的输出点,从规定的输入点到输出点的伯德图就是开关电源输出特性。

要设计合理的反馈调节器电路稳定开关电源的输出,首先应确定开关电源主电路以及除反馈调节器以外的控制电路的传递特性。在前面章节所学的基本电力电子电路中,可以根据电路的输出是否有 LC 二阶低通滤波器,将电路分为以下两大类。

(1) LC 滤波型开关电源电路,包括降压型电路、Cuk 电路、Zeta 电路、正激型电路、半桥型电路、全桥型电路和推挽型电路;

(2) 电容 C 滤波型开关电源电路,包括升压型电路、升降压型电路、Sepic 电路和反激型电路。

上述两种类型的电路分别以正激型电路和反激型电路最为典型,下面就以这两种典型电路为例来列写开关电源输出特性。

8.3.1　LC 滤波型开关电源电路输出特性

图 8.7 给出了正激型电路输出特性的模型。欲得到输出特性的伯德图,必须求相应的传递函数,在图 8.7 中将其分三个部分,分别是 PWM 比较器的输入到平均电压 U_d 的增益(脉宽调制增益),LC 滤波电路的增益以及信号采样网络的增益,分别用 G_m、G_{LC}、G_f 表示。

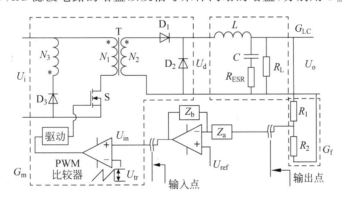

图 8.7　正激型电路输出特性的模型

图 8.7 中,PWM 信号的占空比为

$$D = \frac{U_{in}}{U_{tr}} \tag{8-7}$$

式中,U_{in} 为反馈调节器的输出信号,U_{tr} 为三角载波的峰-峰值。根据正激型电路输入电压与输出电压的关系,可得到此时的脉宽调制增益为

$$G_m = \frac{U_d}{U_{in}} = \frac{DU_i}{U_{in}} \frac{N_2}{N_1} = \frac{U_i}{U_{tr}} \frac{N_2}{N_1} \tag{8-8}$$

该增益与频率无关。

滤波电路传递函数有一对双重极点,在频率超过转折频率后增益以斜率−2下降,转折频率为

$$f_p = \frac{1}{2\pi\sqrt{LC}}$$ (8-9)

对不同的负载,LC 二阶低通滤波器的阻尼系数不一致,由此会在双重极点的位置产生不同的尖峰,如图 8.4 所示。这一现象在分析输出特性时通常可以忽略。也就是说,负载的大小对极点的位置影响很小。

考虑到电解电容的等效串联电阻 R_{ESR} 会给滤波电路传递函数增加一个零点,零点处的频率为

$$f_{ESR} = \frac{1}{2\pi C R_{ESR}}$$ (8-10)

可以看到,该零点频率只与电容参数有关,与其他器件的参数没有关系。通常,不同厂商生产的电解电容产生的零点位置不一致,但大致总能控制在 1~5kHz。为了缩小开关电源的体积和重量,目前开关电源的设计频率都在 100kHz 以上,按照系统总的开环增益穿越频率取开关频率的 1/10~1/5 的原则,则由电解电容等效串联电阻增加的零点对系统的性能有较大影响,如果设计反馈调节器时未考虑此零点,可能对电路的稳定性产生不利的影响。实际上,LC 二阶低通滤波器在低频段,电容容抗要远大于等效串联电阻,因此增益斜率以−2下降;当频率高于 f_{ESR} 时,容抗减小,电阻容抗远小于等效串联电阻,因此增益斜率以−1下降。从上面的分析来看,通常都有 $f_{ESR} > f_p$。

如果控制电路不需要与主电路实现电气隔离,信号采样网络通常由两个电阻分压,再将该电压反馈到调节器,此时信号采样网络的增益为

$$G_f = \frac{R_2}{R_1 + R_2}$$ (8-11)

如果控制电路需要与主电路实现电气隔离,可采用霍尔器件或者变压器获得反馈信号,具体的增益值与所选采样器件有关,这里不再详细论述。

图 8.8 给出了 LC 滤波型开关电源电路输出特性。

增益图中,输出特性为上述三个部分增益的和。一般在绘制渐近线等效图时认为零点和极点引起的相位超前和滞后只在零极点频率处前后十倍频程范围内起作用,脉宽调制增益和反馈网络增益不引起相位的变化,LC 滤波器的零点和极点引起的相位变化如图 8.8 中所示,将这两部分对应相加就得到输出特性总的相位偏移。

8.3.2　C 滤波型开关电源电路输出特性

C 滤波型开关电源电路最典型的电路就是反激型电路。通常,将反激型电路工作设计在电流断续模式更有利于电源系统的稳定,下面就来分析工作于电流断续模式的反激型电源系统输出特性。图 8.9 给出了反激型电路输出特性的模型。

在电流断续时,开关管 S 开通一次在变压器中存储的能量全部传递给负载,假设电源的效率为 η,则反激型变换器的输出功率如下

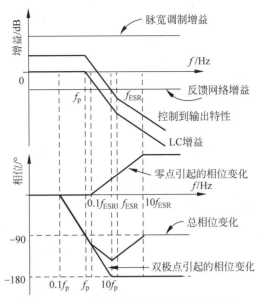

图 8.8 LC 滤波型开关电源电路输出特性

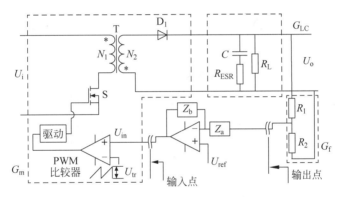

图 8.9 反激型电路输出特性的模型

$$P_{o} = \frac{\eta(1/2)L_{p}i_{pmax}^{2}}{T} = \frac{U_{o}^{2}}{R_{L}} \qquad (8\text{-}12)$$

式中，L_p 为变压器原边电感，i_{pmax} 为变压器原边电流的最大值，R_L 为负载大小，T 为开关周期。因为 $i_{pmax} = U_i DT/L_p$，则

$$P_{o} = \frac{\eta U_{i}^{2}D^{2}T}{2L_{p}} = \frac{U_{o}^{2}}{R_{L}} \qquad (8\text{-}13)$$

式中，D 为占空比，其大小如式(8-7)所示，则式(8-13)可变为

$$P_{o} = \frac{\eta U_{i}^{2}U_{in}^{2}T}{2L_{p}U_{tr}^{2}} = \frac{U_{o}^{2}}{R_{L}} \qquad (8\text{-}14)$$

由此可得到脉宽调制增益为

$$G_{m} = \frac{U_{o}}{U_{in}} = \frac{U_{i}}{U_{tr}}\sqrt{\frac{\eta R_{L}T}{2L_{p}}} \qquad (8\text{-}15)$$

与含有 LC 二阶低通滤波器的电路拓扑不同，电容滤波器只含有一个极点，而且极点的位置与负载等效阻抗 R_L 有很大关系。也就是说，负载大小不等，那么极点的位置也不固

定。该极点处的频率为

$$f_p = \frac{1}{2\pi R_L C} \tag{8-16}$$

当然,与 LC 二阶低通滤波器中电容等效串联阻抗一样,此等效电阻会也会产生一个零点,大小如式(8-10)所示。

信号采样网络的增益由式(8-11)决定。

由式(8-15)和式(8-16)可以看出,负载不仅影响电容滤波型开关电源输出特性的脉宽调制增益,也影响其极点频率的位置。所以,在轻载和重载时,电容滤波型开关电源电路输出特性不一致。图 8.10 给出了轻载和重载时的特性曲线。

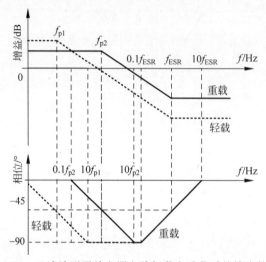

图 8.10　C 滤波型开关电源电路轻载和重载时的输出特性

从图 8.10 中可以看出,在轻载时,根据式(8-15)可以得出轻载时(R_L 较大)的增益较大,其对应的极点频率位置(f_{p1})也较重载时的极点频率位置(f_{p2})低;但对于由电容等效串联阻抗引起的零点位置,轻载和重载时是一样的。

在设计补偿调节器时,要根据电源负载范围确定实际的输出特性曲线和开关频率(决定穿越频率)共同决定采用哪条特性曲线来设计补偿调节器。

当然,上述的计算开关电源电路输出特性也可以通过专业的增益和相位测量仪表进行测量。

8.4　补偿调节器的设计

根据已知电源的输出特性和各种调节器的特性,按照电路稳定的增益准则选择最合适的调节器电路,下面就针对 LC 滤波型开关电源电路和 C 滤波型开关电源电路的特性介绍补偿调节器的设计方法。

8.4.1　LC 滤波型开关电源电路反馈调节器的设计

根据图 8.8 提供的 LC 滤波型开关电源电路输出特性,可以说,只要选择合适的电阻、电容参数,图 8.5 中提供的反馈调节器总能使电源系统稳定,但由于每种调节器自身特性的差别,使得整个电源系统性能也存在差别,下面分别介绍采用 I 调节器和带滤波环节的 PI

调节器作为补偿时,调节其中各参数的设计方法。

8.4.1.1 I调节器

前面已经介绍了I调节器,虽然它的响应速度较慢,但具有较高的调节精度,而且所用补偿的器件最少,易于设计,因此在实际的反馈设计中仍采用较多。具体设计步骤如下:

1. 确定电源系统的输出特性

前面章节已经详细介绍。

2. 确定开环系统的穿越频率

开关电源目前的一种趋势就是高频化以减小电源的重量和体积,按照系统开环穿越频率为开关频率$1/10 \sim 1/5$的原则,那么选取的穿越频率仍大于f_{ESR}(范围通常为$1 \sim 5kHz$),从伯德图来看,在频率大于f_{ESR}时,I调节器和电源输出特性相移的和将超过稳定的临界值($-180°$)。因此对于采用I调节器系统的穿越频率应根据系统的相位裕量φ_m来确定,则

$$180 - \varphi_m - \varphi_1 = 2\arctan\frac{f_{cr}}{f_{2p}} - \arctan\frac{f_{cr}}{f_{ESR}} \tag{8-17}$$

式中,f_{2p}为LC滤波器双重极点处频率,φ_1为I调节器引起的固定相位滞后,等式右边前一项为双重极点在穿越频率处引起的相位滞后,后一项为零点在穿越频率处引起的相位超前。一般情况下,零点对穿越频率处的相位改变很小,可以忽略,因此可得穿越频率为

$$f_{cr} = f_{2p} \times \tan\left(\frac{180 - \varphi_m - \varphi_1}{2}\right) \tag{8-18}$$

3. 确定I调节器电路的参数

图8.11给出了I调节器补偿增益图。

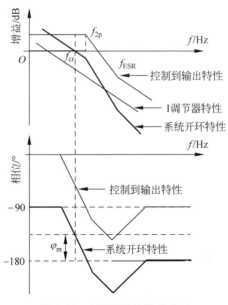

图8.11 I调节器补偿增益图

在穿越频率f_{cr}处,I调节器的增益应等于系统输出特性增益的相反数,则

$$20\log \frac{1}{2\pi f_{cr}CR} + 20\log(G_m + G_f) = 0 \tag{8-19}$$

式中，G_f 和 G_m 分别是系统脉宽调制增益和反馈采样增益。通常先选定一个合适的电阻值（不能太大或太小，通常为几千欧到几十千欧），然后根据式(8-19)确定电容 C 的大小。

$$C = \frac{G_m + G_f}{2\pi f_{cr}R} \tag{8-20}$$

8.4.1.2 带滤波环节的 PI 调节器

在电源反馈调节器的设计中，PI 调节器使用比较普遍，虽然其可实现较高的调节精度，但是对高频干扰信号的抑制能力稍差。为了克服 PI 调节器的这一缺点，并希望调节器的幅频特性如图 8.12(b)所示，可在 PI 调节器电路中增加一个电容，变为如图 8.12(a)所示带滤波环节的 PI 调节器。

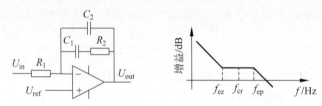

(a) 带滤波环节的PI调节器　　　　(b) 带滤波环节的PI调节器增益曲线

图 8.12　带滤波环节的 PI 调节器及其理想增益曲线

可以这样来理解带滤波环节的 PI 调节器：在低频范围内，C_1 和 R_2 并联支路比 C_2 支路的阻抗要小，C_2 支路在调节器中不起作用，并且 C_1 的阻抗(X_{C_1})比 R_2 要大，R_2 不起作用，此频段的增益为 X_{C_1}/R_1；在中频范围内，C_2 支路在调节器中仍然不起作用，只是此时 X_{C_1} 比 R_2 要小，因此此频段的增益为 R_2/R_1；在高频范围内，因为频率的增大，X_{C_1} 和 X_{C_2} 降低到都小于电阻 R_2，所以 C_1 和 R_2 并联支路比 C_2 支路的阻抗要大，C_2 支路在调节器中开始起作用，此频段的增益为 X_{C_2}/R_1。上述内容可由表 8.2 表示。可以看出，欲实现上述功能，C_2 的取值应远小于 C_1。

表 8.2　带滤波环节的 PI 调节器性能描述

频 率 范 围	阻 抗 关 系	起作用元件
低频段	$X_{C_2} > R_2 + X_{C_1}$ 且 $x_{C_1} > R_2$	C_1
中频段	$X_{C_2} > R_2 + X_{C_1}$ 且 $X_{C_1} < R_2$	R_2
高频段	$X_{C_2} < R_2 + X_{C_1}$	C_2

该调节器的传递函数为

$$G_{com} = \frac{1 + sR_2C_1}{sR_1(C_1 + C_2)(1 + sR_2C_1C_2/(C_1 + C_2))} \tag{8-21}$$

因为 C_2 的取值应远小于 C_1，所以

$$G_{com} = \frac{1 + sR_2C_1}{sR_1(C_1 + C_2)(1 + sR_2C_2)} \tag{8-22}$$

可以看出，该调节器零点和极点处的频率分别为 $1/2\pi R_2C_1$ 和 $1/2\pi R_2C_2$。

下面具体介绍带滤波环节的 PI 调节器电路参数设计步骤：

1. 确定电源系统的输出特性

略。

2. 确定系统的相位裕量和穿越频率

前面已经说明，要保证系统在各种干扰和突加、突卸负载时仍保持稳定，则相位裕量 φ_{m} 要保证在 $30°\sim45°$。

根据采样定理，为了保证系统稳定，穿越频率必须小于电源开关频率的 $1/2$。但实际上必须远小于这个值，否则在输出中有很大的开关纹波。通常就将穿越频率（f_{cr}）取为开关频率（f_{sw}）的 $1/10\sim1/5$，这里取 $1/5$。

$$f_{\mathrm{cr}} = 0.2 f_{\mathrm{sw}} \tag{8-23}$$

3. 确定比率 K 的取值范围

根据 Venable 首先提出的方法，设定比率 $K = f_{\mathrm{cr}}/f_{\mathrm{ez}} = f_{\mathrm{ep}}/f_{\mathrm{cr}}$，也就是说选定穿越频率后，设计调节器的 R、C 参数，使得零点频率和极点频率关于穿越频率几何中心对称。可以看出 K 值越大，零点和极点的距离就越远，系统的相位裕量就越大，但此时较小的零点频率和较高的极点频率使得系统对低频纹波的衰减和高频噪声的抑制效果都比较差。因此必须在控制效果和较高的相位裕量之间寻求折中方案。通常 K 取值范围为 $2\sim10$。

4. 确定调节器电路的参数

电容等效串联电阻产生的零点处频率为 f_{ESR}，有 $f_{\mathrm{ESR}} > f_{\mathrm{cr}}$，系统输出特性以 -1 的斜率经过穿越频率，因此选择调节器在穿越频率处的增益斜率必须为 0（即图 8.13 中的 BC 频段）。

按照 BC 段的增益与输出特性在穿越频率处增益之和为 0 的原则，得

$$A_{\mathrm{cr}} + 20\lg(R_2/R_1) = 0 \tag{8-24}$$

式中，A_{cr} 为输出特性在穿越频率处的增益。先确定电阻 R_1 的值（通常为几千欧），再根据式(8-24)求出电阻 R_2 的值。

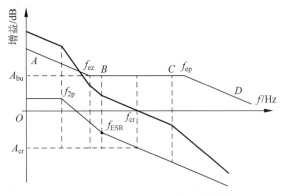

图 8.13　带滤波环节的 PI 调节器补偿增益图

系统输出特性有两个极点和一个零点,它们在穿越频率处引起的相位滞后为

$$\varphi_{lc} = 2\arctan\frac{f_{cr}}{f_{2p}} - \arctan\frac{f_{cr}}{f_{ESR}} \tag{8-25}$$

式中,f_{2p} 为 LC 滤波器双重极点处的频率,等式右边第一项是由双重极点引起的相位滞后,后一项是由零点引起的相位超前。在一般情况下,双重极点的频率与穿越频率相距超过十倍频程,因此式(8-25)可以近似为

$$\varphi_{lc} = 180 - \arctan\frac{f_{co}}{f_{ESR}} \tag{8-26}$$

因此,反馈调节器的相位滞后 φ_{fPI} 为

$$\varphi_{fPI} = 180 - \varphi_{lc} - \varphi_m = 90 + \arctan\frac{f_{co}}{f_{ep}} - \arctan\frac{f_{co}}{f_{ez}} \tag{8-27}$$

上式即为 $\varphi_{fPI} = 90 + \arctan(1/K) - \arctan K$,由此可以确定出 K 值的大小。

则反馈调节器零点的频率 $f_{ez} = f_{co}/K$,极点频率 $f_{ep} = K \times f_{co}$。因为前面已经给出带滤波环节的 PI 调节器的传递函数,因此

$$f_{ez} = f_{co}/K = 1/2\pi R_2 C_1 \tag{8-28}$$

$$f_{ep} = f_{co} \times K = 1/2\pi R_2 C_2 \tag{8-29}$$

由上面两式可分别求出电容 C_1 和 C_2。至此,带滤波环节的 PI 调节器电路中各器件全部设计完成。

以上考虑的是滤波电容带等效串联电阻时补偿调节器的设计情况,现在一些电容厂家可以生产出无阻抗电容(价格稍贵),如果使用这种电容,则在选择的穿越频率处增益斜率为 -2,为了保证总增益斜率为 -1,因此补偿调节器可以采用 PID 调节器或双极点-零点调节器,由于 PID 调节器高频噪声抑制能力差,因此,较多地使用双极点-零点调节器。调节器的设计方法与上面介绍的带滤波环节的 PI 调节器类似,这里不再赘述。

8.4.2　C 滤波型开关电源电路反馈调节器的设计

LC 滤波型开关电源电路输出特性基本上不随负载的变化而变化,但是 C 滤波型开关电源电路的输出特性随负载变化比较明显。这就出现一个问题,在设计反馈调节器时,在确定的穿越频率处是补偿轻载还是重载时的输出特性曲线。因此,下面给出采用带滤波环节的 PI 调节器设计步骤。

1. 确定电源系统的输出特性

略。

2. 确定系统的相位裕量和穿越频率

因为采用带滤波环节的 PI 调节器,系统的穿越频率可以根据开关频率来选取,如下:

$$f_{cr} = 0.2 f_{sw} \tag{8-30}$$

3. 穿越频率处的增益

从上面章节的介绍可知,C 滤波型开关电源电路输出特性如图 8.10 所示,图 8.10 中的

频率 f_{p1}、f_{p2} 以及 f_{ESR} 相对于常用开关频率都非常低，也就是说，它们都比选取的穿越频率低，系统输出特性在穿越频率处增益斜率为 0，所以根据系统增益准则，设计调节器在穿越频率处的斜率为 -1。

图 8.14 给出了按照轻载时补偿的情况，首先根据开关频率确定轻载时的穿越频率 f_{cr1}，在此频率处确定反馈调节器的补偿增益，那么在重载时整个系统的开环传递函数的穿越频率 f_{cr2} 大于 f_{cr1}，也就是说，重载时对高频噪声的抑制效果相对较差，因此应该选择重载时的输出特性确定反馈调节器的增益。

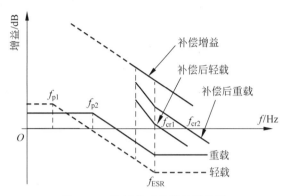

图 8.14　按轻载时补偿的增益图

4. 确定调节器的极点频率

根据系统稳定的增益准则，系统整个的开环增益必须以斜率 -1 穿过 0dB 点，按照重载特性设计的调节器补偿曲线在轻载时，整个系统的开环增益也应该以斜率 -1 穿过 0dB 点（图 8.15 中的 f_{cr1}），因此反馈调节器的零点处频率（f_p）必须小于由滤波电容引起零点（f_{ESR}），至于 f_{ep} 的具体大小不是太严格，为了保证轻载时整个系统开环增益在频率 f_{cr1} 前后一段范围内斜率为 -1，一般取 $f_{ep}=0.5f_{ESR}$。

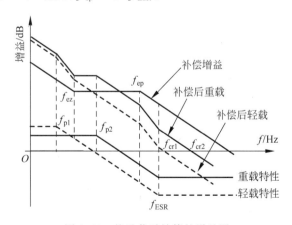

图 8.15　按重载时补偿的增益图

217

5. 确定调节器的零点频率

确定调节器的极点频率后,就可以根据要求的相位裕量 φ_m 求出调节器零点频率。

$$180 - \varphi_m = \left(\arctan\frac{f_{cr}}{f_p} - \arctan\frac{f_{cr}}{f_{ESR}}\right) + \left(90 + \arctan\frac{f_{cr}}{f_{ep}} - \arctan\frac{f_{cr}}{f_{ez}}\right) \quad (8\text{-}31)$$

式中,f_{cr} 为根据式(8-30)选取的穿越频率,f_p 为轻载时输出特性的极点频率,因为轻载时的极点频率(f_{p1})比轻载时的极点频率(f_{p2})引起的相位滞后更大。由式(8-31)就可以得到调节器零点频率 f_{ez}。

6. 确定调节器的电路参数

由确定的调节器零点和极点的位置,就可以确定调节器电路的参数。具体方法可参考前面的内容。

习题

1. 说明电路稳定的增益准则。
2. 比较常用调节器的特性。

第9章

开关电源的应用

开关电源在日常生活到工业应用场合得到了广泛的应用,如日常生活中的笔记本适配器、手机充电器、各种家电内部的供电电源、电镀、电机驱动等,前面 8 个章节分别从使用元件、基本电路、软开关技术、控制技术、磁性元件设计以及控制稳定性设计等方面对开关电源进行了介绍。为使全书内容形成体系,本章通过大功率充电器的介绍实现对前面各章节所讲知识的提升。

9.1　大功率铅酸蓄电池充电器的技术要求

密闭铅酸蓄电池效率高、循环寿命长、能量密度大、结构紧凑、制造成本低、容量大、价格低廉,因此在工业中使用十分广泛。铅酸蓄电池是一种电化学直流电源产品,发展至今已有140 多年的历史,直到 1957 年原西德阳光公司制成胶体密封铅酸蓄电池并投入市场,标志着实用密封铅酸蓄电池的诞生。铅酸蓄电池由于其成本低、容量大、安全可靠等优点,广泛地应用于工业、农业、交通运输、通信、电力、新能源发电、国防科研等领域。随着国民经济快速增长,铅酸蓄电池的需求量日益增大。

图 9.1(a)为铅酸蓄电池的充放电时蓄电池电压随充放电时间的变化曲线。在充电开始时,OA 段电压上升很快,然后在 ABC 阶段电压上升很缓慢,达到 C 点以后,电压上升又会变快,负极析出氢气,正极析出氧气,水被分解,到 D 点时电压约为 2.6V。蓄电池放电时,开始电压下降较快,到 E 点以后电压缓慢下降,过 F 点以后在 1.8V 附近(G 点)电压又急剧下降。图 9.1(b)为某一铅酸蓄电池在不同充电电流情况下的电压变化曲线。在大电流充电时,电压上升较快,最终达到电压上限,其原因是因为单位时间内生成的硫酸和消耗的水量多,速率快。充电结束保持较高的电压是因为较大的充电电流固然可以加速充电,但也使得充电在电池内部分布不均,活性物质也转化不均,所以在充电结束时要采用较小的电流进行充电。

某铅酸蓄电池额定电压为 48V,对充电器的设计要求如下。

(1) 采用两段式充电模式,即恒压充电＋恒流充电。在电池电量较低时,充电电流维持在 100A,即恒流充电状态;当电池电压达到 62.4V(1.3 倍的额定电压)后,维持充电电压不变,即充电电流逐渐减小;当充电电流减小到 3A 以下,充电过程结束。

(2) 输入电源三相 380V/AC±20%。

(3) 开机需要浪涌电流保护,运行过程中需要有输入过压、输入欠压、输入过流、输出过

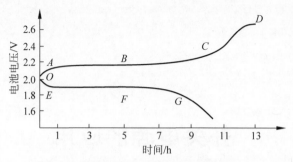

(a) 蓄电池电压随充放电时间的变化曲线

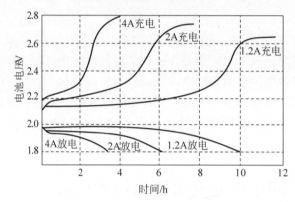

(b) 某一型号蓄电池不同充电电流时的电压曲线

图 9.1 铅酸蓄电池电压随充放电时间的变化曲线

压、输出欠压、充电过流等保护,在上述故障发生后,切断主电源,并有相应的故障报警灯相对应。

（4）其他要求,电磁兼容达到相关标准、散热采用风冷。

9.2 主电路的设计

根据充电器的输入电压较高、输出电压较低的要求,可以采用具有隔离变压器的半桥变换器作为主电路,且半桥变换器变压器原边交流电压幅值为 $0.5U_i$,可以有效降低变压器的匝数比,考虑到接入电源时的浪涌电流抑制,采用如图 9.2 所示的主电路。为了连线尽量清晰,图中采用了类似于 Altium Designer 软件中的网络标号。

三相交流电网输入电源首先经过断路器 QF、保险丝 F_1 对充电器进行过流与短路保护。

接触器 KM_1、KM_2 以及抑流电阻 $RA_1 \sim RA_3$ 可以抑制开机过程中由大的滤波电解电容 C_1、C_2 造成的较大的浪涌电流:刚通电时,KM_2 导通,KM_1 关断,输入电源经抑流电阻 $RA_1 \sim RA_3$ 向整流桥堆 DB 以及滤波电容 C_1、C_2 供电,经过延时(7.3.2 节介绍),待滤波电容 C_1、C_2 中电压基本与稳态值相等后,接通 KM_1,并继续保持 KM_2 导通,即 KM_1 对抑流电阻 $RA_1 \sim RA_3$ 进行短路,正常工作时,电源端的电流流经 KM_1、KM_2 中无电流。

电容 C_1、C_2 在稳态工作时,需要均分整流电压,为此在电容 C_1、C_2 两端各并联一个

3W 的功率电阻,以无源的方式均分整流电压。

采用半桥变换器对电池进行充电控制,图 9.2 中,电容 C_1、C_2 构成半桥变换器的一个桥臂,开关管 S_1、S_2 构成另一个桥臂,隔离变压器 T 的副边采用具有中心抽头的结构形式,因此整流电路采用由整流二极管 D_1、D_2 构成的全波整流电路。

待滤波电容 C_3 上建立稳态电压以后,闭合直流接触器 KM_3,充电器向电池供电。

图 9.2 中,空气开关 QF、保险丝 F_1、交流接触器 KM_1、KM_2、直流接触器 KM_3 以及整流桥堆 DB 的选取比较简单,只要根据器件的耐压与最大电流应力,再留一定的裕量进行选择即可。元器件的设计、选择主要集中在半桥变换器中进行。

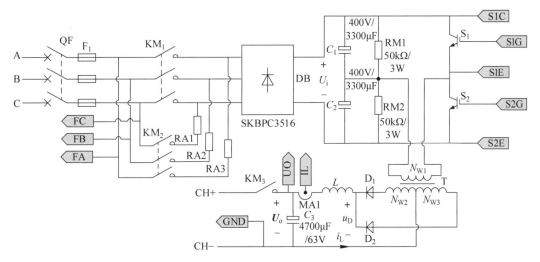

图 9.2 铅酸蓄电池充电器主电路结构

9.2.1 整流滤波电容 C_1、C_2 的选取

整流桥堆直流侧连接串联的电容 C_1、C_2,根据输入电压的范围,桥堆输出最大电压为三相电网线电压的峰值,即 $(1+0.2)\times380\sqrt{2}=644\text{V}$,如果 C_1、C_2 均分该电压,则每个电容承受电压为 322V,所以选择额定电压为 400V 的电解电容。

滤波电容的容量选取与电容上允许的电压波动值相关,相关文献给出了一种三相不控整流桥后接滤波电容的选取方法,根据允许的滤波电容电压纹波峰峰值 α 以及变换器的输出功率(最大为 6.24kW)采用迭代计算法计算出电容大小。采用该方法,令 $\alpha=3.5\%$,计算得到所需滤波电容为 $1500\mu\text{F}$,考虑到实际电容的标称值,选取 $C_1=C_2=3300\mu\text{F}$,其串联的等效输出电容为 $1650\mu\text{F}$。

9.2.2 变压器的设计

根据确定的主电路,没有采用软开关电路,因此变换器的开关频率不能太高;此外,综合考虑变压器的设计以及充电电池侧滤波器的设计,确定半桥变换器的开关频率为 20kHz。参数设计过程中,由于输入、输出电压均比功率管的压降高很多,因此下面的参数设计均认为开关管的压降等于 0。

令变换器在最低输入电压,占空比 $D_{max}=0.8$ 时,变换器能保证充电器的输出电压、电流达到最大值,设变压器副边电压幅值在最低输入电压时为 U_{W2_min},则 $D_{max}U_{W2\_min}=62.4V$。在输入电压最低时,变压器原边电压幅值 $U_{W2\_min}\approx420V$,因此可得到变压器的变比 $k_T=U_{W1\_min}/U_{W2\_min}\approx(0.5\times420)/78\approx2.7$。

由于较大的功率与较低的工作频率,综合考虑采用铁基非晶作为变压器的铁心材料,对应的饱和磁感应强度为 $1.5T$。根据式(7-47),设定开关周期内磁通变化量 $\Delta B=1T$,铁心窗口利用系数 $k_c=0.25$,漆包线电流密度 $j=3\times10^6A/m^2$,得到变压器的 $AP=4.01\times10^{-7}m^4$。最终选取安泰公司的圆形铁心 ONL-1006020 作为变压器的铁心,其有效铁心截面积 $A_e=2.8\times10^{-4}m^2$,窗口面积 $A_w=2.4\times10^{-3}m^2$。

根据第 7 章式(7-48)可求得,变压器副边绕组 $N_{W2}=5.57\approx6$ 匝,则 $N_{W1}=k_TN_{W1}=2.7\times6=16.2\approx16$ 匝。

假设最大功率时,滤波电感的电流波动相对额定值较小,因此流过变压器原边绕组、副边绕组的电流有效值分别为 $I_{w2}=100/\sqrt{1/0.8}=89.44A$,$I_{w1}=89.44/2.7=33.13A$。考虑集肤效应,单根漆包线的直径不能超过 $0.935mm$,根据第 7 章附录 7.2 选择标称直径 $0.93mm$(外皮直径为 $1.02mm$)的漆包线作为原副边绕组,单根漆包线的有效截面积 $0.679mm^2$,则单根漆包线可流过电流 $2.037A$。根据原副边电流有效值的最大值,分别得原副绕组的股数为 44 股与 17 股。变压器原边绕组的股数太多对制造工艺提出了一定的要求,也增加了绕制的复杂程度,在很多情况下可采用扁铜来做绕组。

单根漆包线的面积为 $0.25\times\pi\times1.02^2=0.817mm^2$,最后验证窗口的利用系数 $k_c=[(6\times44+16\times17)\times0.817]/2400=0.19$,窗口满足要求。

9.2.3 滤波电感与滤波电容的设计

输出侧的滤波电感与滤波电容与降压型变换器中的 LC 设计过程类似,因此放在一起进行设计。令充电器在输出额定功率的 10% 时,电感电流变临界连续,根据式(3-16)(半桥变换器中半个开关周期电感电流波动一次),得 $L\geqslant0.25(1-D_{min})RT=36.66\mu H$,最小占空比为输入电压最大时对应的值,计算得 $D_{min}=0.53$,取最终滤波电感为 $40\mu H$。

同样采用安泰公司的铁基微晶材料,根据式(7-22),可得电感铁心 $AP=(40\times10^{-6}\times107.8\times100)/(0.8\times0.25\times3\times10^6)=7.19\times10^{-7}mm^4$,其中 107.8 为电感电流的峰值,100A 为电感电流的近似有效值,0.8 为铁心的磁感应强度最大值,0.25 为窗口利用系数,导线电流密度等于 $3\times10^6A/mm^2$,选取安泰公司 CFC-117 铁心,其 $A_e=320mm^2$,$A_w=2695mm^2$。

根据式(7-23),得电感的匝数为 17 匝。同样选择标称直径 $0.93mm$(外皮直径 $1.02mm$)的漆包线作为电感器绕组,由于线圈电流有效值为 100A,因此线圈为 49 股。

经验证,窗口利用率符合要求。

令滤波电容在稳态工作时最大纹波电压为 $0.0125V$,则根据式(3-9)得到滤波电容为 $[(1-0.53)\times62.4]/(32\times40\times10^{-6}\times0.05\times400\times10^6)=4583\mu F$,最终选取耐压 100V、$4700\mu F$ 的电解电容。

9.2.4　开关管、二极管的选择

开关管承受的最大电压也为644V,按照近似2倍裕量,选取额定电压为1200V的功率管。

在输入电压最低时,流过功率管的电流最大,且运行的占空比也最大。因此计算功率管的电流应力按照输入电压为304V（=380×0.8)进行计算。按照 $D_{\max}=0.8$ 计算,则功率管电流有效值的最大值为$(100/2.7)/\sqrt{1/0.4}\approx23.4A$,按照两倍的裕量选取,则选取富士公司的2MBI50N-120型IPM模块,其集成了两个独立的IGBT,正好符合充电器的要求。

根据第3章对半桥型变换器的分析,整流二极管在一个开关周期内有三段时间有电流,则对应二极管电流的平均值最大为50A。

在输入电压最大时,二极管承受的最大反向电压为$2\times(322/2.7)=238V$,则选取耐压400V的二极管。最终二极管选取型号为西门康公司的SKMD100/04二极管模块。

9.3　控制电路的设计

充电器的控制电路包括电流控制器、电压控制器、PWM生成电路、驱动电路、启动延时电路以及各保护电路,下面分别介绍。

9.3.1　控制环路的设计

按照常规控制环路的设计方法,首先必须根据变换器的主电路得到控制框图,然后根据控制框图推导传递函数,根据第7章控制器的设计方法,得到合适的控制器。图9.3为半桥变换器采用电压、电流双闭环策略时的控制框图,其中:

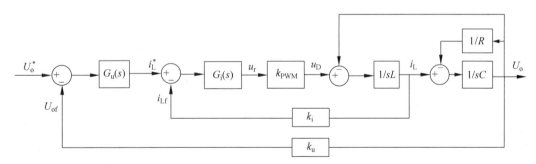

图9.3　充电器控制框图

➢ 电压反馈量为滤波电容电压 U_o,充电情况下,该电压即为电池两端电压;
➢ 电流反馈量为滤波电感电流 i_L,稳态情况下,充电器的充电电流就等于电感电流 i_L 的平均值;
➢ $G_u(s)$、$2_i(s)$ 分别为电压环调节器与电流环调节器的传递函数;
➢ k_u、k_i 分别为电压环与电流环的反馈系数,后文设计例中 $k_i=1/20$,$k_u=1/21$;
➢ k_{PWM} 为半桥板换器的等效放大环节的放大系数,即由调制信号 u_r 到全波整流的输出电压 u_D 的传递函数。由后面的分析知道,调制信号 u_r 经过PWM芯片（SG3525)

得到可调的占空比,令该环节的传递系数为 k_r,则放大系数 $k_{PWM} = k_r U_i / 2k_T$,根据实际的 SG3525 芯片的输出特性,$k_r = 1/3.3$;

➤ L、C、R 分别为滤波电感、滤波电容以及等效负载电阻。

双环控制的变换器首先从内环开始设计。将图 9.3 所示的控制框图变形,分别得到图 9.4(a)与图 9.4(b)所示的控制框图,以方便列写电流内环的传递函数。

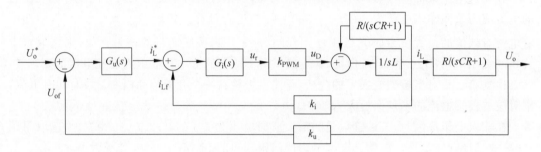

(a) 等效控制框图1

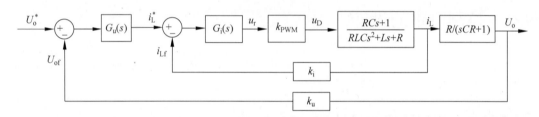

(b) 等效控制框图2

图 9.4　充电器控制框图等效变形

根据图 9.4(b)可以得到除电流调节器以外,电流环补偿前的开环传递函数为

$$G_{il}(s) = k_i k_{PWM} \frac{RCs + 1}{RLCs^2 + Ls + R} = k_i \frac{k_r U_i}{2k_T} \frac{RCs + 1}{RLCs^2 + Ls + R} \tag{9-1}$$

一般情况下,空载情况下系统的稳定性较差,因此电流环调节器的参数采用空载(即 R 趋于无穷大)时的情况进行设计,空载情况下,电流环补偿前的开环传递函数为

$$G_{il\_n}(s) = k_i k_{PWM} \frac{RCs + 1}{RLCs^2 + Ls + R} = k_i \frac{k_r U_i}{2k_T} \frac{Cs}{LCs^2 + 1} \tag{9-2}$$

按照前面设计的参数可以得到图 9.5 中所示 $G_{il\_n}(s)$ 的伯德图,在 367Hz 处存在一个较大的电压尖峰,是由于滤波器 LC 谐振产生的。

由于电流环采用 PI 调节器,因此存在一个位于 0 频率处的极点;为保持电流环具有一定的带宽,一般为开关频率的 10%～20%,调节器的零点设置在 1000Hz 处,确定合适的增益让补偿后的电流环带宽等于 3kHz,最终得到电流调节器的传递函数为

$$G_i(s) = k_{pi} + \frac{k_{ii}}{s} = \frac{s + 6280}{0.5s} = 2 + \frac{12560}{s} \tag{9-3}$$

补偿后电流环的开环传递函数如图 9.5 所示,可以看出,电流环的带宽约为 3000Hz,相位裕量等于 72°,足以保证电流环具有较快的动态响应,且能够稳定运行。

电流环的闭环传递函数如式(9-4)所示。

$$G_{\mathrm{il\_closed}}(s) = \frac{Ck_{\mathrm{PWM}}(k_{\mathrm{pi}}s + k_{\mathrm{ii}})}{LCs^2 + Ck_ik_{\mathrm{PWM}}k_{\mathrm{pi}}s + Ck_ik_{\mathrm{PWM}}k_{\mathrm{ii}} + 1} \tag{9-4}$$

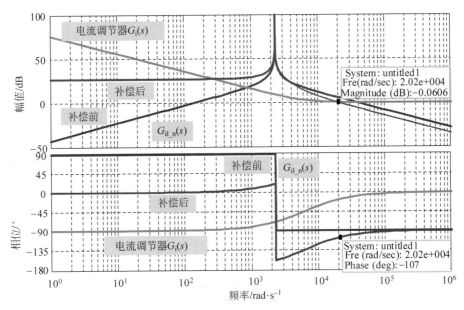

图 9.5　电流环补偿前后的伯德图

对于电压外环而言,补偿前的电压开环传递函数为

$$G_{\mathrm{uo\_n}}(s) = \frac{k_u G_{\mathrm{il\_closed}}(s)}{sC} \tag{9-5}$$

图 9.6 给出了电压环补偿前传函 $G_{\mathrm{uo\_n}}(s)$ 的伯德图,电压环仍采用 PI 调节器,0Hz 处一个极点,在 8Hz 处放置一个零点,并保证电压环的带宽为 60Hz 左右,则设定电压环调节器为

$$G_u(s) = k_{\mathrm{pu}} + \frac{k_{\mathrm{iu}}}{s} = \frac{2s + 100}{s} = 2 + \frac{50}{s} \tag{9-6}$$

则补偿后的电压环总环路传递函数的伯德图如图 9.6 中补偿后的曲线,可以看出,电压环带宽为 64Hz,稳定裕量为 83°,满足系统稳定要求。

目前控制环路可以采用模拟芯片实现,也可以采用数字芯片实现,为了让读者能从基本电路来理解,本设计采用模拟芯片来实现,具体电压环、电流环的实现电路如图 9.7 所示。

图 9.7 中,运放 U1-U6 均采用 TL074 实现,实际的一个 TL074 运放芯片包含了 4 个运放与供电电源,为方便绘图与讲解,图 9.7 中所示电路均显示为独立的运放,且供电电源未给出。

电压环闭环控制电路包含:

- 电压采样、跟随电路,电阻 R_1、R_2 的值决定了图 9.3 中的电压反馈系数 $k_u = 1/21$,U1 实现电压跟随器功能,主要为防止后面电路对采样精度的影响,后面电路中电压跟随器的功能均一样,后文中再碰到跟随器,不再重复说明该功能,即 U1 的输出端得到图 9.3 中的电压反馈量 U_{of};

- 电压基准电路、跟随以及反向功能,稳压二极管 Z1 与电阻 R_4、R_5、RP1 实现了电压环基准值的生成,即电位计 RP1 滑动端输出图 9.3 中电压基准值 U_o^*,经过 U2 实现

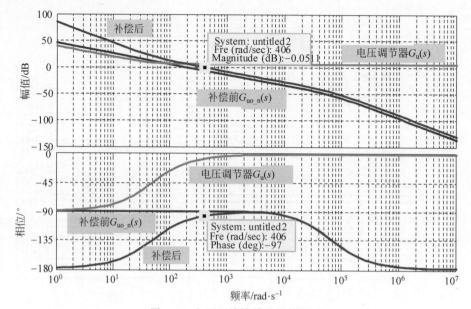

图 9.6 电压环补偿前后的伯德图

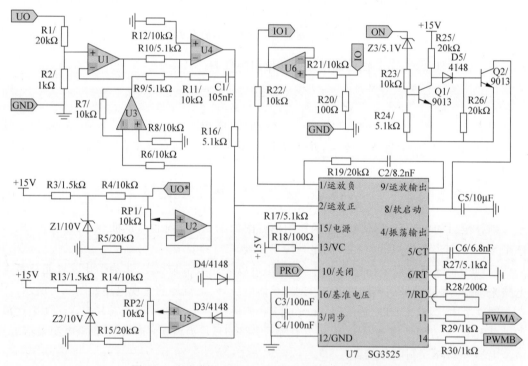

图 9.7 充电器的电压环、电流环以及 PWM 生成电路

电压跟随器,U3 实现电压反相器,在 U3 的输出端得到负的电压基准值$-U_o^*$;

- U4 实现电压环调节器。根据 U4 的外围电路,得到 U4 的输出端信号在 s 域中的表达式为

$$U_{o\_u4}(s) = \left(\frac{R_{11}}{R_9} + \frac{1}{R_9 C_1}\frac{1}{s}\right)(U_o^*(s) - U_{of}(s)) = \left(k_{pu} + \frac{k_{iu}}{s}\right)(U_o^*(s) - U_{of}(s)) \quad (9\text{-}7)$$

对照式(9-6)中实际调节器的参数,设计 $R_9 = R_{10} = 5.1\text{k}\Omega$, $R_{11} = 10\text{k}\Omega$, $C_1 = 1\mu\text{F}$。

- 电流环的限幅电路,根据充电器的要求,充电需要实现先恒流,再恒压,则在电池刚充电阶段,需要恒流大功率充电,即使电池的输出电压未达到实际设定的值,充电器的输出电流需要恒定,因此,电流环的基准电压,即 U4 的输出端信号需要被限幅。采用 R_{13}、R_{14}、R_{15}、RP2、U5、D3、D4 构成限幅电路,保证了电流环的基准值被限制在 0~U5 正输入端电压,从而保证在充电电流达到规定的上限,但电池电压仍未达到额定值或基准值时,电流基准信号 i_L^* 被限制在规定的最大值;

- 电流采样、跟随电路,采用 LEM 公司的电流传感器 LT108-S7,其原副边电流变比为 2000:1,采用检测电阻 $R_{20} = 100\Omega$,然后再由 U6 构成的跟随器实现电压跟随,则电流反馈系数 $k_i = 1/20$,U6 的输出端输出电流反馈信号 U_{of};

- 电流调节器电路,采用了 PWM 芯片 SG3525 内部的误差放大器来实现,误差放大器的正输入端、负输入端与输出端分别对应 U7 的引脚 2、引脚 1、引脚 9,电流基准信号 i_L^* 接误差放大器正输入端,反馈信号 U_{of} 接误差放大器负输入端,则误差放大器输出端信号在拉普拉斯域中的输出信号为

$$U_{o\_u7}(s) = \left(\frac{R_{19}}{R_{22}} + \frac{1}{R_{22}C_2}\frac{1}{s}\right)(i_L^*(s) - i_{Lf}(s)) = \left(k_{pi} + \frac{k_{ii}}{s}\right)(i_L^*(s) - i_{Lf}(s)) \quad (9-8)$$

对照式(9-3)中实际调节器的参数,设计 $R_{22} = 10\text{k}\Omega$, $R_{19} = 20\text{k}\Omega$, $C_2 = 8.2\text{nF}$。

- 开关频率的确定,根据式(6-4)设定 SG3525 的振荡频率为 40kHz 时,输出 PWM 信号的频率为 20kHz,最终选取 $C_6 = 6.8\text{nF}$, $R_{27} = 5.1\text{k}\Omega$, $R_{28} = 200\Omega$。

- 软启动电路,通常在 SG3525 的引脚 8 接一电解电容 C_5,设计中 $C_5 = 10\mu\text{F}$,则随着 8 脚电压的升高,芯片输出的 PWM 信号缓慢增加;但是在主电路的输入电压滤波电容 C_1、C_2 电压未建立起来之前,应关闭 PWM 输出,即前面所述的启动延时后,再输出 PWM 信号来驱动开关管;方法是采用三极管 Q1、Q2 及其外围电路,在启动延时完成前,ON 信号为低电平,则 Q2 的集电极被钳位在低电平,PWM 芯片不输出 PWM 信号;在启动延时完成后,ON 变为高电平,芯片对 C_6 充电,完成软启动,实现正常的 PWM 输出。

- 在充电器发生故障或者非正常输入、输出时,故障信号 PRO 输入到 SG3525 的引脚 10 来关断 PWM 信号的输出。

- 正常状态下,在 U7 的引脚 11 与引脚 14 输出两路相位互差 180° 的 PWM 信号,对应频率为 20kHz。

9.3.2 启动延时电路

在充电器接通电源启动的过程中,为避免浪涌电流,采用抑流电阻给滤波电容预充电,在滤波电容 C_1、C_2 电压稳定前,充电器是不工作的,必须等信号 ON 变为高电平以后,变换器才开始工作。启动延时电路如图 9.8 所示,运放 U8 作为比较器电路使用,也有专门的比较器芯片,如 LM339 或 LM311 等,不过需要在输出端接上拉电阻。

U8 的负输入端接电位计 RP3,调至一个合理的电压值,电阻 R_{31} 与 C_7 构成启动充电电路,在接通电路后,C_7 端电压缓慢上升。在 C_7 端电压低于 U8 的负输入端电压前,U8 输出低电平,Q3 截止,Q4 导通,信号 ON 为低电平;当 C_7 端电压高于 U8 的负输入端电压

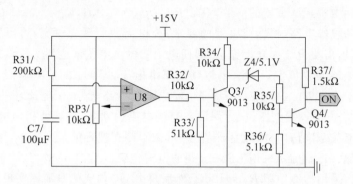

图 9.8 启动延时电路

后,U8 输出高电平,Q4 截止,Q3 导通,信号 ON 为高电平。

主电路中的接触器 KM1、KM2 以及 KM3 的驱动电路如图 9.9 所示,在充电器发生任何一项故障时,信号 ALARM 由低电平变为高电平。因此在充电器供电以后,如果系统没有故障,信号 ALARM 低电平,三极管 Q6 截止,信号 PROTECT 为高电平,继电器 KA2 线圈未被驱动,由于接触器 KM2 的线圈接 KA2 的常闭触点,因此接触器 KM2 被驱动。在启动延时以后,信号 ON 高电平,三极管 Q5 导通,继电器 KA1 被驱动,接触器 KM1、KM3 均接 KA1 的常开触点,因此在 ON 变为高电平后,接触器 KM1、KM3 被驱动。接触器 KM1、KM2、KM3 的动作与对图 9.2 的说明一致。

在充电器发生故障,即 ALARM 变为高电平,三极管 Q6 导通,KA2 被驱动,对应的常闭触点断开,接触器 KM2 线圈未被驱动;同时信号 PROTECT 变为低电平,导致 Q5 截止,KA1 线圈失电,因此接触器 KM1、KM3 未被驱动,即主电路中的接触器 KM1、KM2、KM3 的主触点均处于断开状态,充电器停止工作。

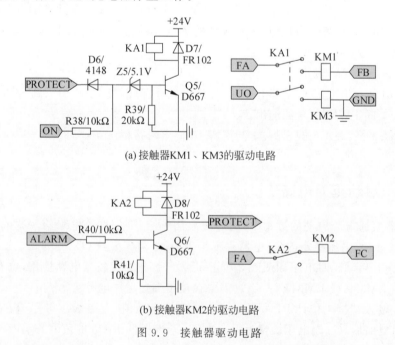

(a) 接触器 KM1、KM3 的驱动电路

(b) 接触器 KM2 的驱动电路

图 9.9 接触器驱动电路

9.3.3 驱动电路

在第2章驱动电路的讲解时,列举了专门的IGBT驱动芯片,为保证IGBT安全、可靠地运行,充电器采用三菱公司的光耦隔离型驱动芯片M57962L,具体电路如图9.10所示。驱动芯片的输入信号为来自于PWM芯片的11脚、14脚输出信号,具体的工作原理不再说明,当IGBT发生故障,驱动芯片的8脚会输出低电平,对应光耦4N25的5脚被拉低,即IGBT故障时,信号IGBT_F为低电平,作为保护信号送至控制电路,从而切断主电路的供电电源。

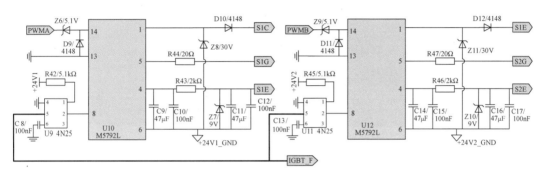

图 9.10　IGBT 驱动电路

9.3.4 保护电路

充电器在运行过程中,可能遇到各种异常工作情况,当遇到这类故障时,充电器首先需要切断主电路工作电源,不同的故障需要有对应的指示灯进行显示。

图9.11为几种不同的报警电路,包括输出电压过压报警OUO,输出电压欠压报警LUO,输出过流报警OIO以及功率管故障报警IPM。除了这几类报警以外,还有输入过压、欠压报警、输入过流、电池保护等报警,由于电路类似,就不逐一给出。报警电路常采用比较器实现,图9.11中,U13、U14、U15均为比较器,常见的型号有LM339、LM393等,由于其结构与普通运放存在差异,因此在其输出端需要接一个上拉电阻。

在故障发生以后,主电路电源被切断,因此故障点的故障不复存在,因此需要专门的电路保留故障信号,具体实现的电路如图9.12所示。

图中采用RS触发器CD4043实现信号在发生故障后的锁存,每一块CD4043包含有4个RS触发器,一个使能端EN,在使能端变为高电平以后,RS触发器才能实现正常工作,现将报警信号的综合处理图分别进行说明:

> 将输出过压信号OUO、输出过流信号OIO、输入过压信号OUI以及功率管故障信号IPM接至CD4043(U16)的4个触发器的置位端;将输入欠压信号LUI、输出欠压信号LUO接至另一块CD4043(U17)的置位端。

> 在启动延时信号ON变为高电平之前,CD4043的使能端EN均为低电平,即报警电路还未正常工作。

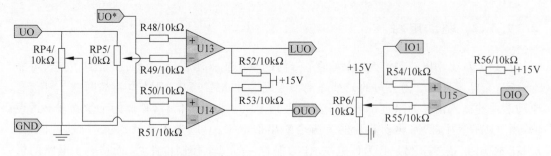

(a) 输出过压、欠压报警电路　　　　　　　　　　(b) 输出过流报警电路

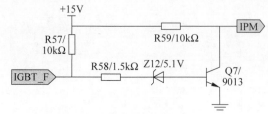

(c) 功率管故障报警电路

图 9.11　各类报警电路

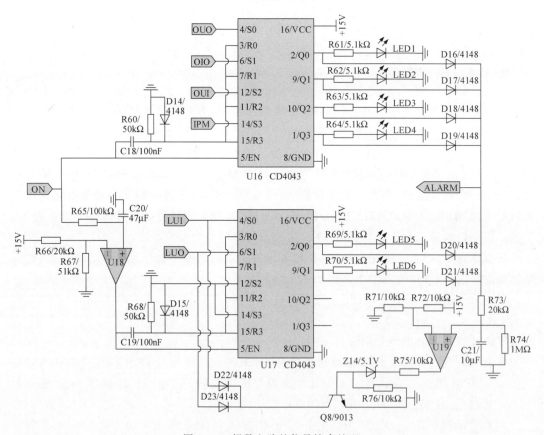

图 9.12　报警电路的信号综合处理

> 在启动延时信号 ON 变为高电平之后,一方面使能芯片 U16 中的触发器,另一方面 ON 信号经过 C_{18}、R_{60} 与 D14 构成的微分电路,给 U16 中所有的触发器 R 端输出一个短时间高电平的复位信号,清除以前电路中的故障记录。

> 启动信号 ON 变为高电平以后,后级的半桥变换器才开始工作,因此充电器的输出电压尚未建立,如 U17 的使能端与复位段也按照 U16 的接法,则输出电压尚未建立就会报警导致主电路电源被切断,而变换器输出电压建立过程中的低电压不属于故障类型,因此需要额外电路予以避免;采用 U18 构成的延时电路实现上述功能,即在 ON 信号高电平后,R_{65} 向电容 C_{20} 充电,在 C_{20} 电压达到一定值以后,U18 输出高电平,达到延时的目的,即在此延时阶段,变换器输出端的电压已经稳定到正常范围,U18 输出的高电平信号作为 U17 的使能信号与复位信号。

> 比较器 U19 及其外围电路的目的是,只要任何一个故障发生,充电器的主电路电源就会被切断,则检测到的输入电压、输出电压必定处于欠压状态,但是如果实际故障不是低压引起的,则在切断主电路电源后,欠压对应的报警电路输出高电平发送至 U17,会引起误报警。例如,实际故障时输入过压 OUI,则经报警检测电路,信号 OUI 为高电平,该信号发送至 U16 的 S2 端,引起报警灯 LED3 报警,并有声音报警,之后 ALARM 信号高电平,并由该信号切断充电器主电路的输入电源,但控制电路的电源继续供电,充电器的输入电压、输出电压均变为零,对应的报警信号 LUI、LUO 均为高电平,则在 LED3 变亮以后,LED5、LED6 报警灯也给出报警指示,该报警属于误报警,必须消除这一现象。为此,增加 U19 以及外围电路,可以消除这一现象,如果 OUI 报警,则经过较短的延时(R_{73}、C_{21} 实现),U19 输出高电平,三极管 Q8 开通,欠压报警信号 LUI、LUO 经 D22、D23 被拉低,即 OUI 报警切断主电路,实际的输入、输出电压降低到零以后,仍可保证 LUI、LUO 对应的报警灯不指示。

9.3.5 辅助电源以及共地的相关说明

为了保证整个充电器正常运行,控制芯片、驱动芯片、继电器、接触器等器件必须采用供电电源,在图 9.7～图 9.12 中,需要提供的辅助电源包括+15V、−15V、+24V,这三路电源共地,一般称为控制电源的地电位或零电位。+24V 电源给继电器线圈供电,运放需要+15V、−15V 电源供电,一般比较器只需要单电源+15V 供电即可。需要说明的是,从图 9.2 所示的充电器主电路可以看出,由于充电器的输出电压的负端与控制电源的零电位是接在一起的,因此图 9.7 所示的输出电压反馈信号是直接从充电器的输出端引线到控制电路,不需要电压传感器进行电气隔离。

此外,充电器中还采用了两路隔离的+24V1、+24V2 两路电源用于驱动 IGBT,如图 9.10 所示,这两路电源的零电位必须相互隔离,且必须与控制电源的零电位隔离,否则变压器原副边侧不能实现电气隔离。

此外,工业中使用的充电器还需要考虑对电网的谐波污染问题、电磁兼容问题,这些问题在设计过程中必须加以考虑。

习题

1. 采用大电容滤波的不控整流电路采用什么方法可以抑制启动时期的浪涌电流?

2. 半桥型变换器的电容桥臂的两个电容如何采用简单的方法均分输入电压?

3. 采用什么控制方法可以实现充电器先恒流、再恒压充电?

4. 绘制一 PI 调节器,并在电路中标明基准信号,反馈信号以及输出信号,并列写 PI 调节器在 s 域中的传递函数。

5. 在过压报警后,切断主电路电源后,如何保证欠压报警不误动作?

"开关电源及技术"课程设计

一、课程设计任务及要求

（1）根据设计题目要求分析电路的工作原理，给出理论波形，分析变换器中的主要数学关系，查阅参考资料（注：具体的题目设计要求见各设计题）。

（2）根据所给参数选择合适的开关管和二极管的型号。

（3）根据参数设计合适的电感值、电容值以及变压器的变比。

（4）采用 MATLAB/Simulink 建立对应变换器的仿真模型，并按要求逐一验证计算数值正确与否。

（5）编制完整的设计说明书、设计小结。

二、课程设计提交材料要求

（1）封面，统一规格，A4 纸打印，指导老师提供。

（2）目录，必须有对应页码，正文页码从第 1 页开始，正文前的封面、目录无须编排页码。

（3）课程设计任务及要求。

（4）课程设计的题目。

（5）正文部分，按照题目的要求按步骤逐一给出相应说明。

（6）设计小结。

（7）参考文献。

（8）仿真文件按照要求命名，由班长收齐一起发至指导老师邮箱。

（9）所有材料均在 A4 大小的电子文档进行排版，打印装订后放入档案袋，档案袋正面规定处写姓名、班级、学号。

三、课程设计题目

课程设计 1：

要求：

设计降压变换器，变换器的输入电压为 $50\sim100\text{V}$，输出电压为 30V，开关频率为

20kHz,输出电压纹波峰-峰值的最大值为 0.05V,额定输出功率为 200W,负载超过额定功率 20% 时保证变换器运行于电感电流连续状态,设计:

(1) 分析变换器在电感电流连续(CCM)与电感电流断续(DCM)时的工作原理。

(2) 确定滤波电感、滤波电容的大小。

(3) 根据漏极电流、漏源极电压等参数需求选择合适的功率 MOSFET 开关管的型号,并给出 MOSFET 的典型数据,包括 VDSS、RDS(on)与 ID;根据通态平均电流和反向电压选取合适的功率二极管的型号,并给出二极管的正向导通压降 VF、正向电流 IF、反向击穿电压 VB。

(4) 采用 MATLAB/Simulink 建立降压型 DC-DC 变换电路的仿真模型,为减小理论值与实际值的差异,模型中设置 MOSFET 的导通电阻为 0.01Ω,二极管的导通压降为 0.3V,将文件名命名为 buck_学号。

(5) 对模型进行开环仿真,验证 20% 负载时,变换器均运行于电流连续状态。

(6) 对模型进行开环仿真,验证最大负载时,输出电压纹波峰-峰值不超过 0.05V。

(7) 判断验证输出功率为 15W,输入电压 60V 时,变换器运行于电流连续还是电流断续状态? 理论计算得到的占空比多大? 并通过仿真结果进行验证。

设计过程:

(1) 绘制降压型变换器的主电路图,分析降压型变换器在 CCM 与 DCM 时的主要工作波形,并分析两种工作情况下的工作原理,给出各自的主要关系,包括输入、输出电压关系,电感电流临界连续的条件;过程略。

(2) 按照开关管、二极管承受最大电压的 2 倍,承受电流的 1.5 倍选取具体的 MOSFET、二极管的型号;过程略。

(3) 根据式(3-16),电感电流临界连续条件如(1)所示

$$L \geqslant \frac{1-D}{2}RT \tag{1}$$

要保证负载 40W(20% 额定负载)时全部输入电压范围下都连续,占空比 D 应取最小值。根据电感电流连续情况下输出电压的表达式(3-5),得到在电流连续情况下占空比的范围

$$D_{\text{ccm\_min}} = \frac{U_\text{o}}{U_{\text{i\_max}}} = 0.3 \leqslant D \leqslant 0.6 = \frac{U_\text{o}}{U_{\text{i\_min}}} = D_{\text{ccm\_max}} \tag{2}$$

在 40W(20% 额定负载)时,等效电阻

$$R \geqslant \frac{U_\text{o}^2}{P} = \frac{30^2}{40} = 22.5\Omega \tag{3}$$

则由式(1)得到电感值的范围

$$L \geqslant \frac{1-D_{\text{ccm\_min}}}{2}RT = \frac{1-0.3}{2} \times 22.5 \times 5 \times 10^{-5} = 0.394\text{mH} \tag{4}$$

在大功率情况下,输出电压中的电压纹波较大,据式(3-9)降压型变换器输出电压波动表达式,得到电容容值的表达式,如式(5)所示

$$C = \frac{(1-D)U_\text{o}}{8\Delta U_\text{o} L f^2} \tag{5}$$

在占空比最小时求得电容可保证所有情况下的输出电压纹波要求,则

$$C \geqslant \frac{(1 - D_{\text{ccm\_min}})U_o}{8\Delta U_o L f^2} = \frac{0.7 \times 30}{8 \times 0.05 \times 0.394 \times 10^{-3} \times (20000)^2} = 333.1\mu H \tag{6}$$

为通过仿真模型验证计算数据的正确,选择 $L=0.394\text{mH}$,$C=333.1\mu H$,实际的电容标称值都是固定的,选取依据是选取最接近并超过计算理论值的标称值,电感在绕制过程中也很难实现计算值,总会存在一定偏差,本设计不考虑这些问题。

（4）仿真模型。

在 MATLAB/Simulink 中建立如图 A.1 所示的降压型变换器的仿真模型,其中的 LC 参数设置与计算值一致,即 $L=0.394\text{mH}$,$C=333.1\mu F$,设置 MOSFET 导通电阻为 0.01Ω,设置二极管的导通压降为 0.3V。

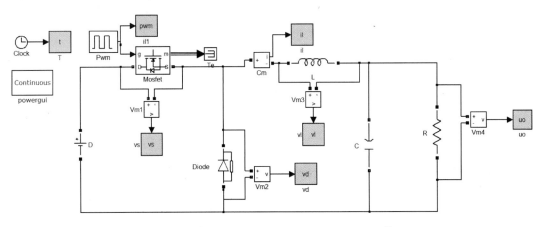

图 A.1　降压型变换器的 MATLAB/Simulink 模型

（5）运行状态验证。

20％额定负载时,负载电阻 $R=22.5\Omega$,输出功率约为 40W。图 A.2(a)与(b)分别给出输入电压 50V(占空比 $D=0.6$)、100V(占空比 $D=0.3$)两种情况下的电感电流的仿真波形,可以看出,两种情况下电感电流的平均值相等,因为电感电流平均值等于输出电流。

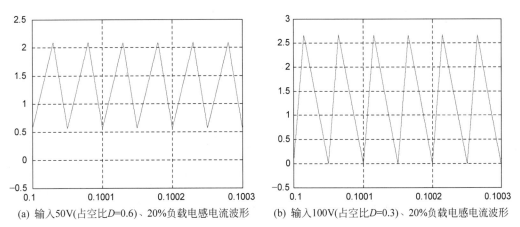

(a) 输入50V(占空比D=0.6)、20%负载电感电流波形　　(b) 输入100V(占空比D=0.3)、20%负载电感电流波形

图 A.2　20％负载时不同输入电压时电感电流仿真波形

从图 A.2 可以看出，20％负载时在输入电压 50V(占空比 $D=0.6$)时，电感电流运行于连续状态；在输入电压 100V(占空比 $D=0.3$)时，电感电流正好运行于临界连续状态。可以保证 20％额定负载的所有情况下，电感电流均运行于连续状态。

(6) 输出电压高频纹波验证。

根据式(6)，最大负载，输入电压最高，占空比最小时，输出电压中的高频纹波最大，图 A.3(a)与(b)分别给出输入电压 100V(占空比 $D=0.3$)、50V(占空比 $D=0.6$)两种情况下的输出电压仿真波形，可以看到两种情况下输出电压的稳态平均值分别为 29.74V 与 29.795V，两者的差异是由于变换器在不同占空比工作时，流过开关管、二极管的电流存在差异，导致器件的压降差异造成的。

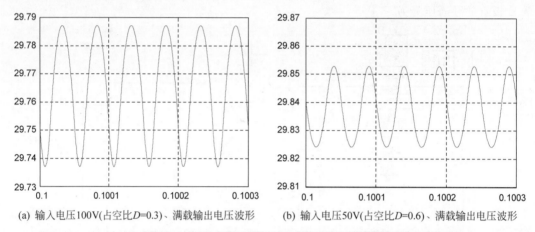

(a) 输入电压100V(占空比D=0.3)、满载输出电压波形　　(b) 输入电压50V(占空比D=0.6)、满载输出电压波形

图 A.3　满载时不同输入电压时输出电压仿真波形

两种情况下，输出电压波动的峰-峰值分别等于 0.05V 与 0.029V，如果输入电压为 50～100V，那么输出电压波动的幅值为 0.029～0.05V，因此所给电容计算正确。

输出电压验证：

假设在输出功率为 15W，输入电压为 60V 时，电感电流连续，则运行占空比

$$D = \frac{30}{60} = 0.5 \tag{7}$$

在开关管导通期间，电感电流上升量为

$$\Delta i_{L(+)} = \frac{1}{L}(U_i - U_o)DT_s = \frac{1}{0.394 \times 10^{-3}}(60-30) \times 25 \times 10^{-6} = 1.903\text{A} \tag{8}$$

输出功率 15W 时，输出电流

$$I_o = \frac{15}{30} = 0.5\text{A} \tag{9}$$

根据图 3.5 中电感电流变化量与输出电流的关系，得 $0.5\Delta i_{L(+)} = 0.952\text{A} > 0.5\text{A} = I_o$，可以判断电感电流运行于断续模式。

式(3-13)中，可计算得到 K 值为

$$K = \frac{L}{TR} = \frac{0.394 \times 10^{-3}}{50 \times 10^{-6} \times 60} = 0.131 \tag{10}$$

据式(3-13)得到，电感电流断续情况下占空比的大小为

$$D = \sqrt{\frac{2K}{\left[\left(\dfrac{U_i}{U_o}\right)^2 - \dfrac{U_i}{U_o}\right]}} = \sqrt{\frac{2 \times 0.131}{4 - 2}} = 0.362 \tag{11}$$

图 A.4 给出了输入电压 60V、输出功率为 15W 时的仿真波形,占空比为理论计算值 0.362,输出电压为 29.93V,与理论值非常接近,说明占空比的理论计算正确。

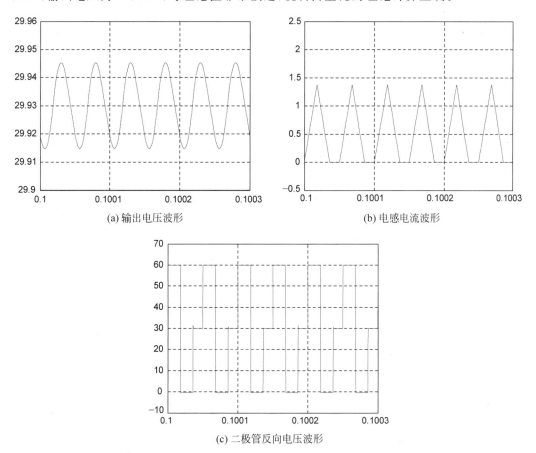

(a) 输出电压波形

(b) 电感电流波形

(c) 二极管反向电压波形

图 A.4 输入电压 60V、输出功率为 15W 时的仿真波形

课程设计 2:

要求:

设计升压变换器,变换器的输入电压为 50～120V,输出电压为 150V,开关频率为 20kHz,输出电压纹波峰峰最大值为 0.1V($C = 667\mu$F),额定输出功率为 300W,负载超过额定功率 30% 时保证变换器运行于电感电流连续状态($L = 0.926$mH),设计:

(1) 分析变换器在电感电流连续(CCM)与电感电流断续(DCM)时的工作原理;

(2) 确定滤波电感、滤波电容的大小;

(3) 根据漏极电流、漏源极电压等参数需求选择合适的功率 MOSFET 开关管的型号,并给出 MOSFET 的典型数据,包括 V_{DSS}、$R_{DS(on)}$ 与 I_D,根据通态平均电流和反向电压选取合适的功率二极管的型号,并给出二极管的正向导通压降 V_F、正向电流 I_F、反向击穿电压 V_B;

（4）采用 MATLAB/Simulink 建立 DC-DC 变换电路的仿真模型，为减小理论值与实际值的差异，模型中设置 MOSFET 的导通电阻为 0.01Ω，二极管的导通压降为 $0.3V$，模型中滤波电容中不考虑等效电阻的影响。将文件名命名为 boost_学号；

（5）对模型进行开环仿真，验证 30% 负载时，变换器均运行于电流连续状态；

（6）对模型进行开环仿真，验证最大负载时，输出电压纹波峰-峰值不超过 $0.1V$；

（7）判断验证输出功率为 50W、输入电压为 75V 时，变换器运行于电流连续还是电流断续状态？理论计算得到的占空比多大？并通过仿真结果进行验证。

设计过程：略。

课程设计 3：

要求：

设计升降压变换器，变换器的输入电压为 75V，输出电压为 50～100V，开关频率为 20kHz，输出电压纹波峰峰最大值为 $0.05V$，最大输出功率为 200W，负载超过最大功率 20% 时保证变换器运行于电感电流连续状态，设计：

（1）分析变换器在电感电流连续（CCM）与电感电流断续（DCM）时的工作原理；

（2）确定滤波电感、滤波电容的大小；

（3）根据漏极电流、漏源极电压等参数需求选择合适的功率 MOSFET 开关管的型号，并给出 MOSFET 的典型数据，包括 V_{DSS}、$R_{DS(on)}$ 与 I_D，根据通态平均电流和反向电压选取合适的功率二极管的型号，并给出二极管的正向导通压降 V_F、正向电流 I_F，反向击穿电压 V_B；

（4）采用 MATLAB/Simulink 建立 DC-DC 变换电路的仿真模型，为减小理论值与实际值的差异，模型中设置 MOSFET 的导通电阻为 0.01Ω，二极管的导通压降为 $0.3V$，将文件名命名为 buck/boost_学号；

（5）对模型进行开环仿真，验证 20% 负载时，变换器均运行于电流连续状态；

（6）对模型进行开环仿真，验证最大负载时，输出电压纹波峰-峰值不超过 $0.05V$；

（7）判断验证输出功率为 25W、输出电压为 75V 时，变换器运行于电流连续还是电流断续状态？理论计算得到的占空比多大？并通过仿真结果进行验证。

设计过程：略。

课程设计 4：

要求：

设计反激型变换器，变换器的输入电压为 100～150V，输出电压为 36V，开关频率为 20kHz，变换器的最大占空比限定为 0.6，输出电压纹波峰峰最大值为 $0.1V$，最大输出功率为 150W，负载超过最大功率 20% 时保证变换器运行于电流连续状态，设计：

（1）分析变换器在电流连续（CCM）与电流断续（DCM）时的工作原理；

（2）确定变压器的变比；

（3）确定变压器的原边、副边的自感；

（4）根据漏极电流、漏源极电压等参数需求选择合适的功率 MOSFET 开关管的型号，并给出 MOSFET 的典型数据，包括 V_{DSS}、$R_{DS(on)}$ 与 I_D，根据通态平均电流和反向电压选取合适的功率二极管的型号，并给出二极管的正向导通压降 V_F、正向电流 I_F、反向击穿电压 V_B；

（5）采用 MATLAB/Simulink 建立 DC-DC 变换电路的仿真模型,为减小理论值与实际值的差异,模型中设置 MOSFET 的导通电阻为 0.01Ω,二极管的导通压降为 $0.3V$,将文件名命名为 flyback_学号;

（6）对模型进行开环仿真,验证 20% 负载时,变换器均运行于电流连续状态;

（7）对模型进行开环仿真,验证最大负载时,输出电压纹波峰峰值不超过 $0.01V$;

（8）判断验证输出功率为 20W、输入电压为 140V 时,变换器运行于电流连续还是电流断续状态? 理论计算得到的占空比多大? 并通过仿真结果进行验证。

设计过程:略。

课程设计 5:

要求:

设计正激型变换器,变换器的输入电压为 $100\sim150V$,输出电压为 27V,开关频率为 20kHz,变换器的最大占空比限定为 0.6,输出电压纹波峰峰最大值为 $0.05V$,最大输出功率为 200W,负载超过最大功率 20% 时保证变换器运行于电流连续状态,设计:

（1）分析变换器在电感电流连续(CCM)与电感电流断续(DCM)时(励磁电流较电感电流先下降到零)的工作原理;

（2）确定变压器的原边绕组比副边绕组的变比;

（3）所有情况下,开关管的耐压最大值为 400V,确定原边绕组比磁复位绕组的变比;

（4）根据漏极电流、漏源极电压等参数需求选择合适的功率 MOSFET 开关管的型号,并给出 MOSFET 的典型数据,包括 V_{DSS}、$R_{DS(on)}$ 与 I_D,根据通态平均电流和反向电压选取合适的功率二极管的型号,并给出二极管的正向导通压降 V_F、正向电流 I_F、反向击穿电压 V_B;

（5）采用 MATLAB/Simulink 建立 DC-DC 变换电路的仿真模型,为减小理论值与实际值的差异,模型中设置 MOSFET 的导通电阻为 0.01Ω,二极管的导通压降为 $0.3V$,将文件名命名为 forward_学号;

（6）对模型进行开环仿真,验证 20% 负载时,变换器均运行于电流连续状态;

（7）对模型进行开环仿真,验证最大负载时,输出电压纹波峰峰值不超过 $0.01V$;

（8）判断验证输出功率为为 20W、输入电压为 120V 时,变换器运行于电流连续还是电流断续状态? 理论计算得到的占空比多大? 并通过仿真结果进行验证。

设计过程:略。

课程设计 6:

要求:

设计半桥型变换器,变换器的输入电压为 $300\sim400V$,输出电压为 48V,变压器副边整流电路为全波整流,开关频率为 20kHz,变换器的最大占空比限定为 0.7,输出电压纹波峰峰最大值为 $0.02V$,最大输出功率为 1000W,负载超过最大功率 10% 时保证变换器运行于电流连续状态,设计:

（1）分析变换器在电感电流连续(CCM)与电感电流断续(DCM)时的工作原理;

（2）确定变压器的变比;

（3）根据漏极电流、漏源极电压等参数需求选择合适的功率 MOSFET 开关管的型号,并给出 MOSFET 的典型数据,包括 V_{DSS}、$R_{DS(on)}$ 与 I_D,根据通态平均电流和反向电压选取

合适的功率二极管的信型号,并给出二极管的正向导通压降 V_F、正向电流 I_F、反向击穿电压 V_B;

(4) 采用 MATLAB/Simulink 建立 DC-DC 变换电路的仿真模型,为减小理论值与实际值的差异,模型中设置 MOSFET 的导通电阻为 0.01Ω,二极管的导通压降为 $0.3V$,将文件名命名为 halfbridge_学号;

(5) 对模型进行开环仿真,验证 10% 负载时,变换器均运行于电流连续状态;

(6) 对模型进行开环仿真,验证最大负载时,输出电压纹波峰峰值不超过 $0.02V$;

(7) 判断验证输出功率为 50W、输入电压为 350V 时,变换器运行于电流连续还是电流断续状态? 理论计算得到的占空比多大? 并通过仿真结果进行验证。

设计过程:略。

参 考 文 献

[1]　周霞,王斯然,凌光,等.三相桥式整流电路滤波电容的迭代计算[J].电力电子技术,2011,45(2):63-65.

[2]　阮新波,严仰光.直流开关电源的软开关技术[M].北京:科学出版社,2000.

[3]　刘凤君.开关电源设计与应用[M].北京:电子工业出版社,2014.

[4]　李金伴,李捷辉,李捷明.开关电源技术[M].北京:化学工业出版社,2006.

[5]　Billings K,Morey T.开关电源手册[M].3版.张占松,汪仁煌,谢丽萍,等译.北京:人民邮电出版社,2012.

[6]　周志敏,周纪海.开关电源实用技术设计与应用[M].北京:人民邮电出版社,2003.

[7]　王英剑,常敏惠,何希才[M].北京:电子工业出版社,1999.

[8]　叶慧贞,阳性周.新颖开关稳压电源[M].北京:国防工业出版社,1999.

[9]　张占松,蔡宣三.开关电源的原理与设计[M].修订版.北京:电子工业出版社,2004.

[10]　王水平,史俊杰,田庆安.开关稳压电源——原理、设计及实用电路[M].修订版.西安:西安电子科技大学出版社,1997.

[11]　曲学基,王增福,曲敬铠.新编高频开关稳压电源[M].北京:电子工业出版社,2005.

[12]　路秋生.电子镇流器的设计与调光设计[M].北京:科学出版社,2005.

[13]　刘胜利.现代高频开关电源实用技术[M].北京:电子工业出版社,2004.

[14]　黄济青,黄小军.通信高频开关电源[M].北京:机械工业出版社,2004.

[15]　丁道宏.电力电子技术[M].修订版.北京:航空工业出版社,1999.

[16]　王兆安,刘进军.电力电子技术[M].5版.北京:机械工业出版社,2009.

[17]　沈锦飞.电源变换应用技术[M].北京:机械工业出版社,2007.